Fit für die Geschäftsführung

Michael Lorenz ist seit 2001 selbstständiger Unternehmensberater und Trainer der grow.up Managementberatung Gummersbach. Davor war er Geschäftsführer der Kienbaum Management Consultants GmbH und leitete den Geschäftsbereich Human Resource Management.

Prof. Harald Eichsteller lehrt seit 2003 als Professor für Internationales Medienmanagement an der Hochschule der Medien in Stuttgart. Zuvor war er als Manager und Berater in Medienunternehmen und der Industrie tätig, zuletzt als Geschäftsführer einer Tochtergesellschaft der Aral AG und als Leiter Strategische Planung bei RTL Television.

Stephan Wecke ist Fachanwalt für Arbeitsrecht und Partner der Anwaltssozietät STEINER, WECKE & KOLLEGEN in Gütersloh.

Michael Lorenz
Harald Eichsteller
Stephan Wecke

Fit für die Geschäftsführung

Aufgaben und Verantwortung souverän meistern

Campus Verlag
Frankfurt/New York

Bibliografische Information der Deutschen Nationalbibliothek:
Die Deutsche Nationalbibliothek verzeichnet diese Publikation in der Deutschen Nationalbibliografie. Detaillierte bibliografische Daten sind im Internet unter http://dnb.d-nb.de abrufbar.
ISBN 978-3-593-39113-7

2., aktualisierte Auflage 2010

Umschlaggestaltung: Guido Klütsch, Köln
Satz: Publikations Atelier, Dreieich
Druck und Bindung: Druckhaus »Thomas Müntzer«, Bad Langensalza
Gedruckt auf Papier aus zertifizierten Rohstoffen (FSC/PEFC).
Printed in Germany

Besuchen Sie uns im Internet: www.campus.de

Inhalt

6. Die Königsaufgabe des Geschäftsführers: Führung und Kommunikation 210

7. Juristische Aspekte der Tätigkeit des Geschäftsführers 279

Anhang 324

Vorwort

Die zweite Auflage dieses Buches wurde sorgfältig aktualisiert, Struktur und Kern konnten aber auch nach vier Jahren ohne wesentliche Änderungen bleiben. Das unterstreicht unseren Ansatz, Substanzielles zu bieten und nicht Modetrends oder kurzlebige Konzepte zu präsentieren.

Wir haben Ihnen als Geschäftsführer in spe oder als neuem Geschäftsführer all die Dinge zusammengestellt, die sich in vielen Situationen als brauchbar und richtig herausgestellt haben. Wir sind uns sicher, dass Sie, wenn Sie die in diesem Buch aufgeführten Ratschläge, Modelle und Vorgehensweisen beherzigen und umsetzen, nicht wirklich falsch liegen können.

Die Lektüre dieses Buches kann jedoch lediglich der erste Schritt zur Meisterschaft in der Unternehmensführung sein; neben Erfahrung sind weiterführende und vertiefende Gedanken notwendig. Auf unseren Internetseiten bieten wir Ihnen Hinweise auf Literatur, die uns weitergebracht hat, die uns inspirierte oder die uns einfach gut gefiel. Nehmen Sie die Anregungen auf und finden Sie Ihren individuellen Weg!

Dieses Buch wäre ohne Patrick Maloney nicht so gut und nicht so koordiniert entstanden. Unser Dank an Ihn rührt ganz besonders aus dem Wissen, wie wertvoll eine solch gute Zusammenarbeit ist.

Wir wünschen Ihnen viel Erfolg bei der Führung Ihrer Geschäfte!

Michael Lorenz www.grow-up.de
Prof. Harald Eichsteller www.eichsteller.com
RA Stephan Wecke www.steinerweckekollegen.de

Kapitel 1

Geschäftsführung als neue Aufgabe

In diesem Kapitel erfahren Sie, ...

1. ... wie Ihnen dieses Buch helfen kann.
2. ... wie Sie Ihre wesentlichen Aufgaben gliedern und strukturieren können.
3. ... welche Aspekte Sie in Ihrer neuen Position unbedingt beachten müssen.
4. ... welche Herausforderungen auf Sie in nächster Zeit zukommen können.
5. ... wie Ihnen das Management-Cockpit bei der Steuerung des Unternehmens helfen kann.
6. ... wie Sie mit den Folgen des Wechsels an die Unternehmensspitze umgehen können.

Was ändert sich mit dem Eintritt in die Geschäftsführung?

»Die wichtigsten Funktionen einer Führungskraft sind erstens, ein Kommunikationssystem bereitzustellen, zweitens, dafür zu sorgen, dass unverzichtbare Anstrengungen unternommen werden, und drittens, Ziele zu definieren und zu formulieren.«

Chester Barnard

Neue Positionen und Aufgaben sind Herausforderungen, die das (Berufs-)Leben attraktiv und spannend machen. Doch gerade solche Herausforderungen verlangen eine klare und strukturierte Vorbereitung, damit sie nicht zu Überforderung und Misserfolg führen.

In Ihrer neuen Aufgabe in der Geschäftsführung sehen Sie sich meist einem erweiterten und neu gelagerten Aufgabenfeld gegenüber. Sie werden daher mit einer Reihe neuer Fragen konfrontiert, die Sie nach und nach gezielt bearbeiten müssen: »Wie bewältige ich die ›menschliche‹ Dimension meiner Führungsaufgabe?«– »Wie bekomme ich alle wichtigen Informationen zum Unternehmen und wie setze ich diese in Strategien um?« – »Wie werde ich meiner Rolle als Repräsentant des Unternehmens nach innen und außen gerecht?« – »Wie unterstützen betriebswirtschaftliche Kennzahlen meine Führung?« und »Welche Rechte und Pflichten sind mit meiner neuen Position verbunden?« Sie sind nun in eine Position gelangt, von der aus Sie die Verantwortung für Ihr Handeln und auch Ihr Unterlassen nicht mehr irgendwo anders hin delegieren können.

Diesen und anderen für Sie aktuellen Fragestellungen widmet sich dieses Buch. Es soll Ihrer systematischen und umfassenden Vorbereitung auf Ihre Tätigkeit als Geschäftsführer dienen. Ganz gleich, ob Sie bereits seit kurzem in der Position des Geschäftsführers sind oder erst in naher Zukunft einen derartigen Posten einnehmen werden – unser Ratgeber möchte Ihnen auf Ihrem Weg durch den Berufsalltag an der Unternehmensspitze ein wertvoller Begleiter sein.

Das Buch ist als Navigationssystem für Ihre neuen Aufgaben gedacht und konzipiert. Ziel ist es, Ihren Blick für mögliche unternehmerische Problemfelder und mögliche Lösungen zu schärfen. Aufgrund der in diesem Buch abgedeckten Breite kann es geboten sein, dass Sie sich mit einigen der vorgestellten Modelle, Instrumente und Verfahren genauer befassen, bevor Sie diese auf Ihr Unternehmen anwenden. Wir verweisen an den entsprechenden Stellen auf vertiefende und ergänzende Quellen.

Der Ratgeber ist sehr übersichtlich aufgebaut und erlaubt Ihnen somit auch, vor dem Hintergrund einer konkreten Fragestellung gezielt nach Informationen zu suchen und selektiv zu lesen. Am Anfang eines jeden Kapitels sind die Lernziele aufgeführt. Diese bieten Ihnen die notwendige Orientierung, um entscheiden zu können, in welcher Reihenfolge Sie die einzelnen Kapitel lesen möchten. Neben zahlreichen Abbildungen und Praxistipps enthält jeder Teil dieses Buches Hinweise auf weiterführende Literatur sowie eine Reihe von Checklisten, die Ihnen bei Ihrer täglichen Arbeit dienlich sein können. Sie erhalten umfassende, praxisnahe Informationen aus den Bereichen Managementlehre, Führung, Kommunikation, Rechnungswesen, Controlling und Recht. Das eine oder andere der vorgestellten Modelle oder Themen mag Ihnen bereits vertraut sein. Beispielsweise kann es sein, dass Sie sich in Sachen Controlling hervorragend auskennen und EBIT oder ROCE keine Fremdwörter mehr für Sie sind. Da sich dieser Ratgeber jedoch auch an fachfremde Führungskräfte richtet, die beispielsweise einen naturwissenschaftlichen Hintergrund haben und nun eine Geschäftsführungsposition übernehmen, war es uns ein Anliegen, auch wichtige Basiskonzepte anzusprechen, die Betriebswirten bereits bekannt sind. Sie können die Ihnen vertrauten Bereiche der Darstellung zur knappen Auffrischung Ihres Wissens nutzen. Sie können sie stattdessen aber auch überspringen und sich ganz auf diejenigen Kapitel konzentrieren, die Ihnen Neues bieten.

Aufgabenverlagerung

»Ist Ihr Unternehmen so klein, dass Sie alles selbst machen müssen? Warten Sie, bis Sie so groß sind, dass Sie das nicht mehr können. Das ist noch schlimmer.«

Michael Bloomberg

Als Geschäftsführer werden Sie sich speziell drei Aufgaben widmen müssen: Bewegen, Ausrichten und Integrieren. Diese drei Aufgaben sind die Basis effektiver Führung (Abbildung 1).

Abbildung 1: Aufgaben einer Führungskraft

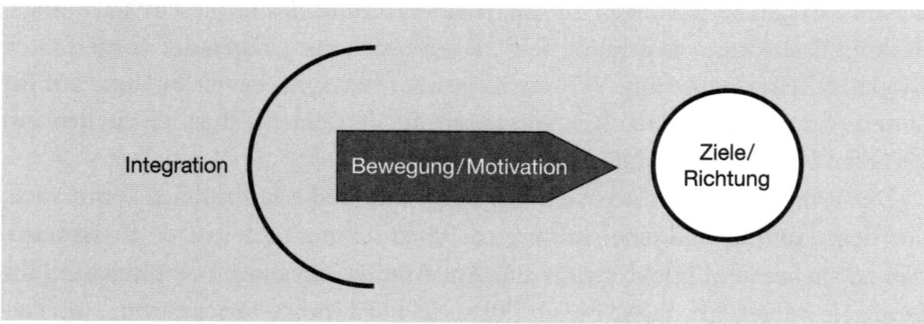

Bewegen Nach einem Gesetz der Thermodynamik von Le Catelier tendieren alle Systeme dazu, einen Gleichgewichtszustand anzustreben. Dies gilt auch für das System Unternehmen. Es versucht, sich einem Zustand anzunähern, der die Gewohnheit des Vertrauten als wesentliches Element aufweist und der innerhalb einer »Komfortzone« angesiedelt ist. Die Komfortzone ist derjenige Bereich des Handelns, in dem Handlungen und Reaktionen vorhersehbar, abschätzbar und sicher sind. Da ein solch eingespieltes System aber häufig durch Verlangsamung nicht mehr sehr anpassungs- und wettbewerbsfähig ist, sondern geradezu »verfettet«, werden Menschen gebraucht, die bewusst gegen diese Tendenz agieren und die Prozesse und Menschen auf neue Art bewegen. Dies ist die erste Ihrer zentralen Führungsaufgaben. Um das Unternehmen in

Bewegung zu versetzen, nutzen wir Motivation und versuchen, Demotivation zu vermeiden. Letzteres ist dabei die schwierigere Aufgabe.

Ausrichten Bewegung als solche ist noch nicht sinnvoll, denn Bewegung kann auch im Kreis verlaufen, ohne jemals Ziele zu erreichen. Nur wenn die Richtung eindeutig bestimmt ist, können wir unsere Anstrengungen zielgerichtet bündeln, und nur dann können wir etwas Sinnvolles erreichen. Diese Fokussierung durch Vorgabe einer klaren Richtung ist eine wesentliche Führungskunst. Sie ist keine Modeerscheinung, sondern ein ewiges Prinzip.

Integrieren Bewegung und Richtung alleine nützen wenig, wenn sich ausschließlich die Geschäftsführung in die richtige Richtung bewegt. Führung kann nur dann erfolgreich sein, wenn es gelingt, die gesamte Mitarbeiterschaft zum Gefolge im wahrsten Sinne des Wortes zu machen. Die Mitarbeiter müssen fähig und willens sein, ihre Anstrengungen zu fokussieren, um sich gemeinsam in die von der Geschäftsführung bestimmte Richtung zu bewegen.

Strukturierung Ihres Aufgabenbereichs

Den drei wesentlichen Führungsaufgaben steht jedoch eine Reihe von Hindernissen gegenüber. Im Verlauf unserer Darstellung können Sie zuweilen das Bild des Kapitäns eines Schiffes heranziehen, um sich selbst bestimmte Sachverhalte zu verdeutlichen. Vielleicht denken Sie dabei zurück an Filme, die Sie in der Vergangenheit gesehen haben, zum Beispiel *Titanic* oder *Das Boot*. Kapitäne sind ebenfalls Führer komplexer Systeme und haben – genau wie Sie – die Aufgabe, Bewegung, Richtung und Zusammenhalt zu gewährleisten.

Das Rauschen des Tagesgeschäfts In jedem Unternehmen gibt es eine Vielzahl von Themen, die entweder von außen (von den Kunden, den Lieferanten oder vom Markt), von oben (vom Vorstand oder von den Shareholdern) oder von unten (das heißt von den Mitarbeitern) an Sie herangetragen werden. Wollen Sie trotz dieser Anliegen und Ablenkungen den Überblick und die Zeit für die Wahrnehmung Ihrer Führungsaufgaben behalten, so gilt es, Wege zu finden, um aus dem »Rauschen des Tagesgeschäfts« die für Sie wesentlichen Signale herauszufiltern. Denken Sie an die Szene in *Das Boot*, wo in einer Situation höchster Gefahr der Kapitän unmissverständlich deutlich macht, er wolle »klare Meldungen«. Erfolgreiche Manager unterscheiden sich häufig gerade in dieser Facette von weniger erfolgreichen.

Bei den Aufgabenstellungen, die von Mitarbeitern an Sie herangetragen werden, ist zu prüfen, ob und warum der Mitarbeiter eine Entscheidung, eine Hilfestellung oder Ähnliches von Ihnen benötigt. Fehlt die Qualifikation? Fehlen Ressourcen? Stimmen die Rahmenbedingungen nicht? Handelt es sich um eine Rückdelegation?

Abbildung 2: Kriterien für eine klar abgegrenzte Stelle

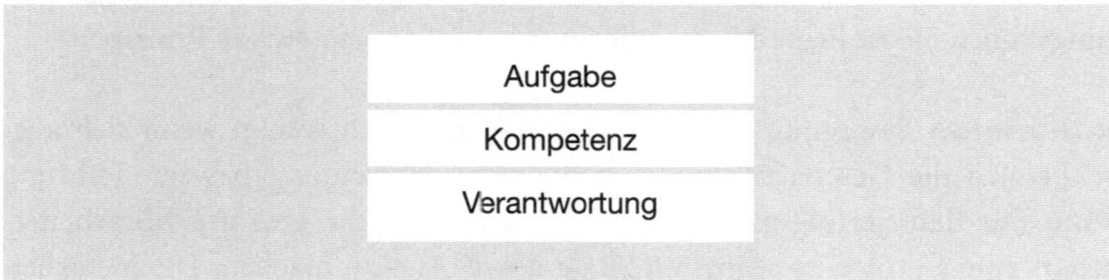

Ganz besonders sind die folgenden Fragen zu prüfen (Abbildung 2): Passt die Aufgabe zur Kompetenz des Mitarbeiters? Ist die Verantwortung der Art der Aufgabe angemessen? Verantwortet der Mitarbeiter die Resultate seines Handelns?

Am schwierigsten ist es, den von oben an Sie herangetragenen Aufgabenstellungen vorzubeugen. Gerade weil Sie in der Geschäftsführung Ansprechpartner und Ausführender der Gesellschafter oder des Aufsichtsrats sind, werden Sie mit zahlreichen Anliegen konfrontiert. Solchen Ansprüchen können Sie sich häufig nur schwer entziehen, denn sie lassen sich meist nicht direkt, das heißt, ohne weitere Bearbeitung durch Sie, an andere Personen delegieren.

Das »Rauschen« reduzieren
Eine Lösungsmöglichkeit für das Problem des rauschenden Tagesgeschäfts besteht darin, pro Jahr zwei bis drei Zeitblocks (oder Workshops) fest einzuplanen, im Rahmen derer ausschließlich übergeordnete Fragestellungen bearbeitet werden. Das können beispielsweise Standortbestimmungen, Ausrichtungsfragen, Fragen des Zusammenhalts oder Fragen der Motivation sein.

Die Fähigkeit, loszulassen zu können Herbert von Karajan sagte einmal: »Wer ein Orchester leiten will, muss andere spielen lassen.« Das hört sich einfacher an als es ist. Die Fähigkeit, loszulassen, wird von diversen Ängsten blockiert. In Ihrer Position als Geschäftsführer tragen Sie nicht mehr nur für einen begrenzten Unternehmensbereich Verantwortung, stattdessen sind Sie umfassend verantwortlich. Deshalb wird womöglich Ihre Angst vor Misserfolg – vor Fehlern wie auch Fehlentscheidungen – steigen. Hinzu kommt, dass Sie in Ihrer Führungsaufgabe immer wieder das Gefühl haben werden, dass Sie selbst eine Aufgabe schneller, effektiver und besser hätten erledigen können als die Person(en), an die Sie die Aufgabe delegiert haben. Hier wird der Aufbau eines Grundverständnisses wichtig: Das *Problem der Mit-Verantwortung*.

Im Normalfall ist es nicht der einzelne Mitarbeiter allein, der einen Misserfolg zu verantworten hat. Durch die Art, wie Sie Ihre Führungsaufgaben und Ihre Verantwortung wahrnehmen, liegt ein großer Teil der Verantwortung für Misserfolge bei Ihnen selbst. Im Großen und Ganzen immer selbst verantwortlich zu sein, ist eine der tieferen (und manchmal bitteren) Einsichten in Ihre neue Aufgabe. Gerade deshalb müssen Sie sich noch stärker als bisher dem Thema Delegation widmen. Stellen Sie sich dazu stets die in Abbildung 3 zusammengestellten Fragen.

Abbildung 3: **Delegationsschema**

A: Müssen wir das überhaupt tun?	80 % Ja	20 % Nein
B: Muss ich das tun?	80 % Nein	20 % Ja
C: Wer kann das tun?	Auswahl nach Kompetenz und Verfügbarkeit	
D: Sind alle Kompetenzen vorhanden?	Müssen Ressourcen oder Rahmenbedingungen noch (von mir?) bereitgestellt werden?	

Halten Sie dabei an der Leitlinie fest, sich nicht von den Details einer Aufgabe gefangen nehmen zu lassen; reduzieren Sie bewusst und durchgängig die Komplexität der Aufgabe und konzentrieren Sie sich auf ihren Kern. Gestehen Sie sich ein, dass Sie nicht alles umfassend aufnehmen können. Sie müssen den Kern von Problemstellungen verstehen, das wirklich Wichtige also, nicht die ganze Litanei darum herum.

Machen Sie sich einmal zwei Stunden lang Gedanken darüber, welche Informationsquellen wirklich wichtig für Sie und Ihr Unternehmen sind. Bei welchen Teammeetings ist Ihre Anwesenheit unbedingt erforderlich? Auf welchen Umläufen muss Ihr Name stehen? Welchen Verbänden müssen Sie angehören?

Möglicherweise wird sich hier einiges ändern müssen. Ihr Blickwinkel ist jetzt globaler und weiter; Sie haben jedoch nicht mehr Zeit als vorher.

Einige Überlebensregeln für den Informationsdschungel möchten wir Ihnen an die Hand geben:

- *Lifting:* Fokussieren Sie sich und Ihre Arbeit in der Form, dass Sie in der Lage sind, während einer Fahrt im Aufzug einem Kollegen Ihre Kernaufgaben beschreiben zu können.
- *Briefing:* Organisieren Sie das Briefing- und Reportingsystem so, dass Aufträge klar strukturiert und bei aller Knappheit stets vollständig und klar formuliert sind.
- *Talking:* Bei Problemen sollten Sie der persönlichen Kommunikation die Vorfahrt vor zeitversetztem Schriftverkehr oder E-Mails geben. Damit sparen Sie Zeit und ersparen der anderen Seite eine formelle Antwort, die das System wieder bremst.
- *Mailing:* Für den Umgang mit Mails können die folgenden Punkte hilfreich sein:
  - Schicken Sie an Personen im Nachbarbüro keine Mails. Sprechen Sie diese stattdessen direkt an.
  - Verzichten Sie auf die Nutzung der Cc:-Zeile und damit auf »endlose« Verteilerkarawanen.
  - Elektronische Mail ist schnell und sollte ebenso auf den Punkt kommen, ohne die Form zu verletzen.

Obgleich Delegation und Komplexitätsreduktion zu den wichtigsten Führungswerkzeugen gehören, bergen sie Risiken. Sie sollten trotz des Aufbaus eines Systems, das Ihnen operative Aufgaben abnimmt, nie den Kontakt zum Tagesgeschehen verlieren. Eine Geschäftsleitung mit *Realitätsverlust* ist für ein Unternehmen eventuell schädlicher als eine untätige Geschäftsführung. Sie müssen sich stets ein Verständnis für die wirklichen Probleme und Stärken Ihres Unternehmens bewahren. Sollten Sie einmal feststellen, dass es Ihnen an diesem Verständnis mangelt, so besteht die Gefahr, dass es zu spät sein könnte.

Jack Welch ließ sich auch und erst recht während seiner Zeit als CEO von General Electric (GE) den regelmäßigen Weg einmal pro Woche zum Schulungsinstitut für Führungskräfte von GE nicht nehmen. Somit verschaffte er sich den nötigen Rückhalt und Bodennähe.

Sam Walton, Gründer von Wal-Mart, besuchte im Laufe seines Lebens alle seine Geschäfte und unterhielt sich noch spätabends auf der Laderampe mit den Lagerarbeitern.

Unternehmenssteuerung mit dem Management-Cockpit

Wenn Sie des Morgens auf dem Weg zur Arbeit sind, müssen Sie unweigerlich Kreuzungen von Verkehrswegen passieren. Stellen wir uns einmal kurz vor, jeden Morgen würden sich Autofahrer dort begegnen und diskutieren, wie man heute am besten unfallfrei über die Kreuzung fährt. Wir hätten dabei voraussichtlich weder Spaß, noch würden wir (rechtzeitig) zur Arbeit kommen. Deshalb haben wir uns zwei Vereinfachungen ausgedacht, die uns das Leben leichter machen. Zum einen wird der Straßenverkehr durch Regeln geordnet, zum anderen werden diese Regeln durch Ampeln deutlich gemacht. Regeln sind die Grundlage menschlichen Zusammenlebens in allen Systemen. Im Laufe dieses Buches werden wir Ihnen noch eine Reihe von praktischen Regeln vorstellen.

Kommen wir zurück zur Ampel. Was würden Sie von der folgenden Situation halten? Montag: Sie kommen am Morgen ins Büro und genießen den ersten Kaffee. Vor Ihnen stehen zehn Ampeln, die Sie grün anleuchten. Alles prima, Sie können sich in Ruhe der strategischen Planung widmen. Dienstag: Sie kommen ins Büro und sehen eine der Ampeln auf Rot stehen. Sie führen zwei Telefonate und berufen ein Meeting ein, und am Ende des Tages leuchtet auch diese Lampe wieder grün.

Die beschriebenen Ampeln sind kein Wunderwerk, sondern lediglich die Basis einer sinnvollen Arbeit als Geschäftsführer. Was hier genutzt wird, ist Ihnen vielleicht schon unter dem Begriff der Kennzahlensysteme begegnet. Es geht darum, zentrale Aspekte Ihres Unternehmens in Form von Zahlen abzubilden, mit deren Hilfe Sie sich schnell einen Überblick über den »Gesundheitszustand« der Organisation verschaffen können.

Zwei Aspekte sind in diesem Zusammenhang besonders wichtig. Zum einen müssen die Zahlen *richtig ermittelt* werden, damit sie eine verlässliche und sinnvolle Grundlage für Entscheidungen darstellen. Zweitens, so stellte Hans Siegwart, ehemaliger Professor und Rektor der Hochschule St. Gallen, fest, ist *eine richtige Auswahl* der Kennzahlen erforderlich. Ihre Aufgabe im Anschluss an die Sondierung Ihres Aufgabenbereichs ist es, genau diese Auswahl zu treffen.

Die Anzahl der Kennzahlen sollte eine überschaubare Größe nicht übersteigen. Es geht letztlich darum, dass Sie mithilfe dieser Zahlen die sensiblen Stellen Ihres Unternehmens im Blick haben. Welche »neuralgischen Punkte« Ihr Unternehmen hat, erkennen Sie mithilfe der Analysemethoden, die in den folgenden Kapiteln, insbesondere in Kapitel 3, vorgestellt werden. Da die Kennzahlen zur Steuerung des Unternehmens eingesetzt werden, wird diese Zahlensammlung in Analogie zu einem Flugzeug-Cockpit auch treffend als Management-Cockpit bezeichnet. Im SAP R/3 System Strategic Enterprise Management findet sich beispielsweise eine Variation des von Prof. Patrick Georges entwickelten Systems des Management-Cockpits. Abbildung 4 zeigt die Bildschirmoberfläche des Moduls.

Abbildung 4: Das Management-Cockpit von SAP

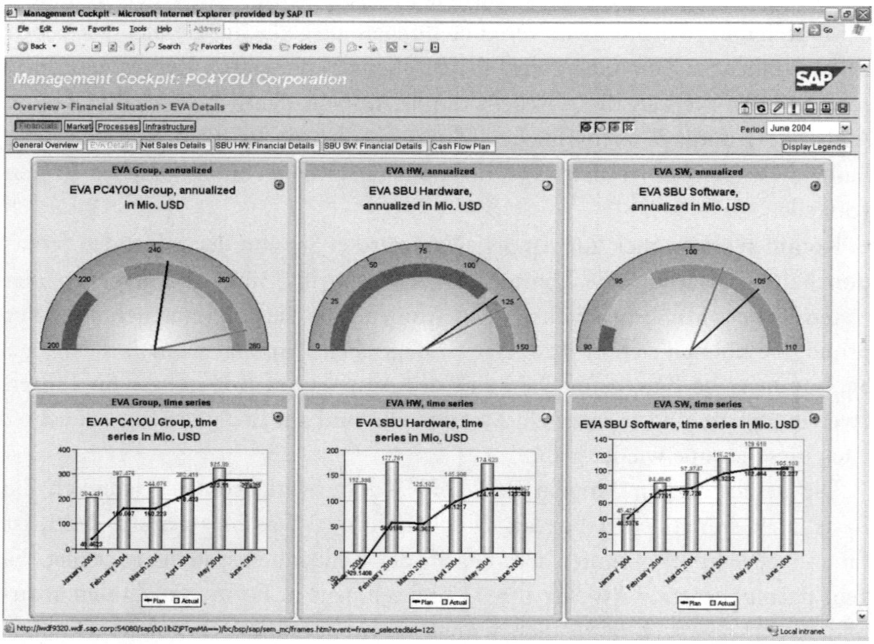

Die Auswahl der Kennzahlen, die für die Steuerung Ihres Unternehmens wichtig sind, wird durch die Ziele des Unternehmens maßgeblich beeinflusst. Das sollte jedoch nicht bedeuten, dass Sie dauernd ein Auge auf Ihren Return on Investment (ROI) oder Ihren Cashflow haben müssen. Wichtiger ist, dass der Fluss innerhalb Ihres Unternehmens abgebildet wird. Das System der Balanced Scorecard von Kaplan und Norton, das in Kapitel 5 näher erläutert wird, betont hier einen wichtigen Aspekt. Wichtig sind nicht nur die monetären Größen, das heißt, finanzielle Größen des Jahresabschlusses wie Eigenkapitalrentabilität, Jahresüberschuss oder Gewinn vor Steuern, sondern speziell auch die nichtmonetären Größen. Ausschussquote, Personalfluktuation, Lagerumschlag, Lagervorrat, Tagesproduktion, Auftragslage, Auftragswartezeiten, Kundenreklamationen, Beschwerdeanzahl oder Prozessdurchlaufzeiten sind nur einige mögliche Kennzahlen.

Wenn Sie beschlossen haben, dass Sie eine Kennzahl in Ihr Cockpit aufnehmen wollen, sollten Sie sich über den optimalen Wertebereich der Zahl bewusst werden, das heißt über den Zahlenbereich, in dem die Ampel auf Grün steht. Anschließend definieren Sie einen Toleranzbereich – den Bereich, den Sie als Abweichung vom Optimum noch akzeptieren, bevor die Sache kritisch wird. (Hier würde entsprechend die Ampel auf Gelb stehen.) Dies bedeutet nicht zwangsläufig, dass Sie ad hoc reagieren müssen. Das Instrument soll nicht ein Panik verursachendes Werkzeug sein – überlegtes Agieren steht weiterhin an oberster Stelle.

Verlässt der reale Wert schließlich den tolerierbaren Bereich, so zeigt Ihnen die rote Ampel die Notwendigkeit an, zu handeln. Die Ampeln dienen lediglich der Veranschaulichung beziehungsweise auf der Softwareoberfläche dem schnellen Erkennen und Überblicken der Situation.

Wenn Sie Ihr Cockpit zusammenstellen, so gehen Sie während und nach Ihrer Informationsrecherche systematisch anhand der Felder vor, die wir Ihnen in den folgenden Kapiteln aufzeigen. Beantworten Sie Schritt für Schritt die folgenden Fragen:

1. Hat der Aspekt einen entscheidenden Einfluss auf die Erreichung der Unternehmensziele?
2. Ist der Aspekt für das Unternehmen ein kritischer Faktor?
3. Lässt sich dieser Aspekt durch eine Zahl ausdrücken?
4. Lässt sich dieser Wert im operativen Ablauf unter Beachtung von Kosten-Nutzen-Aspekten erheben?
5. Wie lautet der angestrebte (optimale) Wert für diese Zahl?
6. Wie sollten die Toleranzbereiche definiert werden?
7. Welche der so ausgewählten Zahlen wollen Sie in Ihr persönliches Cockpit aufnehmen?

Aufgrund von Veränderungen im Unternehmen kann es geboten sein, dass Sie Ihr System anpassen. Vermeiden Sie in einem solchen Fall jedoch, weitere Kennzahlen aufzunehmen, ohne diese zuvor kritisch zu prüfen. Andernfalls riskieren Sie, sich in dem Dschungel von Ampeln nicht mehr zurechtzufinden mit dem Ergebnis, dass das Cockpit seine Wirkung verliert. Ihr System sollte grundsätzlich nicht mehr als zehn bis fünfzehn Indikatoren umfassen. Wollen Sie einen neuen hinzufügen, so nehmen Sie einen anderen aus dem System heraus. Beispielsweise kann es im Zug der Einführung eines Qualitätssicherungssystems sinnvoll sein, die Anzahl der Beschwerden als Kennzahl Ihrem Cockpit hinzuzufügen. Wenn wir in Kapitel 4 die Implementierung von Frühwarnsystemen näher erläutern, werden wir wieder auf Ihr Cockpit zurückkommen.

Der Wechsel an der Spitze

Bedeutet Ihr Wechsel in die Geschäftsführung (gerade in kleineren Unternehmen) einen Austausch des alleinigen Geschäftsführers? Hat Ihr Vorgänger in seiner Position ein starkes Standing im Unternehmen gehabt? Dann sollten Sie sich im Vorhinein auch mit möglichen Problemen des anstehenden Führungswechsels vertraut machen. Versetzen Sie sich dazu einmal in die Lage des früheren Chefs und der Mitarbeiter.

Für Führungskräfte ist das Abtreten aus Altersgründen oft ein schwieriger Schritt. Leichter fällt den Topmanagern der Wechsel in ein anderes Unternehmen, denn hier warten neue und spannende Aufgaben auf sie, die ihr Interesse wecken. Doch gerade Manager, die aus Altersgründen ausscheiden, verhalten sich viel zu oft auf eine Art und Weise, die Professionalität vermissen und sich stattdessen eher als Verleugnung des Todes auslegen lässt. Immer wieder behindern Topmanager Prozesse zur Neubesetzung der Stelle, da die Bewerber anscheinend nicht über ausreichende Qualifikationen verfügen; sie schieben statt der Qualifikation Freundschaften in den Vordergrund und streichen die Vorzüge ihrer Getreuen, ihrer Ebenbilder und Zöglinge heraus; oder sie starten plötzlich neue Kampagnen und Initiativen, die ihrer angeblichen Führung und Kontrolle bedürfen. Gerade Letzteres ist häufig Anzeichen eines Kampfes gegen den drohenden Machtverlust.

Solche Verhaltensweisen können wir auch bei Managern beobachten, die innerhalb des Unternehmens in eine andere Position wechseln. Auch in der neuen Position verfügen sie noch über die alten Kanäle und Verbindungen und gestalten somit ein Netzwerk am Wegesrand. Wie Sie auf diese Netzwerke reagieren können, werden wir Ihnen in Kapitel 6 näher bringen. Bei einem internen Positionswechsel kommt zusätzlich noch die Gefahr des Imageverlusts hinzu. Was könnte man über den alten Chef denken, wenn der neue alles besser und erfolgreicher umsetzt?

Stellen Sie sicher, dass das Unternehmen beim Führungswechsel nicht ins Stolpern gerät! Je mehr Sie sich mit Ihrem Vorgänger austauschen, desto größer ist Ihr Informationspool. Sie sollten seine Gedanken nicht einfach übernehmen, sondern vielmehr die Gründe analysieren, die aus seiner Sicht für die aktuelle Situation des Unternehmens maßgeblich sind. Das wird natürlich nicht einfach sein, wenn die Trennung von Unstimmigkeiten belastet ist. Ihre direkten Mitarbeiter können grob in drei Klassen aufgeteilt werden. Die Bildung der Klassen richtet sich dabei nach der Frage, ob sich die Mitarbeiter über den Führungswechsel freuen oder nicht. Je nachdem, wie sie über den Wechsel an der Unternehmensspitze denken, lassen sie sich in wechselfreudige, wechselindifferente und wechselunwillige Mitarbeiter unterscheiden.

Jede Gruppe wird Ihnen anders gegenübertreten. Bei den Wechselfreudigen ist entweder die Lust auf Neues der Auslöser für eine Offenheit Ihnen gegenüber oder ein gespanntes Verhältnis zu Ihrem Vorgänger Ursprung ihrer Freude. Gerade im zweiten Fall wird eine gesteigerte Erwartung in Sie gesetzt, die meist darin besteht, dass Sie alles anders machen werden. Diese Mitarbeiter können Sie am leichtesten für ihre Änderungsvorhaben gewinnen.

Wechselindifferente hegen weder eine Angst noch sehen sie größere Chancen im Wechsel an der Führungsspitze. Sofern diese Gruppe aus Mitarbeitern besteht, die ungeachtet ihres Umfeldes ihre Arbeit leisten, haben Sie hier die beste Ausgangsbasis für den Wechsel. Ihre größte Herausforderung in Bezug auf die Wechselindifferenten wird es sein, sie zu motivieren und zu begeistern.

Wechselunwillige sind entweder aufgrund einer persönlichen Beziehung zu Ihrem Vorgänger voreingenommen oder aber sie haben Angst vor möglichen Änderungen durch Sie. Gehen Sie sensibel mit ihnen um und vermeiden Sie die Botschaft: »Jetzt komme ich, und alles wird anders!« Sie würden dadurch die Fronten nur verhärten. Einige Mitarbeiter werden vielleicht einfach etwas Zeit benötigen, um Sie in ihr Bild zu integrieren. Wie Sie mit solchen Problemen umgehen können, werden wir später genauer betrachten.

Hüten Sie sich davor, lediglich mit einer dieser drei Gruppen zusammenzuarbeiten. Auch dann, wenn Sie alles beim Alten belassen wollen, sollten Sie nicht nur auf die Wechselunwilligen setzen. Sie werden nur dann als Führungskraft erfolgreich sein, wenn Sie möglichst alle Mitarbeiter hinter sich bringen und sich mit allen gemeinsam in die von Ihnen gewählte Richtung bewegen.

Literaturtipps

Malik, F. (2006): *Führen, Leisten, Leben*, Frankfurt/Main, Campus.

Crainer, S. (2002): *The Ultimate Business Library. 75 Books That Made Management*, Weinheim, Wiley.

Nöllke, M. (2006): *Management. Was Führungskräfte wissen müssen*, Planegg, Haufe.

Frenzel, R. (2008): *Das erste Mal Chef. Ratgeber für die erfolgreiche Karriere*, Planegg, Haufe.

Lowe, J. (2007): *Jack Welch Speaks. Wil and Wisdom from the World's Greatest Business Leader*, Weinheim, Wiley.

Müller, U. R. (2000): *Machtwechsel im Management. Drama und Chance*, München, Heyne.

Kapitel 2

Bevor Sie die Geschäftsführeraufgabe annehmen

In diesem Kapitel erfahren Sie, ...

1. ... wie Sie sich wirkungsvoll auf Ihre Geschäftsführerposition vorbereiten.
2. ... wie Sie die Stärken und Schwächen Ihres Unternehmens bestimmen können.
3. ... wie Sie bei unternehmerischen Entscheidungen die Ansprüche Ihrer Stakeholder berücksichtigen.
4. ... wie Sie Ihre persönlichen Ziele genauso erfolgreich wie die Unternehmensziele managen.
5. ... wie Sie Ihr Arbeitsumfeld Ihren eigenen Vorstellungen entsprechend gestalten können.

»Wenn ein Chefsessel knackt, bevor er angesägt wurde, war bereits vorher der Wurm drin.«

Rolf Handke

Immer wieder wird von Fällen berichtet, in denen der Sessel des frisch ernannten Geschäftsführers ins Wanken gerät, da sich der Stelleninhaber vor Amtsantritt nicht ausreichend mit seinen neuen Aufgaben und Pflichten auseinander gesetzt hat.

Damit Ihnen nicht ähnlich unangenehme Dinge widerfahren, möchten wir Ihnen in diesem Kapitel aufzeigen, in welcher Form Sie sich auf Ihre Geschäftsführungsrolle vorbereiten können und was Sie möglichst vor Antritt der Stelle in Erfahrung gebracht haben sollten. Sie wissen es selbst: Vorbereitung ist nicht alles, aber ohne Vorbereitung ist alles nichts.

Werden Sie sich Ihrer Verantwortung und Pflichten bewusst

Mit der Position des Geschäftsführers gehen nicht nur jede Menge Rechte und Annehmlichkeiten einher, sondern auch Verantwortung und Pflichten. Man hat Ihnen ein komplettes Unternehmen mit all seinen Mitarbeitern, Kunden, Gesellschaftern und Zulieferern anvertraut. Als Geschäftsführer übernehmen Sie die Verantwortung für das Wohlergehen Ihrer Mitarbeiter, für die Zufriedenheit Ihrer Kunden, für einen angemessenen Ertrag für Ihre Shareholder und für Fairness und Partnerschaftlichkeit im Umgang mit Ihren Lieferanten. Zusätzlich zu den Menschen, die Ihnen anvertraut sind, sind Ihnen auch materielle und finanzielle Werte übergeben worden, mit denen Sie verantwortungsvoll umzugehen haben.

Als neuer Geschäftsführer sollten Sie bereit sein, diese Verantwortung zu tragen, und sich rechtzeitig vorbereiten, um in der Lage zu sein, Ihrer Verantwortung auch gerecht zu werden. Dazu zählt zum einen die Beschäftigung mit den diversen Anspruchsgruppen und ihren Interessen und Bedürfnissen. Mit diesem Thema werden wir uns im vierten Abschnitt dieses Kapitels eingehend beschäftigen.

Ein weiterer wichtiger Aspekt Ihrer Vorbereitung ist die Auseinandersetzung mit den gesetzlichen Pflichten des Geschäftsführers. Wichtige gesetzliche Grundlagen bilden hier das Handelsgesetzbuch (HGB) und je nach Rechtsform Ihres Unternehmens beispielsweise das Aktiengesetz (AktG) oder das GmbH-Gesetz (GmbHG). Auch Ihr Anstellungsvertrag oder die Geschäftsordnung geben Ihnen Auskunft über Ihre gesetzlichen Pflichten als Geschäftsführer. Beschäftigen Sie sich rechtzeitig mit allen wichtigen Fragen rund um Ihre vom Gesetz vorgesehenen Aufgaben, Ihre Haftbarkeit, Steuerpflicht und Vergütung. Informieren Sie sich zudem über neue Rechtsprechungen, die Ihre Position als Geschäftsführer betreffen. Im Jahr 2002 trafen die Karlsruher Richter des Bundesgerichtshofes ein Urteil, das die Stellung von GmbH-Geschäftsführern bei Haftungsprozessen wegen Managementfehlern erheblich verschlechterte, indem die Beweislast nunmehr beim Geschäftsführer liegt (Urteil des BGH vom 4. November 2002, Aktenzeichen II ZR 224/00).

Die Beweislast liegt seit dem Urteil der Karlsruher Richter beim Geschäftsführer. Er muss beweisen, dass er seinen Sorgfaltspflichten nachgekommen ist oder dass der von ihm mutmaßlich verursachte Schaden nicht zu vermeiden war. Schließt die GmbH beispielsweise einen Vertrag ab, bei dem durch fehlerhafte Kalkulation ein Schaden entsteht, so muss der Geschäftsführer beweisen, dass er seinen Organisations- und Überwachungspflichten nachgekommen ist.

Es ist dabei unerheblich, ob er selbst oder einer seiner Mitarbeiter die Kalkulation durchgeführt hat. Um gerichtliche Auseinandersetzungen mit der GmbH zu vermeiden, empfiehlt es sich für den Geschäftsführer, bei bedeutenden Unternehmensentscheidungen sein Vorgehen schriftlich zu dokumentieren oder einen Zustimmungsbeschluss der Gesellschafterversammlung einzuholen.
Handelsblatt, 17. Februar 2004

Änderungen der Rahmenbedingungen wie etwa die gerade beschriebene sollten Ihnen beizeiten bekannt sein. So schützen Sie sich vor unangenehmen Überraschungen und haben die Möglichkeit, rechtzeitig Ihr Verhalten anzupassen und vorbeugende Maßnahmen einzuleiten. In Kapitel 7 werden wir uns ausführlich mit den rechtlichen Aspekten der Geschäftsführerposition befassen.

Verschaffen Sie sich einen realistischen Überblick über die wirtschaftliche Lage Ihres Unternehmens

Bevor Sie eine Topfpflanze gießen, werden Sie überprüfen, ob sie überhaupt Wasser benötigt. Dazu stecken Sie beispielsweise eine Fingerkuppe in die Erde, um zu testen, ob diese trocken ist. Außerdem werden Sie sich die Blätter anschauen: Hängen sie herab, ist dies oft ein untrügliches Zeichen dafür, dass die Pflanze Wasser benötigt. Aber dies muss nicht sein. Genauso gut könnte sie zu viel Sonne abbekommen haben oder von einer Krankheit befallen sein. In diesem Fall würden Sie der Pflanze mehr helfen, wenn Sie sie spritzten oder an ein schattigeres Plätzchen stellten.

Der Ausflug auf Ihre heimische Fensterbank verdeutlicht, dass man die richtigen Strategien, Lösungen und Maßnahmen nur dann finden kann, wenn man eine adäquate Analyse vorschaltet. Dies gilt für die Botanik ebenso sehr wie für Unternehmen. Verschaffen Sie sich deshalb vor Aufnahme Ihrer Geschäftsführungstätigkeit ein umfassendes und realistisches Bild von der wirtschaftlichen Lage Ihres Unternehmens. Verlassen Sie sich dabei aber nicht allein auf die publizierten Geschäftszahlen; diese sind zu sehr an der Vergangenheit orientiert. Führen Sie zum Antritt Ihrer Tätigkeit und später dann regelmäßig mindestens einmal pro Jahr Gespräche mit den Gesellschaftern, Ihren Managementkollegen und Ihren Mitarbeitern in Schlüsselpositionen, um deren Sicht der Dinge kennen zu lernen und um sich über den Zustand diverser unternehmerischer Bereiche zu informieren. Achten Sie bei diesen Gesprächen darauf, viel zu fragen und wenig zu kommentieren. Sie wollen schließlich etwas über die Sichtweise ihres Gesprächspartners erfahren.

Neben der Analyse der Geschäftszahlen aus dem internen und externen Rechnungswesen und neben den Gesprächen mit Ihren Kollegen, Mitarbeitern und Aufsichtsratsmitgliedern bildet eine detaillierte Stärken-Schwächen-Analyse eine weitere zentrale Quelle, mit deren Hilfe Sie sich ein genaues Bild von der wirtschaftlichen Lage Ihres Unternehmens – auch und gerade der zukünftigen – machen können.

Prüfen Sie das Stärken-Schwächen-Potenzial Ihres Unternehmens

Eine Ihrer Kernaufgaben als Geschäftsführer wird es sein, die Unternehmensstrategie festzulegen. Dazu benötigen Sie aktuelle und detaillierte Informationen über das Leistungspotenzial Ihres Unternehmens, das heißt, über seine aktuellen und strukturellen Stärken und Schwächen.

Um die Stärken und Schwächen Ihres Unternehmens zu identifizieren, können Sie es beispielsweise mit Ihrem Hauptkonkurrenten oder dem Branchenführer vergleichen. Auf diese Weise bekommen Sie nicht nur wertvolle Informationen über die aktuelle Position Ihres Unternehmens im Markt, sondern Sie können auch feststellen, wie es sich von Ihrem stärksten Konkurrenten unterscheidet. Dies wiederum verbessert Ihre Informationsgrundlage, die Sie für die Ableitung von Zielen, Strategien und Maßnahmen benötigen.

Die Analyse des Stärken-Schwächen-Potenzials Ihres Unternehmens liefert Ihnen Antworten auf die drei folgenden zentralen Fragen:

- Wo liegen unsere Stärken und Schwächen im Vergleich zum stärksten Konkurrenten?
- Wie lassen sich unsere Stärken ausbauen?
- Wie lassen sich unsere Schwächen beseitigen?

Ganz wichtig bei diesem Thema: Konzentrieren Sie sich auf die Stärken, anstatt zu versuchen, Defizite kompensieren – Letzteres dauert im Allgemeinen viel länger und ist bei weitem arbeitsintensiver. Setzen Sie an den Dingen an, die Ihre Organisation gut kann, und versuchen Sie, diese zu echten nutzbringenden Unterscheidungsmerkmalen auszubauen. Nur wenn Leistungskategorien ganz besonders schlecht ausgeprägt sind, gar vollständig fehlen oder von besonderer Bedeutung für den zukünftigen Unternehmenserfolg sind, sollten Sie Maßnahmen ergreifen, um diese zumindest auf ein mittleres Niveau anzuheben.

Widmen wir uns nun der Frage, wie bei einer Stärken-Schwächen-Analyse im Einzelnen vorgegangen wird. Die Analyse umfasst fünf Phasen:

1. Auswahl der Leistungskategorien,
2. Festlegung der Leistungskriterien,
3. Festlegung der Gewichtung und Skalierung,
4. Bewertung der Leistungskriterien,
5. Ableitung von Strategien und Maßnahmen.

Schauen wir uns diese fünf Phasen etwas genauer an. Im ersten Schritt fragen Sie sich, was Sie eigentlich bewerten und für den Vergleich mit Ihrem Konkurrenten heranziehen wollen. Sie legen also die *Leistungskategorien* fest, anhand deren die Stärken-Schwächen-Analyse durchgeführt werden soll. Beispielsweise können Sie sich hierbei an den Funktionsbereichen Ihres Unternehmens orientieren.

Abbildung 5: **Strukturierung der Leistungsanforderungen**

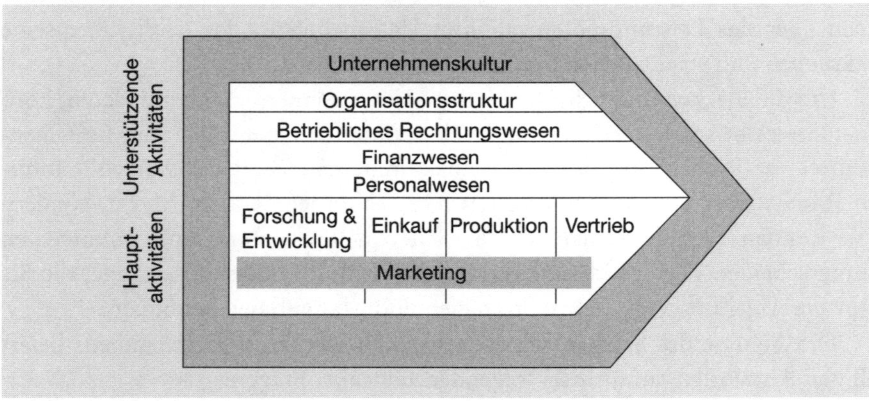

Wenn Sie die Leistungskategorien definiert haben, sollten Sie sie weiter spezifizieren, sodass Sie zu konkreten *Leistungskriterien* gelangen. Für den Bereich Einkauf könnte dies folgendermaßen aussehen:

- Zugang zu Rohstoffen, Halb- und Fertigfabrikaten
- Leistungsfähigkeit der Lieferanten
- Bezugspreise
- Lieferzeit (zum Beispiel just-in-time)
- Qualität
- Zuverlässigkeit
- Zahl der Lieferanten
- Grad der Abhängigkeit von den einzelnen Lieferanten
- Dispositions- und Bestellsystem (EDV)
- Lagerhaltungssystem

In einem nächsten Schritt können die für jede Kategorie ermittelten Leistungskriterien je nach ihrer Bedeutung unterschiedlich *gewichtet* werden. Dafür werden sie mit einem Gewichtungsfaktor versehen, der den prozentualen Anteil des einzelnen Leistungskriteriums am Gesamtwert der Kategorie bemisst. Für ein Unternehmen, das keine eigene Lagerhaltung betreibt, ist die Just-in-time-Lieferung von großer Bedeutung. Deshalb muss die Lieferzeit in diesem Fall mit einer entsprechend hohen Gewichtung versehen werden.

Als Nächstes müssen Sie eine *Skala* entwickeln, anhand derer Sie einschätzen können, ob ein Leistungskriterium im Vergleich zum Wettbewerber stark oder schwach ausgeprägt ist. Tabelle 1 zeigt eine mögliche Skalierung.

Tabelle 1: Skala für die Stärken-Schwächen-Analyse

Beurteilung	Anforderungen: Das Leistungskriterium weist im Vergleich zum Konkurrenten ...
-5	... auf eine deutliche Schwäche hin.
-2,5	... auf eine Schwäche hin.
0	... weder auf eine Stärke noch auf eine Schwäche hin.
2,5	... auf eine Stärke hin.
5	... auf eine deutliche Stärke hin.

Vielleicht werden Sie nun einwenden, dass ja alle Informationen nur auf Ihrer eigenen Einschätzung beruhen. Das sollte Sie jedoch nicht beunruhigen. Diese Schätzung ist im Moment die beste Annäherung an die Wirklichkeit, die wir erzielen können. Selbstverständlich können Sie die Einschätzung aber weiter objektivieren, zum Beispiel durch das Hinzuziehen weiterer Urteile von Kollegen oder Beiräten.

Nun haben Sie Ihr Handwerkszeug beisammen und können mit der Stärken-Schwächen-Analyse beginnen. Je mehr Informationen Ihnen über Ihren Hauptkonkurrenten vorliegen, desto akkurater können Sie die Stärken und Schwächen Ihres Unternehmens bestimmen. Nach der *Beurteilung sämtlicher Leistungskriterien* erhalten Sie für jede Leistungskategorie einen Wert, der je nach Vorzeichen positiv oder negativ ist und damit auf eine Stärke respektive eine Schwäche hindeutet. Mit diesen Ergebnissen können Sie nun arbeiten, indem Sie geeignete *Strategien und Maßnahmen* ableiten.

Beispielsweise könnte der Ausbau einer Stärke in der Just-in-time-Lieferung von Rohstoffen und Halbfabrikaten darin bestehen, dass Sie die Zusammenarbeit mit Ihren Lieferanten intensivieren und das Zuliefersystem perfektionieren. Haben Sie hingegen Schwachstellen in Ihrer Lohnbuchhaltung identifiziert, so könnten Sie diese beseitigen, indem Sie die Prozesse und Arbeitsabläufe optimieren oder aber den gesamten Aufgabenbereich an einen externen Dienstleister, zum Beispiel ein Steuerberatungsbüro oder einen Wirtschaftsprüfer, auslagern.

Bei der Ableitung von Strategien und Maßnahmen sollten Sie sich nicht so sehr davon leiten lassen, was theoretisch möglich ist. Entscheidend ist vielmehr zu ermessen, ob Sie durch den Ausbau einer Stärke oder den Abbau einer Schwäche zusätzliche Wettbewerbsvorteile gegenüber Ihren Konkurrenten erzielen können.

Wir empfehlen Ihnen die folgende Vorgehensweise:

1. Beginnen Sie immer mit der Kostenseite, und wenden Sie sich erst anschließend dem Umsatzmanagement zu.
2. Suchen Sie gezielt nach »quick wins« oder (im schönsten Berater-Neudeutsch) »low hanging fruits«, also nach Effekten, die Sie ohne großen Aufwand schnell erzielen können.

Nutzen Sie das hierdurch entstehende Erfolgserlebnis bei allen Beteiligten für die mittelfristig wichtigen, aber komplexeren Aufgabenstellungen, bei denen mit mehr Widerstand zu rechnen ist.

Ermitteln Sie die vielfältigen Erwartungen Ihrer Stakeholder

Unternehmen sehen sich heutzutage mit einer Vielzahl von zum Teil widersprüchlichen Erwartungen und Wünschen ihrer Stakeholder konfrontiert. Als Stakeholder werden all jene Personen beziehungsweise Gruppen bezeichnet, die von den Entscheidungen eines Unternehmens mehr oder minder stark betroffen sind oder die die Entwicklung der Organisation beeinflussen können. Dazu zählen Anteilseigner, Mitarbeiter, Lieferanten und Kunden, aber auch der Staat, Nichtregierungsorganisationen und die Öffentlichkeit insgesamt. All diese Stakeholder stellen eine Reihe von Forderungen: Die Anteilseigner oder Shareholder haben Interesse an einer Wertsteigerung ihres Investments und erwarten bestimmte Mitspracherechte. Mitarbeiter sind an einer abwechslungsreichen Tätigkeit, Karriereperspektiven und einer angemessenen Vergütung interessiert. Kunden wünschen innovative Produkte von hoher Qualität zu günstigen Preisen. Der Fiskus erhebt Anspruch auf Steuern, Abgaben und

Gebühren. Die Öffentlichkeit verlangt Umweltschutz und die Berücksichtigung des Allgemeinwohls.

Die Liste der Stakeholder und ihrer Ansprüche und Erwartungen ließe sich noch lange fortsetzen. Jedes Unternehmen steht im Spannungsfeld dieser Interessen. Ihre Aufgabe als Geschäftsführer ist es, zu ermöglichen, dass Ihre Unternehmensstrategie nicht nur den definierten Zielen dient, sondern auch die Wünsche Ihrer wichtigsten Stakeholder berücksichtigt. Denn ein Unternehmen ist nur dann langfristig überlebensfähig, wenn es die legitimen Ansprüche seiner Stakeholder befriedigt. Was geschehen kann, wenn gewisse Anspruchsgruppen vernachlässigt werden, haben Fälle wie Shells Brent Spar oder der Bilanzskandal bei Enron deutlich gezeigt.

Vernachlässigung von Stakeholderinteressen

Als das Erdölunternehmen Shell Oil Mitte der neunziger Jahre eine ausgediente Ölplattform im Atlantik versenken wollte, hatte das Management die Interessen und den Einfluss der Umweltschutzorganisation Greenpeace nicht gebührend berücksichtigt. Eine Untersuchung, die Shell Oil zuvor in Auftrag gegeben hatten, bescheinigte dem Unternehmen zwar, dass ein Versenken der Plattform nur geringe Umweltschäden nach sich ziehen würde. Greenpeace war jedoch anderer Meinung und verstand es hervorragend, seine Ansicht durch öffentlichkeitswirksame Maßnahmen zu kommunizieren. Höhepunkt war ein Boykottaufruf: Die Verbraucher von Shell Oil wurden dazu aufgerufen, nicht mehr an Shell-Tankstellen zu tanken. Dies führte schließlich dazu, dass Shell Oil einlenkte und die Plattform auf teure Weise entsorgen musste. Der Imageschaden war immens.

Einen noch größeren Schaden als Folge der Missachtung von Stakeholderinteressen erlitt der US-Energieriese Enron im Jahre 2002. Das Unternehmen versorgte institutionelle wie auch Privatanleger gezielt mit falschen Informationen und nutzte fragwürdige Finanztransaktionen, um die Bilanz zu verschönern. Zudem wurden die eigenen Mitarbeiter immens unter Druck gesetzt, ihre Zielvorgaben zu erreichen und in ihrem privaten Umfeld für Enron zu werben. Taten sie dies nicht, wurden sie entlassen oder von der betrieblichen Altersversorgung ausgeschlossen. Als der Bilanzskandal 2002 schließlich ans Licht kam, musste Enron den Bankrott erklären. Tausende Mitarbeiter verloren ihre Jobs, unzählige Kleinanleger einen beträchtlichen Teil ihres Vermögens.

Bevor wir uns mit den Erwartungen von Stakeholdern beschäftigen, ist es sinnvoll, ein Modell kennen zu lernen, welches Erwartungen und wahrgenommene Erfüllungsgrade in Bezug zueinander setzt und Ansatzpunkte für Maßnahmen aufzeigt. Anhand von Aldi wollen wir die Vorzüge beschreiben, die sich aus einer geringen Diskrepanz zwischen Erwartung und Erfüllung ergeben. Wenn Sie heutzutage bei Aldi einkaufen, haben Sie gewisse Erwartungen.

Abbildung 6: Kundenerwartungen – Beispiel Aldi

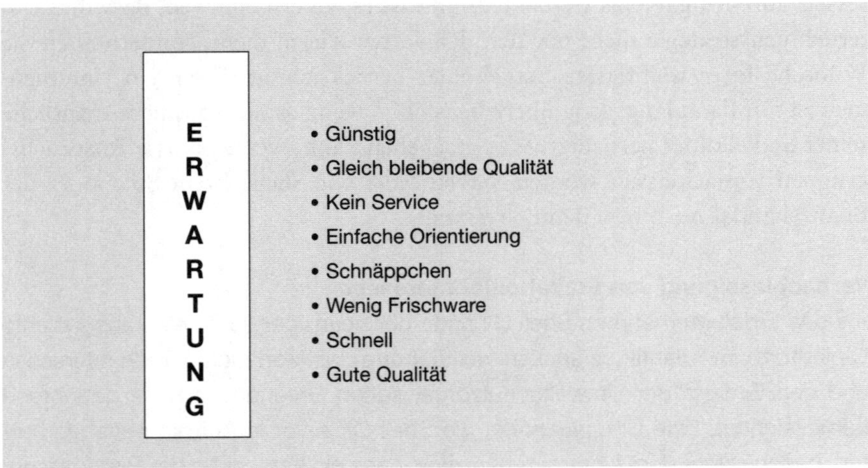

Die in Abbildung 6 skizzierten Kundenerwartungen werden zu weiten Teilen erfüllt, wie Sie bei jedem Einkauf einfach überprüfen können (siehe Abbildung 7).

Abbildung 7: Erfüllung der Kundenerwartungen

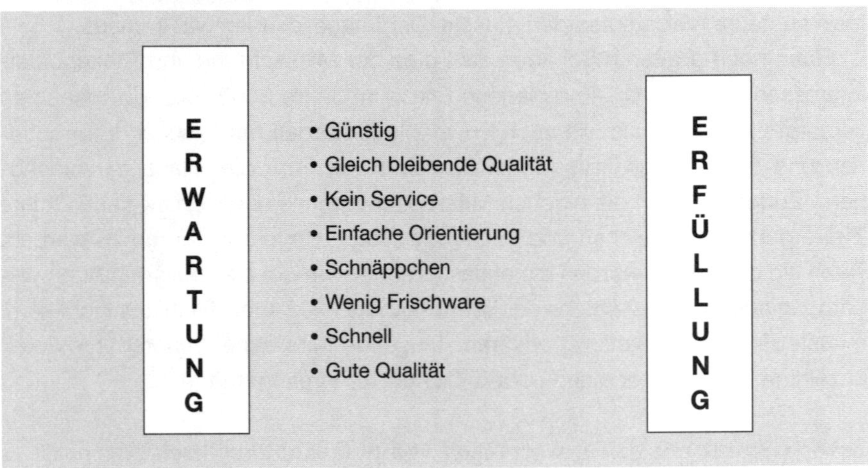

Das bedeutet: Entscheidend für die Zufriedenheit ist die wahrgenommene Diskrepanz zwischen Erwartung und Erfüllung und nicht so sehr das absolute Niveau aller möglichen Erwartungen (Abbildung 8).

Abbildung 8: Kundenzufriedenheit als Ergebnis des Vergleichs zwischen erwartetem und wahrgenommenem Leistungsniveau

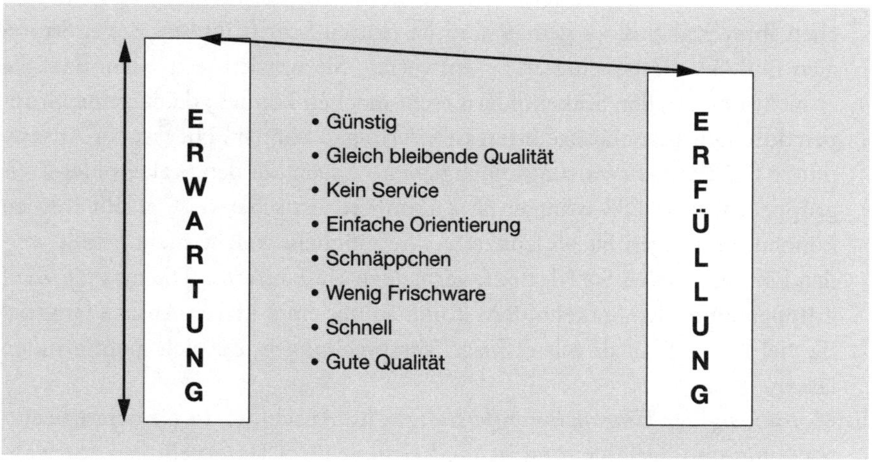

Aldis Kunst besteht darin, durch extreme Kontinuität bei einem großen Teil der aktuellen Kunden ein klares Erwartungsmanagement betrieben zu haben in dem Sinne, dass klar herausgearbeitet wurde, was sie von Aldi erwarten dürfen, aber auch – und dies ist noch viel wirkungsvoller – was sie von Aldi *nicht* erwarten können.

Wie Sie in dem Modell gut erkennen können, ist eine Voraussetzung für die seit Jahren hohe Zufriedenheit der Aldi-Kunden nicht nur der hohe Erfüllungsgrad der Kundenerwartungen, sondern das klare Erwartungsmanagement selber, welches sicherstellt, dass nicht jeder Kunde irgendetwas anderes erwartet. Erst hierdurch kann Zufriedenheit überhaupt entstehen.

Für das praktische Management der Beziehungen zu Ihren Stakeholdern können Sie sich an den fünf folgenden Prozessschritten orientieren:

1. *Identifikation der Erwartungen* – Zu allererst gilt es, die verschiedenen Stakeholder Ihres Unternehmens auszumachen und zu benennen. Sobald dies geschehen ist, können Sie Informationen zu den Ansprüchen und Erwartungen der Stakeholder an Ihr Unternehmen sammeln. Machen Sie sich *persönlich* und *unverzüglich* ein *eigenes* Bild von den Erwartungen der wichtigsten Stakeholder. Verlassen Sie sich nicht auf die Aussagen von anderen.
2. *Bewertung der Erwartungen* – Die Erwartungen der einzelnen Stakeholdergruppen sind zu analysieren und ihrer Wichtigkeit gemäß zu bewerten. Die Interessen einiger Stakeholder, zum Beispiel Ihrer Kunden, Mitarbeiter und Anteilseigner, werden voraussichtlich ein größeres Gewicht einnehmen als

beispielsweise das Kartellamt oder eine Nichtregierungsorganisation wie Greenpeace oder Amnesty International.

3. *Integration der Erwartungen in die Unternehmensstrategie* – Den Ansprüchen Ihrer Stakeholder gemäß sind im dritten Schritt interne Ziele, Strategien und Geschäftsszenarien zu entwerfen. Sie werden feststellen, dass Sie es nicht immer allen Stakeholdern recht machen können, da einzelne Gruppen durchaus gegenläufige Interessen verfolgen können. Hier ist der Ansatzpunkt für klares Erwartungsmanagement: Sagen Sie den Stakeholder-Zielgruppen, welche Erwartungen in Zukunft realistischerweise erfüllt werden können, und sagen Sie so frühzeitig wie möglich, welche nicht erfüllt werden können. Reden Sie Klartext, vermeiden Sie Eiertänze. Die meisten Zielgruppen unter den Stakeholdern kommen mit einer klaren Ansage langfristig viel besser klar als mit diffusen Versprechungen, die sich nicht erfüllen lassen.
4. *Monitoring der Unternehmensleistung* – Im Anschluss an die Strategieentwicklung und Zielableitung ist die Leistung Ihres Unternehmens fortwährend zu überprüfen, um zu gewährleisten, dass die Ansprüche der Stakeholder ausreichend berücksichtigt werden. Abweichungen vom Soll müssen dokumentiert und ihre Ursachen müssen analysiert werden.
5. *Entscheidung über das weitere Vorgehen* – Basierend auf den Ergebnissen des kontinuierlichen Monitorings, müssen Sie entscheiden, ob die Interessen Ihrer Kern-Stakeholder bereits ausreichend berücksichtigt werden oder ob Sie alternative Strategien und Maßnahmen entwickeln müssen, die den Erwartungen der Anspruchsgruppen besser gerecht werden.

Bei all dem ist es wichtig, dass Sie legitime Ansprüche von bloßem Wunschdenken unterscheiden. Geben Sie unbegründeten Ansprüchen nach, so riskieren Sie, Wettbewerbsfähigkeit oder interne Handlungseffizienz einzubüßen.

Hinterfragen Sie Ihre eigene Zielvereinbarung – Sie werden an ihr gemessen

Eine wichtige Aufgabe für Sie als Geschäftsführer ist das Management Ihrer eigenen Ziele. Dies umfasst im Wesentlichen drei Aufgaben:

- ausgehend von Oberzielen konkrete Unterziele formulieren und Meilensteine bestimmen,
- Ziele strukturieren und Prioritäten setzen,
- Ziele spezifizieren und messbar machen.

Zunächst gilt es, zwischen den Vorgaben, die Ihre Position mit sich bringt, und den Zielen, die Sie sich selbst setzen, zu unterscheiden. Das eine ist die Pflicht, an deren Erfüllung Sie gemessen werden, das andere Ihre freiwillige Mehrleistung. Des Weiteren müssen Sie Ordnung in Ihre Ziele bringen, indem Sie die wesentlichen von den unwesentlichen trennen. Als Geschäftsführer werden Sie mit unzähligen Forderungen und Erwartungen bedacht. Seien es Aufsichtsratsmitglieder, Mitarbeiter, Kunden, Journalisten oder Politiker – jeder will irgendetwas von Ihnen. Wenn Sie nicht lernen, Prioritäten zu setzen und diese auch einzuhalten, werden Sie schnell den Boden unter den Füßen verlieren und im Chaos versinken.

Neben der Prioritätensetzung ist auch die Anzahl der Ziele entscheidend, die Sie sich setzen. Sie sollte nicht zu hoch sein, da Sie sonst nicht gewährleisten können, dass Sie jedem der Ziele die ihm gebührende Aufmerksamkeit und Energie schenken können. Hier hilft Ihnen das Drei-Schritt-Schema der Anforderungsanalyse. Stellen Sie sich folgende Frage aus der Sicht

a) der Shareholder und
b) der unterschiedlichen Stakeholder:

Was soll mit der/durch die Besetzung der Position des Geschäftsführers erreicht werden? Die Antworten fangen immer an mit

- Es soll erreicht werden, dass...
- Es soll sichergestellt werden, dass...

Bei drei bis fünf Positionszielen können Sie aufhören. Diese im Blick zu behalten, wird schon anspruchsvoll genug sein.

Im zweiten Schritt fragen Sie sich: Welche Aufgaben muss ich als Geschäftsführer selber tun, initiieren oder kontrollieren, um diese Positionsziele sicher und gut zu erreichen. Wenn Sie pro Positionsziel vier bis sechs zugehörige Aufgaben extrahieren, die Sie selber tun oder initiieren müssen, reicht dies völlig aus. Zu den wichtigsten dieser Aufgaben können Sie dann entsprechende Ziele formulieren. Denken Sie dabei an SMART (sinnvoll, messbar, anspruchsvoll, realistisch, terminiert).

Sobald Sie sich für eine Reihe von Zielen entschieden haben, sollten Sie sich für jedes der Ziele Messkriterien überlegen. Fragen Sie sich, woran festgemacht werden soll, ob das Ziel erreicht ist. Es bringt Ihnen wenig, wenn Sie sich allgemeine Ziele wie zum Beispiel die Verbesserung des Kundenservice setzen. Woran wollen Sie erkennen, ob eine Verbesserung auch wirklich eingetreten ist? Wählen Sie stattdessen ein möglichst spezifisches und messbares Ziel, dessen Erreichungsgrad überprüfbar ist. Im Kontext des Kundenservice könnte ein sinnvolles Ziel beispielsweise lauten: Bis Mai nächsten Jahres wollen wir die Zahl der Kunden, die sich beschweren, um 20 Prozent senken.

Schließlich sollten Sie relativ komplexe Oberziele, die sich aus der Unternehmensvision ergeben, in konkrete Teil- oder Unterziele umwandeln. Auf diese Weise können Sie erkennen, welche Ziele Sie selbst angehen müssen und welche sich an andere betriebliche Ebenen delegieren lassen. Zusätzlich können Sie ein Ziel in mehrere Etappen gliedern, die sukzessive realisiert werden. Legen Sie Meilensteine fest, die angeben, wann ein Etappenziel erreicht sein soll.

Ein Geschäftsführer sollte sich im Allgemeinen primär mit strategischen Fragestellungen beschäftigen. Operative Aufgaben sollten hingegen vollständig auf nachgelagerte Unternehmensebenen delegiert werden. (Die Realität sieht meistens anders aus, wie Untersuchungen immer wieder bestätigen.) Dies hat Vorteile, führt es doch dazu, dass der Geschäftsführer gewissermaßen »über den Dingen« steht, das Gesamtbild sieht und somit bessere, weil das Gesamtunternehmen in Erwägung ziehende, Entscheidungen trifft.

Der starke Fokus auf strategische Ziele kann jedoch auch Nachteile haben. Es besteht die Gefahr, dass man als Geschäftsführer »abhebt« und den Kontakt zur Basis, das heißt zum eigentlichen Unternehmensgeschehen verliert; von dort dringen im ungünstigsten Falle nur noch sehr gefilterte Informationen vor.

Schon als Sie Führungskraft wurden, hatten Sie die Gelegenheit, festzustellen, dass sich der Umgang zwischen den Mitarbeitern und Ihnen veränderte. Man kam nicht mehr zu Ihnen, weil Sie ein netter Mensch sind, sondern weil man etwas von Ihnen wollte oder weil man etwas verhindern wollte. Mitarbeiter gehen mit Ihnen als Führungskraft intentional um; sie wollen, dass Sie etwas sehen oder wollen Entsprechendes verhindern. Dieses Verhalten professionalisiert und potenziert sich in Ihrer Rolle als Geschäftsführer, Sie arbeiten jetzt mit Führungskräften, die eigene Intentionen haben. Lehmschichten, die Informationen nur gefiltert an Sie durchlassen, gibt es bereits in sehr kleinen Unternehmen (Abbildung 9).

Abbildung 9: **Informationsmanagement**

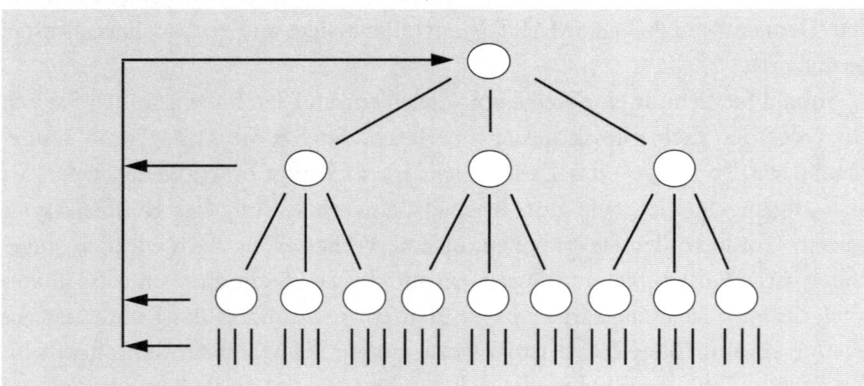

Sorgen Sie dafür, dass Sie Instrumente und Kanäle haben, um direkt und ungefiltert Ihr Ohr an die Basis zu legen. »Management by walking around« ist zum Beispiel ein solches. Aber auch das in manchen Unternehmen praktizierte »Ground-floor-Management« – alle Manager müssen mindestens zwei Wochen im Jahr zurück auf die Ebene, auf der die Wertschöpfung des Unternehmens erfolgt – verhindert viele Diskussionen »am grünen Tisch«.

Damit es zu der Entkoppelung von der Basis gar nicht erst kommt, rät der Sankt Gallener Managementprofessor, Autor und Unternehmensberater Fredmund Malik, dass jeder Topmanager neben der strategischen Arbeit auch eine operative Aufgabe wahrnimmt. Dies könnte zum Beispiel die Betreuung von Schlüsselkunden oder die Personalentwicklung der Führungskräfte sein. Auf diese Weise hält er den Kontakt zur Basis und weiß, was im Unternehmen vor sich geht. Denken Sie an Sam Walton auf der Verladerampe!

Gestalten Sie Ihr Arbeitsumfeld nach Ihren Wünschen

Kennen Sie bereits Ihr neues Büro in der Chefetage? Gefällt es Ihnen, oder haben Sie schon darüber nachgedacht, welche Veränderungen Sie vornehmen wollen? Vielleicht ein neuer Schreibtisch ... Der schwere Eichentisch Ihres Vorgängers ist ja auch wirklich nicht mehr zeitgemäß. Und die Besucherecke müsste ausgetauscht werden ... Eine schwarze Ledergarnitur ist doch nun wirklich ein Muss für ein repräsentatives Office. Nicht zu vergessen: Die Bilder an den Wänden ... Kandinsky, Monet oder auch etwas Modernes wie Baselitz kommen doch erheblich besser an als die tristen Kunststiche, die derzeit die Wände schmücken.

Diese oder ähnliche Gedanken mögen Ihnen bereits durch den Kopf gegangen sein. Vielleicht haben Sie sogar schon die nötigen Schritte veranlasst, haben Handwerker oder gar einen Innenarchitekten aufgesucht und einschlägige Bestellkataloge für Büromöbel angefordert. Möglicherweise haben sich Ihre Träume auch nicht auf Ihr neues Büro beschränkt, sondern andere Annehmlichkeiten wie etwa Ihren künftigen Dienstwagen mit einbezogen. So zu denken, ist völlig legitim. Als Geschäftsführer werden Sie zahllose Stunden in Ihrem Büro oder auch im Auto verbringen, weshalb es nur allzu verständlich ist, wenn Sie diese so angenehm wie möglich gestalten möchten.

Sie sollten jedoch die Verhältnismäßigkeit nicht aus den Augen verlieren. Sie müssen wissen, dass Sie als neuer Geschäftsführer von Ihren Angestellten mit Argusaugen betrachtet werden. Sie stehen laufend auf einer Bühne, ob Sie sich dessen nun bewusst sind oder nicht. Sie können es nicht ändern. Als Geschäftsführer sind Sie eine öffentliche Person, deren Verhalten von zahlreichen Zuschauern beobachtet, kommentiert und bewertet wird. Gehen Sie mit dieser Situation ganz besonders sensibel um. Sie müssen sich durchgängig so verhalten, dass es selbst der einfachste Ihrer Mitarbeiter versteht.

Besondere Vorsicht ist geboten, wenn Sie die Geschäftsführungsrolle zu einem Zeitpunkt übernehmen, in dem es dem Unternehmen wirtschaftlich schlecht geht. Seien Sie in diesem Fall hinsichtlich Ihrer persönlichen Wünsche besonders bescheiden und verlangen Sie nicht nur von Ihren Mitarbeitern Einschnitte. Droht manchen von ihnen aufgrund von Sparmaßnahmen der Verlust ihres Arbeitsplatzes, dann ist es nicht sehr sensibel, wenn Sie sich als erste Amtshandlung auf Firmenkosten einen fabrikneuen Siebener-BMW in Vollausstattung gönnen, ein Fünfer tut es auch.

Seien Sie sich bewusst, dass Sie als neuer Geschäftsführer im Mittelpunkt des Interesses stehen und dass jede Ihrer Handlungen Signale aussendet, die – unter Umständen teilweise ganz entgegen Ihrer Intention – gedeutet werden. Wägen Sie im Einzelfall ab, wie viel »Luxus« Sie sich genehmigen dürfen und welche Statussymbole Ihre Belegschaft für angemessen hält. Im Zweifel gilt: Wasser zu predigen und Wein zu trinken, führt nicht weiter. Gestatten Sie sich – insbesondere am Anfang, bevor Sie Erfolge vorzuweisen haben – so wenig Luxus wie möglich und verzichten Sie auf Privilegien, wo immer es geht. Ihre Belegschaft wird es Ihnen durch bessere Gefolgschaft danken.

Literaturtipps

Bischof, A./Bischof, K. (2009): *Selbstmanagement, effektiv und effizient*, STS-TaschenGuide, Planegg, Haufe.

Covey, S. R. (2007): *Der Weg zum Wesentlichen. Zeitmanagement der vierten Generation*, Frankfurt/Main, Campus.

Dehner, U./Dehner, R. (2007): *Schluss mit diesen Spielchen! Manipulationen im Alltag erkennen und wirksam dagegen vorgehen*, Frankfurt/Main, Campus.

Lehky, M. (2009): *Was Ihre Mitarbeiter wirklich von Ihnen erwarten. Die Übersetzungshilfe für Führungskräfte*, Frankfurt/Main, Campus.

Seiwert, L. J. (2006): *Noch mehr Zeit für das Wesentliche. Zeitmanagement neu entdecken*, München, Ariston.

Checklisten und Arbeitsblätter

Checkliste: **Fragenkatalog für ein erstes klärendes Gespräch mit dem Aufsichtsrat, Beirat oder Gesellschafter**

Fragen	**Antworten**
Was läuft aus Ihrer Sicht gut im Unternehmen?	
Wo besteht aus Ihrer Sicht Verbesserungsbedarf?	
Welche Anforderungen werden in der nächsten Zeit an das Unternehmen gestellt werden?	
Was sind Ihre Wünsche/ Erwartungen an mich?	
Welche Kompetenzen habe ich für die Unternehmensführung?	
Bei welchen Entscheidungen muss ich wen einbeziehen?	
…	
…	

Checkliste: **Fragenkatalog für ein erstes klärendes Gespräch mit einem zentralen Mitarbeiter**

Fragen	**Antworten**
Was genau ist Ihr Aufgabengebiet im Unternehmen?	
Was sollen Sie in Ihrem Aufgabenbereich erreichen?	
Was gefällt Ihnen gut in Ihrem Aufgabengebiet/im Unternehmen insgesamt?	

Was könnte aus Ihrer Sicht besser laufen?	
Was erwarten Sie von mir als neuem Geschäftsführer?	
Wie stellen Sie sich unsere Zusammenarbeit vor?	
Welche konkreten Fragen haben Sie an mich?	
…	
…	

Arbeitsblatt: **Wie ist mein erster Eindruck vom Unternehmen?**

Fragen	**Persönliche Einschätzung**
Wie ist die Arbeitsatmosphäre?	
Wie gehen die Mitarbeiter miteinander um?	
Duzen sich die Mitarbeiter untereinander? Duzen sich Mitarbeiter über Hierarchieebenen hinweg?	
Wie gestaltet sich das Verhältnis zum Aufsichtsrat/zu den Gesellschaftern?	
Wie ist das Verhältnis zu den unmittelbaren Kollegen?	
Wie viele Hierarchieebenen gibt es?	
Wie hoch ist die Personalfluktuation?	
Wie wird kommuniziert? (Welche Kanäle? Top-down oder bottom-up? formal oder informell?)	
Welche Rituale/Gepflogenheiten gibt es?	

Wie ist die wirtschaftliche Lage des Unternehmens?	
Wirken die Mitarbeiter zufrieden mit ihrer Arbeit?	
Wie werden Veränderungsvorschläge im Unternehmen aufgenommen?	

Arbeitsblatt: **Stärken und Schwächen Ihres Unternehmens**

Leistungskategorie/Funktionsbereich (zum Beispiel Einkauf, Marketing, Produktion)					
Leistungskategorie: (absteigend nach Bedeutung für Ihr Unternehmen)	**Beurteilung im Vergleich zum Hauptwettbewerber/Branchenführer:** (positive Werte = Stärke, negative Werte = Schwäche)				
	+ 5	+ 2,5	0	- 2,5	- 5

Arbeitsblatt: **Erwartungen der Stakeholder**

Stakeholder	Welche Erwartungen/Ziele/Ansprüche haben die Stakeholder?	Was werden wir tun, um Erwartungen/ Ziele/ Ansprüche zu erfüllen?	Was werden wir nicht tun?

Arbeitsblatt: Anforderungsanalyse

Was soll mit der/durch die Besetzung der Position des Geschäftsführers erreicht werden? Es soll erreicht werden, dass …	Welche Aufgaben muss ich als Geschäftsführer selber tun, initiieren oder kontrollieren, um diese Positionsziele sicher und gut zu erreichen?	Welche Ziele setze ich mir persönlich, um diese Aufgabenausführung, -delegation oder -kontrolle gut zu bewältigen?

Arbeitsblatt: Ihre persönlichen Ziele

Welche Ziele setze ich mir?	Mit welchen Maßnahmen will ich das Ziel erreichen?	Bis wann will ich das Ziel erreicht haben?	Woran messe ich die Zielerreichung?

Checkliste: Überprüfen Sie Ihre Motivation und Ihr Handeln hinsichtlich wesentlicher Aspekte des Führungswollens

Führungswollen	Meine Haltung/mein Handeln heute	Was kann und will ich ändern?
Erwartungen des Unternehmens		
Profit steigern		
Mitarbeiter ausrichten und bewegen		
Abläufe und Prozesse optimieren		
Loyalität gegenüber dem Unternehmen		
Ruhe in der Mannschaft sicherstellen		
Durchhaltevermögen		
Managemententscheidungen effizient umsetzen		
Erwartungen der Mitarbeiter		
Motivierend agieren		
Unterstützend sein		
Informierend sein		
Entscheidungsspielraum geben		
Vorbild sein		
Schutz gewähren		
Integrierend arbeiten		
Ansprechbar sein		
Interesse an MA zeigen		

	Mitarbeiter fördern
Talente ausbilden	
Karriere fördern	
Nutzwerte aufbauen	
Machtorientierten Handlungsraum bieten	
	Gerecht und fair sein
Selbstbeherrschung	
Keine Bevorzugungen	
Fairness bei Anerkennungen und Sanktionen	

Kapitel 3

Ihre wichtigste Aufgabe als neuer Geschäftsführer: Strategisches Management

In diesem Kapitel erfahren Sie, ...

1. ... wie Sie aus Marktinformationen systematisch eine Strategie entwickeln.
2. ... welche Aspekte zur Unterscheidung Ihrer Produkte wichtig sind.
3. ... wie Sie zukünftige Entwicklungen in Ihre heutigen Strategien integrieren können.
4. ... welche bewährten Modelle und Schemata zur Beschreibung von Produkt, Markt und Unternehmen Sie einsetzen können.
5. ... wie Sie Ihre Strategie und Führung im Unternehmen verankern.

Einführung

Strategie ist ein Begriff, der etymologisch aus dem Bereich der militärischen Führung stammt (griechisch: stratos = Heer, agos = Führer) und im 19. Jahrhundert durch Carl von Clausewitz als »Gebrauch des Gefechts zum Zwecke des Krieges« interpretiert wurde. Als wissenschaftliche Disziplin wurde Strategisches Management vor allem durch Chandler, Ansoff, Porter und Mintzberg etabliert und in Europa durch die Universität St. Gallen[1] weiterentwickelt.

Zudem haben Beratungsunternehmen wie die Boston Consulting Group, McKinsey und Arthur D. Little Standard-Tools entwickelt, die heute zum Grundrüstzeug jedes Managers gehören. Wir geben Ihnen in diesem Kapitel einen Überblick sowohl über ausgewählte Aspekte inhaltlicher Strategiegestaltung als auch über den Prozess der Strategiefindung und -implementierung. Die in Abbildung 10 gezeigten Konzepte veranschaulichen die Vielfalt der eingesetzten Methoden des Strategischen Managements, ihre Vorbereitung sowie die Zufriedenheit der Anwender.

Abbildung 10: **Managementkonzepte**

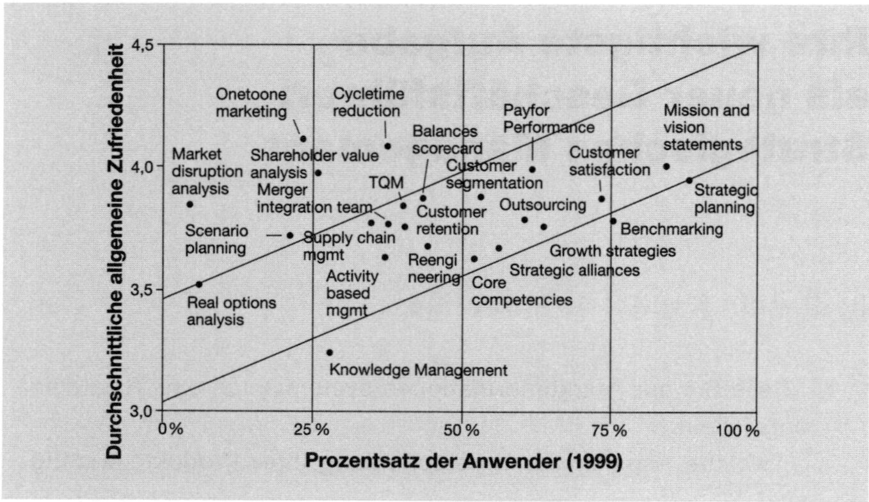

Quelle: Müller-Stewens/Lechner (2003): *Strategisches Management*, S. 104

Neben Ihren operativen Aufgaben in der Geschäftsführung sind Sie ständig gefordert, Ihr Wissen aktuell zu halten und strategische Impulse in den Arbeitsfeldern Initiierung, Positionierung, Wertschöpfung und Veränderung[2] zu setzen. Die Top-25-Managementkonzepte werden jährlich von Bain & Company erfasst und im Internet veröffentlicht.[3]

Der Markt und seine Potenziale

Jack Welch gab zu Beginn seiner Zeit als CEO von General Electric (GE) die Losung aus, alle Geschäftsbereiche, die nicht zu den Marktführern in ihrem jeweiligen Markt gehörten, aus dem Unternehmen zu entfernen. Konsequent reduzierte er die Belegschaft von 400 000 auf die Hälfte. Innerhalb der 20 Jahre seiner Amtszeit erhöhte sich der Wert von GE um 576 Prozent.

Das grundlegende Ziel aller Strategien ist es, einen nachhaltigen Wettbewerbsvorteil zu erlangen, der zu einer überdurchschnittlichen Rendite für das Unternehmen führt. Strategien sind zum einen ressourcenorientiert, indem sie darauf zielen, den Zugang des Unternehmens zu physischen und finanziellen Ressourcen, Humankapital und Organisations-Know-how so zu sichern, dass die Wettbewerber nachhaltig unfähig sind, die daraus resultierenden Vorteile zu kopieren.

Marktorientierte Strategieansätze hingegen gehen davon aus, dass Ressourcen einer Branche homogen und mobil sind. Sie nutzen Unvollkommenheiten auf den Absatzmärkten aus und stützen sich auf eine klare Analyse der Teilnehmer des Marktes – bestehend aus Wettbewerbern, Komplementären, Kunden und Zulieferern – und des eigenen Unternehmens in Bezug auf die aktuelle ebenso wie auf die zukünftige Situation. Dieses Spannungsfeld ist in Abbildung 11 dargestellt. Die Interaktionen des Unternehmens mit den anderen Akteuren in seinem Umfeld können sowohl eher feindlicher Natur sein, wie im Fall der Konkurrenten, oder aber auf ähnlich gerichteten Interessen beruhen, wie es beispielsweise auf die Beziehung zu den Komplementären zutrifft.

Abbildung 11: Spannungsfeld Markt

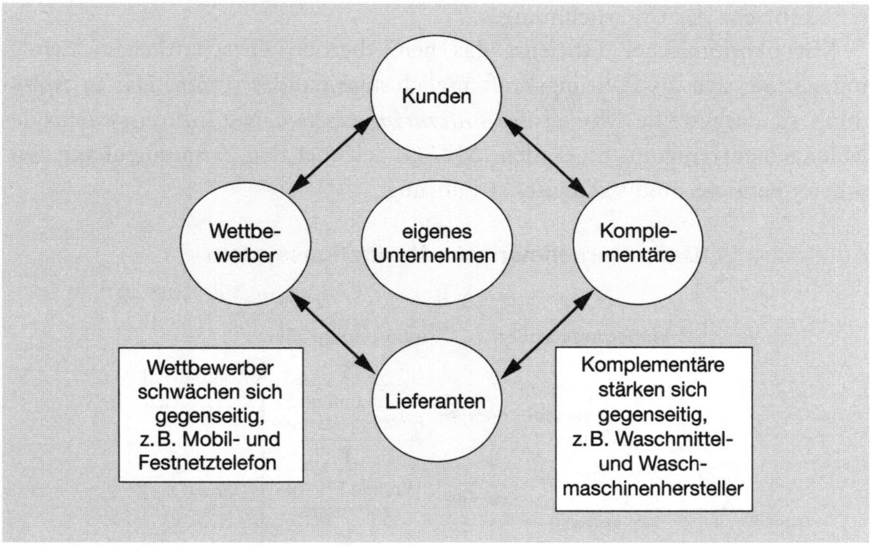

Die meisten Strategiemodelle haben ihren Ursprung im produzierenden Gewerbe. Die durch die Zunahme des tertiären Sektors sowie durch Digitalisierung und Globalisierung hinzugekommenen Aspekte haben die grundsätzlichen Regeln der Wirtschaft (und der Strategiefindung) jedoch nicht aus den Angeln gehoben. Viele Experten sind der Auffassung, dass die Differenzierung in Old Economy und New Economy obsolet geworden ist – überlebt hat die Real Economy.

Strategie, Struktur und Erfolg

»Ich glaube, man muss die wirtschaftlichen Zusammenhänge eines Geschäfts verstehen, bevor man sich eine Strategie aneignet, und man muss die Strategie verstehen, bevor man sich eine Struktur zulegt. Bringt man diese Dinge in die falsche Reihenfolge, wird man wahrscheinlich scheitern.«

Michael Dell

»Structure follows Strategy« ist die komprimierte Form eines Leitsatzes, den Chandler bereits 1962 als Ergebnis einer empirischen Studie über die vier Großunternehmen DuPont, Exxon, General Motors und Sears herausarbeitete.[4] Der Leitsatz lautet in seiner vollständigen Fassung: »Die Umwelt bedingt die Strategie, die Strategie die Struktur und die Struktur die ökonomische Effizienz der Unternehmung.«

Mit ökonomischer Effizienz, das heißt betriebswirtschaftlichem Erfolg, müssen Sie sich als Führungskraft täglich auseinander setzen. Das in Abbildung 12 dargestellte Modell des *unternehmerischen Navigationssystems* des Managementzentrums St. Gallen (MZSG) zeichnet den Zusammenhang zwischen operativer und strategischer Führung.

Abbildung 12: Das unternehmerische Navigationssystem

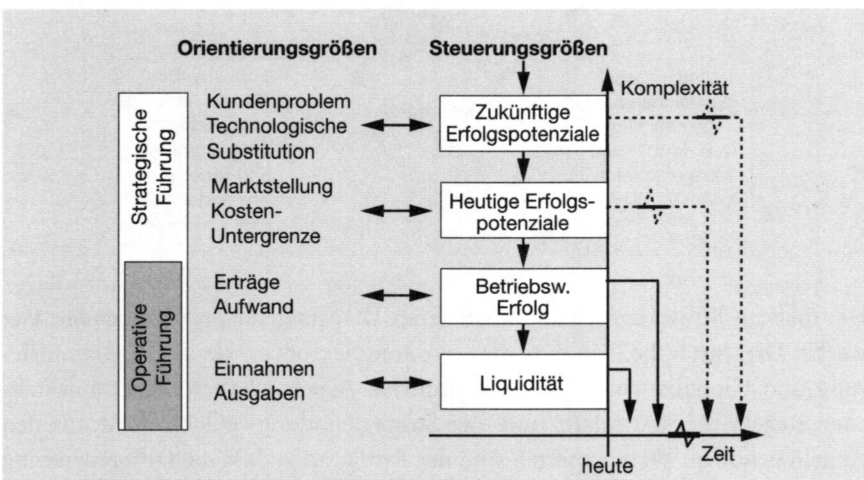

Quelle: Managementzentrum St. Gallen

Die operative Führung ist in die strategische Führung eingebettet. Dies bedeutet, dass die strategische Führung Ausgangsbasis und Rahmen für Aktivitäten des operativen Bereichs darstellt. Die operative Führung bezieht sich auf die Steuerungsgrößen Erfolg und Liquidität als kurzfristige Erfolgsgrößen. Die strategische Führung hingegen wirkt auf die heutigen und die zukünftigen Erfolgspotenziale ein und wirkt mittel- und langfristig: Sie sichert grundlegend den Unternehmensbestand.

Doch welche Größen beeinflussen nachhaltig den kurz-, mittel- und langfristigen Erfolg? Seit Ende der sechziger Jahre werden im *PIMS-Projekt* (Profit Impact of Market Strategies)[5] Daten gesammelt, die Erfolgsfaktoren für die Maximierung des ROI (Return on Investment) in Branchen herausarbeiten und als Benchmarks wertvolle Vergleichsmaßstäbe liefern. Es werden die folgenden Dimensionen untersucht:

- Marktattraktivität (kurz- und langfristiges Marktwachstum, Position im Produktlebenszyklus),
- relative Wettbewerbspositionen (Marktanteile, relative Marktanteile im Vergleich mit den drei größten Wettbewerbern, relative Produktqualität),
- Veränderung von Schlüsselfaktoren (Änderungen des Marktanteils, Änderungen der Produktqualität),
- Kosten (Marketingaufwand/Umsatz, Forschungs- und Entwicklungsaufwand/Umsatz),
- Investitionen (Kapitalintensität, Wertschöpfungstiefe, Arbeitsproduktivität, Kapazitätsnutzungsgrad).

Informationen über Markt und Wettbewerber

Eingebunden in eine Analyse der relevanten Umwelt (Ökologie, Technologie, wirtschaftlicher Rahmen, demografische und sozialpsychologische Entwicklungstendenzen sowie Politik und Recht), bilden Branchen-, Markt- und Konkurrenzanalyse die Basis für die Definition einer marktorientierten Strategie. Die folgenden Checklisten (Tabellen 2 und 3) sollen helfen, einen fundierten Überblick zu erlangen.

Tabelle 2: **Checkliste zur Branchenanalyse**

Branchenstruktur	• Anzahl der Anbieter • Heterogenität der Anbieter • Typen der Anbieterfirmen • Organisation der Branche (z. B. Kartelle, Verbände, Absprachen)

Kundenstruktur	• Anzahl der Kunden • Kundentypen
Beschäftigungslage und Wettbewerb	• Auslastung der Kapazität • Konkurrenzkampf
Wichtige Wettbewerbs-instrumente	• Qualität • Sortiment • Beratung • Preis • Lieferfristen
Distributionsstruktur	• Geografische Distributionsstruktur • Absatzkanäle
Branchenausrichtung	• Allgemeine Branchenausrichtung (z. B. Werkstoffe, Technologie, Kundenprobleme) • Innovationstendenzen in Produkten und Verfahren
Sicherheit	• Eintrittsbarrieren für neue Konkurrenten • Substituierbarkeit neuer Leistungen

Quelle: Klimecki, R. (2003): *Unternehmensstrategien*, Skript der Universität Konstanz, FB Politik- und Verwaltungswissenschaft.

Die Branchenanalyse arbeitet die wichtigsten Eckpfeiler heraus, die die Struktur der Branche charakterisieren. Die Zahl der Marktteilnehmer, die relative Wichtigkeit der Wettbewerbsinstrumente und die bevorzugten Absatzkanäle sind ebenso Bestandteil der Analyse wie die strategischen Erfolgsfaktoren (Ausrichtung) der Branche und die Sicherheit vor Angriffen neuer Konkurrenten oder von Substitutionsprodukten.

Die Marktanalyse bezieht sich auf quantitative und qualitative Marktdaten. Möglicherweise müssen Sie verschiedene Märkte analysieren. In stark diversifizierten Unternehmen werden klar voneinander abgrenzbaren Zielgruppen unterschiedliche Produkte angeboten. Jedes Geschäftsfeld agiert in einem anderen Markt mit je eigenen Bedingungen.

Wichtig ist, Marktanalysen nicht nur dann durchzuführen, wenn Sie gerade damit befasst sind, die Unternehmensstrategie festzulegen. Beobachten Sie stattdessen den Markt kontinuierlich, um frühzeitig über wichtige Entwicklungen informiert zu sein und diese in Ihren Strategien berücksichtigen zu können.

Tabelle 3: **Checkliste zur Marktanalyse**

Quantitative Marktdaten	• Marktvolumen • Stellung des Marktes im Marktlebenszyklus • Marktsättigung • Marktwachstum (mengenbezogen in % pro Jahr) • Marktanteile • Stabilität des Bedarfs
Qualitative Marktdaten	• Bedürfnisstruktur der Kunden • Kaufmotive • Kaufprozesse/Informationsverhalten • Marktmacht der Konkurrenten

Quelle: Klimecki (2003): *Unternehmensstrategien.*

Systematische Marktbeobachtung stützt sich auf interne und externe Informationsquellen. Das können einerseits Datenbanken und Archive sein, aus denen Ihre Marketingabteilung schöpft, oder aber Informationen aus Fachzeitschriften und von Fachverbänden oder Instituten, die markt- und branchenspezifische Analysen und Studien durchführen. Fachmessen, Fachkonferenzen und kompetente Berater runden das Portfolio an Informationsquellen ab.

Tipp aus der Praxis

Implementieren Sie frühzeitig eine Datenbank mit Marktanalysen, verhindern Sie den Aufbau multipler Datenbanken und stellen Sie eine kontinuierliche Befüllung sicher. Diejenigen Unternehmen verzeichnen die größten Wettbewerbsvorteile, deren marktbezogene Informationen in einer Datenbank gespeichert werden, die kontinuierlich aktualisiert wird, über deren inhaltlich zu speichernde Variablen Einigkeit unter den verschiedenen Abteilungen herrscht und deren Ergebnisse neutral und emotionslos bewertet werden können.

In der Konkurrenzanalyse werden die Hauptmerkmale der Wettbewerber gegenübergestellt (Tabelle 4). Es empfiehlt sich, ein Scoring-Verfahren einzusetzen und die relative Ausprägung der einzelnen Merkmale zu visualisieren. So entsteht ein Profil, das bereits auf den ersten Blick Stärken und Schwächen gegenüber den Wettbewerbern offenbart.

Tabelle 4: **Checkliste zur Konkurrenzanalyse**

	Konkurrenten A	B	C
• Hauptstärken			
• Hauptschwächen			
• Erkennbare Strategien des Konkurrenten			
• Gegenwärtige Stellung des Konkurrenten – Umsatz insgesamt – Umsatz in relevanten Produktgruppen – Marktanteile insgesamt – Marktanteile in relevanten Produktgruppen			
• Produktpolitik			
• Preislage			
• Kostenstruktur			
• Gewinnsituation			
• Finanzkraft			
• Hauptgründe für Erfolg oder Misserfolg			

Quelle: Klimecki (2003): *Unternehmensstrategien*

Ihre Kunden

Ebenso wichtig wie die Frage, auf welchen Märkten Sie agieren und wie diese beschaffen sind, ist die Frage nach Ihren Kunden – seien dies nun Unternehmen oder Endverbraucher. Wie Sie am schnellsten Ihre aktuellen Kundengruppen kennen lernen können, hängt wesentlich von der Struktur Ihres Marketings ab.

Sind Ihre Kunden bereits Segmenten zugeordnet und wurden diese Key-Accounts gesondert als Verantwortungsbereiche ausgewiesen, liegt hier Ihre erste Aufgabe.

- Nach welchen Eigenschaften wurden die Kunden klassifiziert?
- Wie werden die unterschiedlichen Gruppen angegangen, und welche langfristigen Ziele werden dabei verfolgt?

Tipp aus der Praxis

Vermeiden Sie es, an dieser Stelle bereits die Segmentierungskriterien zu kritisieren. Sie sollten hier langsam und umsichtig vorgehen. Mit schnellen Veränderungen zerschlagen Sie intern viel Porzellan, ohne entsprechenden schnell einen Nutzen erzielen zu können. Die persönlich gewachsenen Beziehungen in Vertrieb und Marketing Ihres Unternehmens sind häufig viel entscheidender für den Erfolg als die richtige »Klassifizierung«. Verhindern Sie häufige Reorganisationen und immer neue Klassifikationen – sie dienen meist der Vertuschung von Misserfolgen. Zunächst einmal gilt es zu verstehen, wie Ihr Unternehmen die Umwelt sieht und wie es sich an sie angepasst hat. Aspekte, die Sie kritisch sehen, können Sie für eine weitere Strategiesondierung zu einem späteren Zeitpunkt aufnehmen.

Sind Ihre Kunden noch keinem Schlüssel zugewiesen worden, so lassen sich einfache Analysen schnell selbst vornehmen. Eine der einfachsten und bewährtesten Analysen ist die *ABC-Analyse*. Die Einteilung Ihrer Kunden in die drei Gruppen A bis C erfolgt in drei Schritten:

1. Sortieren Sie Ihre Kunden nach der Höhe der im vergangenen Jahr jeweils getätigten Umsätze.
2. Ermitteln Sie den Anteil der Umsätze mit Ihren Kunden am Gesamtumsatz.
3. Nun bilden Sie, beginnend mit dem Kunden, der den höchsten Anteil am Gesamtumsatz aufweist, drei Gruppen:
   - A-Kunden (erbringen circa 75 Prozent des Umsatzes)
   - B-Kunden (erbringen circa 20 Prozent des Umsatzes)
   - C-Kunden (erbringen circa 5 Prozent des Umsatzes)

Kunden der A-Kategorie werden Ihre verstärkte Aufmerksamkeit erfordern. Ein Verlust dieser Kunden würde Sie am härtesten treffen. Viele Unternehmen schöpfen aus knapp der Hälfte ihrer Kunden 80 Prozent ihres Umsatzes. Im Gegensatz dazu bringen 20 Prozent der Kunden (Gruppe C) dem Unternehmen nur 5 Prozent des Umsatzes ein. Sie werden entscheiden müssen, ob die Gruppe A stärker betreut und die Gruppe C im Gegenzug ausgedünnt werden sollte. Der Aufwand sollte grundsätzlich in einem angemessenen Verhältnis zum Ertrag stehen.

Beachten Sie jedoch, dass die ABC-Kundenklassifizierung immer eine rückblickende Sortierung ist. Wenn ein ganzer Teil der C-Kunden langsam in die A-Kundenklasse aufrücken kann, sind andere Formen der Betreuung notwendig als bei »ewigen« C-Kunden.

Stärken und Potenziale

Nachdem wir uns in den letzten Abschnitten eingehend mit dem Unternehmensumfeld, das heißt mit dem Markt, den Wettbewerbern und den Kunden, beschäftigt haben, ist es nun an der Zeit, Ihr eigenes Unternehmen unter die Lupe zu nehmen. Dies kann immer nur in Relation zum Markt geschehen, sodass eine Markt- und Wettbewerbsanalyse einer Unternehmensanalyse grundsätzlich vorausgehen sollte. Die Analyse der Stärken und Schwächen Ihres Unternehmens und der Chancen und Risiken des Marktes führt ressourcenbasierte und marktorientierte Ansätze zusammen und legt damit das Fundament für die Auswahl Ihrer Strategien am Markt und im Unternehmen. Die *SWOT-Analyse* (Strengths, Weaknesses, Opportunities and Threats) wird in vier Schritten durchgeführt.

Im ersten Schritt erfassen Sie die wesentlichen Stärken, die Ihr Unternehmen kennzeichnen. Auf welche Ursachen können zurückliegende Erfolge zurückgeführt werden? Welches sind die zentralen Kompetenzen des eigenen Unternehmens? Welche Synergiepotenziale liegen vor, die mit neuen Strategien und neuen Komplementären ausgeschöpft werden können?

Im zweiten Schritt listen Sie die Schwachstellen Ihres Unternehmens auf. Hierbei geht es nicht um kleine, interne Schwachstellen, sondern um marktrelevante Aspekte wie zum Beispiel lange Lieferzeiten oder hohe Kosten. Welche Schwachpunkte gilt es auszubügeln und künftig zu vermeiden? Welches Produkt ist besonders umsatzschwach? Ergänzende Informationen zur Stärken-Schwächen-Analyse finden Sie in Kapitel 2.

Im Anschluss an die kritische Beschäftigung mit den Stärken und Schwächen Ihres Unternehmens sind unternehmensexterne Faktoren an der Reihe. So listen Sie zunächst die Chancen auf, die der Markt bietet oder bieten könnte. Welche Möglichkeiten stehen offen? Welche Trends gilt es zu verfolgen? Welche Ideen sollten näher beleuchtet werden?

Anschließend sammeln Sie Schwierigkeiten und Hindernisse, die auf dem Markt auftreten (können). Welche Schwierigkeiten aufgrund der gesamtwirtschaftlichen Situation oder aufgrund von Markttrends liegen vor? Was machen die Wettbewerber? Ändern sich die gesetzlichen Vorschriften für Arbeitsplätze, Produkte oder Serviceleistungen? Bedroht ein Technologiewechsel die Stellung Ihres Unternehmens?

Um aus der SWOT-Analyse strategische Maßnahmen abzuleiten, empfiehlt sich die Gegenüberstellung von Stärken und Schwächen sowie von Chancen und Risiken in einer Form, wie sie in der Abbildung 13 zu sehen ist. Wie können Stärken bei Chancen ausgebaut werden, wie kann man mit Stärken die Risiken absichern, trotz Schwächen in den Chancen aufholen oder die Schwächen bei Risiken abbauen?

Abbildung 13: **SWOT-Matrix**

		unternehmensintern	
		Stärken • … • … • …	Schwächen • … • … • …
unternehmensextern	Chancen • … • … • …	Maßnahmen zum **Ausbauen**	Maßnahmen zum **Aufholen**
	Risiken • … • … • …	Maßnahmen zur **Absicherung**	Maßnahmen zum **Abbauen**

Die Maßnahmen der Felder beginnen jeweils mit einem A – Ausbauen, Absichern, Aufholen, Abbauen. Im Feld »Absicherung« lässt sich beispielsweise zu jeder Kombination aus einer Stärke und einem Risiko eine Maßnahme finden, mit der Sie sich gegen das Risiko absichern können.

Tipp aus der Praxis
Ganz wichtig: Gehen Sie schonungslos mit sich um und fordern Sie andere, mit denen Sie die SWOT-Analyse gemeinsam durchführen (zum Beispiel Mitarbeiter, Beiräte, Betriebsräte), zu schonungsloser Offenheit auf. Probleme unter den Teppich zu kehren, schönzureden oder rosarot einzufärben bringt absolut nichts. Aber machen Sie direkt klar, dass Sie nicht zaubern können. Menschen bauen schnell völlig unrealistische Erwartungshaltungen auf.

Marktposition und Ziele

Die ersten und schnell verfügbaren Informationen über Ihre Position im Markt können Sie den Benchmarks externer Institute oder internen Bewertungen entnehmen. Auf spezielle Märkte begrenzt, lassen sich (meist anhand der Umsätze) übersichtliche Rankings erstellen, aus denen die eigene Positionierung innerhalb der Branche oder des Marktes hervorgeht. Hierbei ist wichtig, wie Markt und Branche abgegrenzt werden und welche Kennzahlen erfasst sind. Ebenso sollte die Quelle auf Form und Aktualität der Erhebung sowie auf Seriosität überprüft werden, bevor man strategische Schlussfolgerungen für sein Unternehmen zieht.

Um die Positionierung des eigenen Unternehmens zu verdeutlichen, hat Michael E. Porter[6] von der Harvard Business School in seinen Büchern zu Wettbewerbsvorteilen und Wettbewerbsstrategien die relative Stärke der Marktteilnehmer in der Wertschöpfungskette herausgearbeitet.

Abbildung 14: **Das Fünf-Kräfte-Modell von Porter**

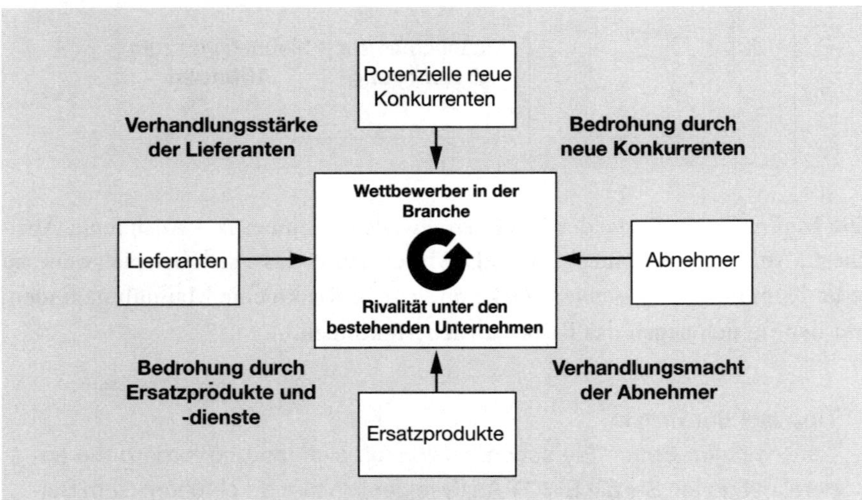

Auf der Basis einer Analyse der in jeder Branche vorherrschenden Ausprägungen der fünf Kräfte (Abbildung 14) lassen sich Strategien entwickeln, welche die negativen Einflüsse dieser Kräfte auf das eigene Unternehmen reduzieren.

Die *Bedrohung durch neue Wettbewerber* hängt maßgeblich von zwei Faktoren ab. Dies sind zum einen Eintrittsbarrieren und zum anderen absehbare Reaktionen des Marktes. Als Beispiele für Eintrittsbarrieren lassen sich nennen: bestehende Größenvorteile und starke Produktdifferenzierung der Marktteilnehmer, Markenloyalität und Umstellungskosten des Kunden, Zugang zu Vertriebs- und Absatzkanälen, hoher Kapitalbedarf und staatliche Einschränkungen. Je höher die Eintrittsbarrieren für Ihren Markt sind, desto sicherer ist Ihre Marktposition, da es für neue Wettbewerber vergleichsweise schwer und kostenintensiv ist, in den Markt einzutreten.

Unter Reaktionen des Marktes lassen sich gemeinsame Aktionen gegen einen neuen Mitbewerber, Preiskampf oder Integration des Eindringlings subsumieren. Ein aggressiver Markt, wie beispielsweise der Markt der deutschen Lebensmittel-Discounter, wird auf neue Wettbewerber sehr offensiv reagieren. Beim Markteintritt sollten Sie sich dieser Gefahr bewusst sein und eine entsprechend gut gefüllte »Kriegskasse« haben, um gegen Preiskämpfe finanziell gewappnet zu sein.

Die *Verhandlungsstärke der Kunden* wird durch Konzentration, hohes Einkaufsvolumen, geringe Umstellungskosten, hohe Transparenz, Alternativenvielfalt, Preisstabilität oder geringe Markenbindung gefestigt. Je geringer die Abhängigkeit des Kunden von einem Unternehmen oder seinem Produkt ist, desto höher ist seine Verhandlungsstärke. Eine hohe Bedeutung der Kunden für die Branche lässt sich beispielsweise im stetig langsamer wachsenden Mobilfunkmarkt ausmachen; hier nimmt die Verhandlungsstärke der Kunden kontinuierlich zu.

Die *Verhandlungsstärke der Lieferanten* ist umso größer, je geringer die Zahl von Anbietern ist, je höher die Umstellungskosten beim Abnehmer sind, je schwerer das gelieferte Produkt ersetzbar ist und je größer seine Bedeutung für den Abnehmer ist.

Die *Wettbewerbssituation in der Branche* ist durch hohe Rivalität gekennzeichnet, wenn hohe Marktaustrittsbarrieren existieren, eine große Anzahl ähnlich strukturierter Anbieter im Markt agiert, ein langsames Branchenwachstum und hohe Fix- und Lagerkosten vorliegen und wenn die Markenidentität nur schwach ausgeprägt ist.

Die fünfte Wettbewerbskraft ist schließlich die *Bedrohung durch Ersatzprodukte und -dienstleistungen*. Niedrige Umstellungskosten, ein schlechtes Preis-Leistungs-Verhältnis oder eine hohe Tendenz des Abnehmers, zu Ersatzprodukten zu greifen, können bedrohliche Faktoren für die Branche sein. Als ein Beispiel für derartige Substitute lässt sich der Download von Musik anführen. Im Laufe der nächsten Jahre wird der Absatz von CDs weiter zurückgehen und der Anteil elektronisch distribuierter Musik (legaler und illegaler) dramatisch ansteigen, weil dieser Kanal für den Nutzer immer einfacher verfügbar ist und er hier unabhängiger vom Interesse der Musikindustrie wird, neben wenigen interessierenden Musikstücken zum Füllen der CDs auch weniger gelungene mitzuliefern.

Wenn Sie sich bewusst gemacht haben, wie sich die fünf Wettbewerbskräfte auf Ihr Unternehmen und Ihre Branche auswirken, haben Sie auf Ihrem Weg hin zum Verständnis Ihrer Umwelt mehr als einen Meilenstein erreicht. Haben Sie Ihr Umfeld erst einmal eingehend analysiert, so können Sie die Reaktionen und den Erfolg Ihrer Strategien abschätzen.

Das dargestellte Raster von Michael Porter ist eines der am meisten verbreiteten Vorgehensmodelle bei der Analyse von Märkten. Die Einflussfaktoren auf den relativen Erfolg von Unternehmen sind empirisch nachgewiesen. Neuere Autoren wie Downes/Mui[7] sehen Kräfte wie Digitalisierung, Globalisierung und Deregulierung im Markt als die entscheidenden Einflussfaktoren in der heutigen Zeit an. Die Disziplin des Strategischen Managements hat in den letzten Jahrzehnten immer neue Aspekte erschlossen, die eine wertvolle Erweiterung des bestehenden Instrumentariums bilden – selten haben diese neuen Aspekte die traditionelle Betrachtungsweise obsolet gemacht.

Ihr Unternehmen und seine Produkte

Nach einer sorgfältigen Analyse der äußeren Einflüsse, die auf Ihr Unternehmen einwirken, sollten Sie sich nun Ihrem internen Schaffensbereich zuwenden. Auch hier widmen Sie sich so oft wie möglich primär strategischen Betrachtungen.

Tipp aus der Praxis
Für alle angeführten Schemata und Modelle gilt:

You need to be so hard to be soft – Sie müssen mit ungeheurer Beständigkeit auf die kontinuierliche Einhaltung vereinbarter Vorgehensweisen und einheitlicher Modelle achten.

In vielen Unternehmen existieren alle möglichen Fragmente der angeführten Modelle und Schemata. Lassen Sie keinen Wildwuchs zu, sondern einigen sich mit den Verantwortlichen auf Standards.

Produktstrategien

Bei der Lageeinschätzung Ihrer Produkte sollten Sie mehrere Aspekte beachten. Dies sind vor allem die Punkte des so genannten Marketing-Mix, ergänzt um die Beziehung zu Ihren Zulieferern (zumindest im produzierenden Gewerbe). Sie sollten für jedes Ihrer Produkte untersuchen, wie es um die von Philip Kotler[8] von der Northwestern University eingeführte, als die vier Ps bezeichnete Kombination von Preis, Produkt, Vertriebskanal (im Englischen mit »place« benannt) und Marketingstrategie (im Englischen »promotion«) steht.

In Bezug auf den Preis sollten Ihnen Aspekte wie die Gewinnmarge, die Preiszusammensetzung, etwaige Nachlässe oder Zielgruppenunterscheidungen eine Betrachtung wert sein.

Beim Produkt geht es um die Zusammensetzung des Produktes, kritische Input-Faktoren und Zielgruppen des Outputs. Wenn Sie die Input-Faktoren in eine Matrix einordnen, die den Gewinneinfluss in Relation zum Beschaffungsrisiko veranschaulicht, werden Sie ohne große Mühe kritische Stellen Ihrer Beschaffungsseite identifizieren können. Dies sollte Ihnen als Basis für die Vervollständigung der Informationen über Ihre Zulieferer – insbesondere über die kritischen unter diesen – dienen. Die soeben diskutierte Matrix und ihre Implikationen für Ihr Produktportfolio ist in Tabelle 5 dargestellt.

Tabelle 5: Einkaufsprodukte

Beschaffungsrisiko / Gewinneinfluss	Niedrig	Hoch
Niedrig	Normalprodukte	Engpassprodukte
Hoch	Schlüsselprodukte	Strategische Produkte

Unter dem Beschaffungsrisiko lassen sich die Wettbewerbssituation auf dem Beschaffungsmarkt, eine mögliche Substitution durch alternative Produkte oder durch Eigenfertigung, Lagereigenschaften des Beschaffungsobjektes und die Bedeutung des Beschaffungsobjektes für die Produktion subsumieren. Während Normalprodukte keiner besonderen Behandlung bedürfen, fordern strategische Produkte Ihre volle Aufmerksamkeit. Schlüsselprodukte sind auszubauende Faktoren, die einen hohen Gewinneinfluss ohne Ressourcenknappheit bieten. Engpassprodukte verdienen neben den strategischen Produkten ebenso die Aufmerksamkeit des Unternehmens, wenn auch strategischen Produkten aufgrund ihres höheren Gewinnanteils die Priorität einzuräumen ist.

Der Vertriebskanal zeigt Ihnen Probleme und differenzierte Herangehensweisen an den Produktabsatz auf. Ebenso werden Fragestellungen der Logistik betrachtet, wobei auch hier der Fokus auf Schwachpunkten, Stärken und einem ganzheitlichem Verständnis liegt.

Im Rahmen des Marketings gilt es, mehrere Entscheidungen zu treffen. Wie soll der Marketingetat auf die einzelnen Produkte verteilt werden? Auf welche

Regionen oder Kundengruppen soll das Produktangebot ausgerichtet werden? Wie sollen die einzelnen Marketingstrategien miteinander verzahnt werden?

Produktportfolio und Produktlebenszyklus

Zur eingehenden Analyse Ihres Produktportfolios möchten wir Ihnen abschließend zwei leicht anwendbare Modelle vorstellen. Zum einen ist dies das Marktanteils-/Marktwachstums-Modell der Boston Consulting Group (BCG), zum anderen das Lebenszyklusmodell.

Das Portfolio-Modell der BCG ist eine Vier-Felder-Matrix mit den beiden Dimensionen Marktanteil und Marktwachstum (Abbildung 15). Der Marktanteil ist als Umsatz Ihres Unternehmens im Verhältnis zum Umsatz des größten Wettbewerbers definiert.

Abbildung 15: **Die BCG-Matrix**

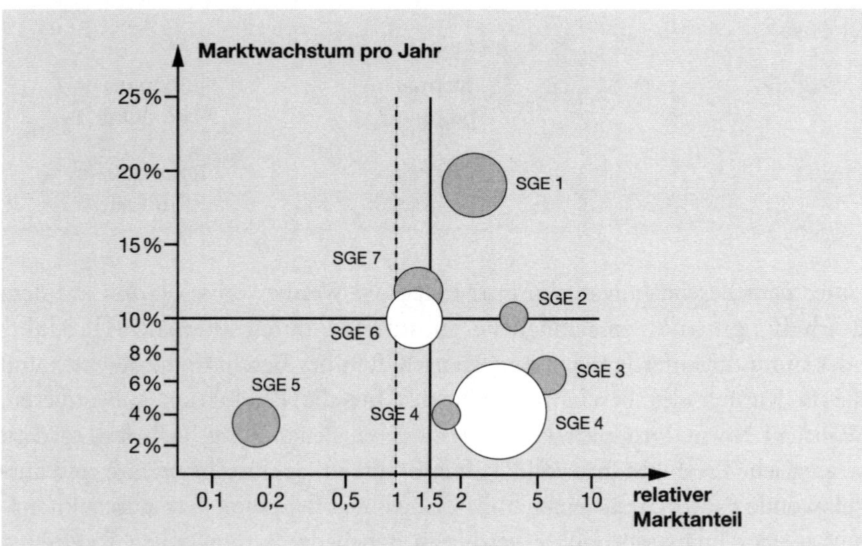

Quelle: Müller-Stewens/Lechner(2003): *Strategisches Management*, S. 302

Das Marktwachstum gilt als überdurchschnittlich attraktiv, wenn es mehr als 10 Prozent pro Jahr beträgt. Die Größe der in Abbildung 15 wiedergegebenen Kreise entspricht den relativen Anteilen am Geschäftsvolumen. Bei der Erstellung einer BCG-Matrix ordnen Sie die Strategischen Geschäftseinheiten (SGE) den einzelnen Feldern zu, um eine Orientierung und Strategieableitung zu ermöglichen. Eine SGE umfasst ein oder mehrere Geschäftsfelder, die eigenständig am Markt mit eigenem Produkt-Markt-Konzept agieren und die die Verantwortung für ihren Ergebnisbeitrag selbst tragen.

Aus der Positionierung der Strategischen Geschäftseinheiten in den Quadranten resultieren klassische Cashflow-Konstellationen, die Strategien für Investitionen und Desinvestitionen nahe legen. Die Cash Cows beispielsweise sind ertragreiche, aber kaum mehr steigerungsfähige Einheiten, deren Erträge abgeschöpft werden. Wird der Cashflow benutzt, um in die Question Marks zu investieren, ist das Ziel, diese zu Stars zu machen. Ist dies nicht möglich und laufen sie Gefahr, in den Bereich der Poor Dogs zurückzufallen, so sollten Sie das investierte Kapital zurückziehen und sich möglichst schnell von ihnen trennen.

Tipp aus der Praxis
Lassen Sie sich für alle Produkte und SGEs zeigen, wo diese innerhalb der Matrix stehen, und diskutieren Sie die Einschätzung mit den Produktverantwortlichen und den SGE-Leitern in definierten Abständen. Obgleich das Portfolio auf wenigen Dimensionen fußt, ist es doch geeignet, um eine erste pragmatische Einschätzung der Lage zu erhalten.

Auch hier gilt wieder: KISS – Keep it simple and stupid.

Sorgen Sie dafür, dass alle relevanten Mitarbeiter Ihres Unternehmens verstehen, worum es hierbei geht, und dass sie die Folgerungen nachvollziehen können. Vermeiden Sie die Arbeit mit Modellen mit vielen Variablen, die in ihrer Komplexität kaum durchschaubar sind und deren Ableitungen nur wenige Experten beherrschen.

Die Portfolio-Technik basiert auf dem in der Folge diskutierten Lebenszyklusmodell und dem Erfahrungskurvenkonzept, das ebenfalls von der Boston Consulting Group entwickelt wurde[9]

Die Veränderung der Stellung eines Produktes im Markt – von der Entwicklung bis zu seinem Ausscheiden – kann durch den Produktlebenszyklus veranschaulicht werden. Dieses Modell stellt die Absatz- und Umsatzentwicklung eines Produktes im Zeitablauf dar. Die Entwicklung gliedert sich, wie Abbildung 16 zeigt, in die fünf Phasen Einführung, Wachstum, Reife, Sättigung und Alter/Degeneration.

In der *Einführungsphase* wird das Produkt mit geringen Stückzahlen in den Markt eingeführt. Die Vertriebs- und Herstellkosten sind noch größer als die Erträge, die Ihnen der anfängliche Kundenstamm bietet.

Abbildung 16: Produktlebenszyklus

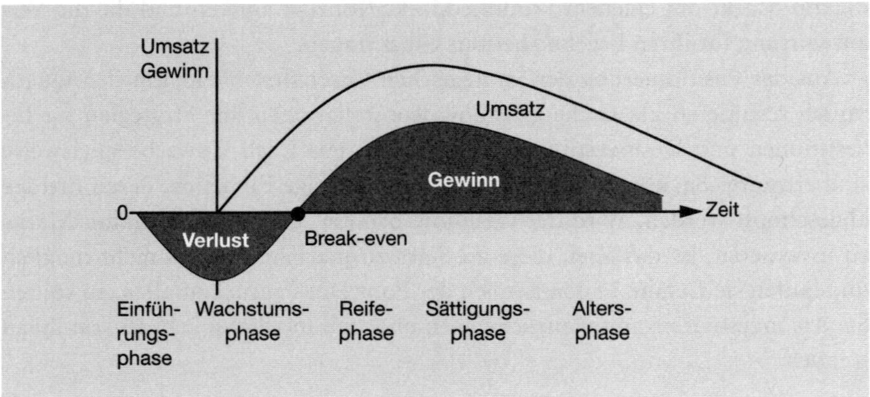

Quelle: Müller-Stewens/Lechner (2003): *Strategisches Management*, S. 255

Wenn die *Wachstumsphase* einsetzt, beginnen die Marketingmaßnahmen erste Erfolge zu zeigen, sodass bereits Gewinne realisiert werden können. Erste Wettbewerber lancieren vergleichbare Produkte und machen dem Pionierunternehmen (»first mover«) seine überlegene Marktposition streitig.

In der *Reifephase* beginnt der Kampf um Marktanteile, der zu einem Gewinnrückgang führen kann. Die Gewinnerosion weitet sich in der *Sättigungsphase* aus. Einflüsse wie der technische Fortschritt, gesetzliche Änderungen oder eine Trendwende bewirken in der *Degenerationsphase* die Notwendigkeit, das Produkt vom Markt zu nehmen, um negative Deckungsbeiträge zu vermeiden.

Der skizzierte Lebenszyklus kann durch unvorhergesehene Entwicklungen externer Einflussfaktoren und durch Marketingaktivitäten verändert werden. Beispielsweise kann eine Modifizierung des Produkts vor der Degenerations- oder Altersphase eine erneute Wachstumsphase einleiten.

Tipp aus der Praxis

Auch hier gilt wieder: Schauen Sie sich die Einschätzungen neutral und schonungslos an. Denken Sie daran: Mitarbeiter, Produktverantwortliche oder Bereichs- beziehungsweise SGE-Leiter haben eigene Intentionen und Agenden. Sie meinen es häufig nicht böse, sind jedoch oft nicht in der Lage, neutrale Einschätzungen vorzunehmen. Dazu sind Sie als Geschäftsführer da.

Hewlett-Packard beispielsweise macht Jahr für Jahr einen großen Teil des Profits mit Produkten, die es im Jahr zuvor noch nicht gab. Je schneller sich Ihr Markt dreht, desto mehr Innovationen brauchen Sie in der »Pipeline« und desto rascher müssen Sie entscheiden, welche Produkte Sie vom Markt nehmen sollten.

Allein die dargestellten Phasen im laufenden Geschäft zu erkennen, kann sehr schwer sein. Ende 2004 beispielsweise traten DVD-Recorder in die Massenvermarktung und damit in die Wachstumsphase ein, gleichzeitig war die Entwicklung der um ein Vielfaches leistungsfähigeren Blue-Ray-Technologie schon klar erkennbar.

Das Lebenszyklusmodell lässt dennoch klare strategische Ableitungen zu. Neue Produkteigenschaften müssen frühzeitig entwickelt und eingeführt werden, bevor die aktuelle Version des Produktes ihre Degenerationsphase erreicht. Der Aufbau einer starken Marktposition eines Unternehmens kann am ehesten in den frühen Phasen der Marktentwicklung gelingen. Außerdem bietet der Produktlebenszyklus, wie kaum ein anderes Instrument, die Möglichkeit, Veränderungen des Wettbewerbs und des Nachfrageverhaltens im Zeitablauf zu erkennen. Somit erhalten Sie einen strategischen Überblick über die Stellung Ihrer Produkte in ihrem Entwicklungszyklus am Markt.

Strategie und Zukunft

Im Grunde genommen sollten Sie davon ausgehen können, dass in Ihrem Unternehmen auch vor Ihrem Antritt als neuer Geschäftsführer schon Strategien festgelegt wurden. Nach unserer Erfahrung als Geschäftsführer, Berater und Beiräte ist allerdings nichts so überraschend wie die Tatsache, dass diese Annahme meist nur Wunschdenken ist. Natürlich sollten Sie diese Strategien in Erfahrung bringen. Bevor Sie den Kurs Ihres Bootes verändern, scheint es nur angemessen zu sein, zunächst einmal nach der aktuellen Richtung zu fragen. Die Formulierung der bestehenden Strategien wurde vermutlich auf der Basis gewisser Annahmen getroffen, die je nach Kenntnis, Intuition, Erfahrungsstand und Informationslage eine mehr oder weniger zutreffende Zustandsbeschreibung abgaben. Eine gewisse Fundierung sollte man im Regelfall unterstellen, weshalb bereits formulierte Strategien nur revidiert werden sollten, wenn sie sich als nicht (mehr) angemessen erweisen.

Wo lag jedoch die Schwierigkeit bei der Festlegung dieser Strategien? Oft entpuppen sich die Lösungen von gestern als die Probleme von heute. Aus heutiger Sicht ist es relativ einfach zu sagen, welche Maßnahmen das Unternehmen hätte ergreifen müssen, um den Chancen und Risiken angemessen zu begegnen. Doch zum damaligen Zeitpunkt der Strategiedefinition konnte man sich allenfalls auf Prognosen berufen. Und der Nachteil von Prognosen ist, dass sie mit keinerlei Garantie verbunden sind.

Das bereits Mitte des letzten Jahrhunderts beim Militär eingeführte und bis heute immer noch viel zu wenig genutzte Werkzeug der Szenariotechnik versucht, diesem Umstand Rechnung zu tragen. Im Gegensatz zur traditionellen Prognose wird hier durch einen kreativen Prozess ein so genannter Zukunftstrichter generiert. Die traditionelle Prognose versuchte, die Zukunft zu prognostizieren und verschiedenen denkbaren Ereignissen Eintrittswahrscheinlichkeiten zuzumessen. Man nutzt hierbei eine Art Entscheidungsbaum und stellt an jeder Abzweigung die Frage, welcher Weg der wahrscheinlichere ist. Am Ende gelangte das Unternehmen zu »einem (wahrscheinlich eintretenden) Zukunftszustand«, der als Grundlage für die Strategieformulierung verwendet wird.

Die Szenariotechnik hingegen sammelt eine Reihe möglicher Zukunftsentwicklungen, so genannte Szenarien, die systematisch ermittelt werden. Es geht also nicht um die Ermittlung dessen, was am wahrscheinlichsten ist, sondern dessen, was alles passieren könnte. In Abbildung 17 ist ein solches Szenariodenken dargestellt. In der Mitte erkennen Sie den wahrscheinlichen Trend, also das, was der Markt allgemein für die Zukunft erwartet. Wenn Sie diesen Trend identifiziert haben, erarbeiten Sie im nächsten Schritt mögliche alternative Entwicklungen, die aufgrund von Störereignissen von diesem Trend abweichen. Das System wird also durch Gedanken der folgenden Art konstruiert: Was könnte passieren, wenn mein Hauptzulieferer ausfällt? Wie reagiert

Abbildung 17: Szenariotechnik

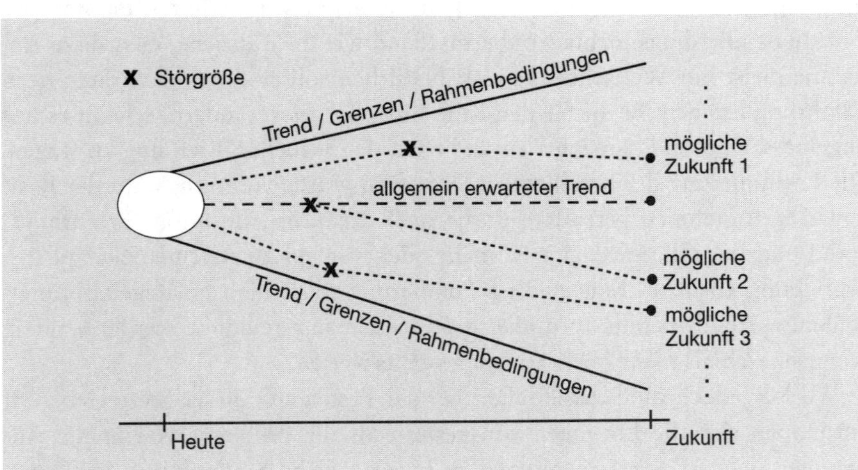

der Markt auf eine große Rückrufaktion eines Wettbewerbers? Wie reagiert unser Absatz auf einen verregneten Sommer?

Im ersten Schritt, das heißt in der *Analysephase,* gilt es, aus der aktuellen Situation in einem freien Prozess die möglichen Einflussgrößen auf das zu untersuchende Objekt (Entwicklung eines Produktes oder eines Marktes) herauszufiltern. Wenn Sie diese Technik nach Übernahme Ihrer neuen Aufgabe übernehmen und eine Strategie festlegen müssen, beauftragen Sie für diesen Prozessschritt ein Team von Experten Ihres Hauses oder auch hinzugezogene Marktkenner oder Berater, die gemeinsam mögliche Einflussgrößen ermitteln.

Es ist wichtig, dass sämtliche Fragen zur Zufriedenheit beantwortet werden und ein klares Bild über die wesentlichen Einflussgrößen vorliegt. Fragen, die an dieser Stelle nicht geklärt werden, können sich in der Folge des Prozesses schnell zu Grundsatzdiskussionen ausweiten, die wertvolle Ressourcen verschwenden.

Im zweiten Schritt, das heißt in der *Projektionsphase,* werden auf der Basis von externen Daten oder internen Expertenmeinungen Vorhersagen über die zukünftige Entwicklung getroffen. Hierbei geht es jedoch nicht nur darum, ausgehend von der aktuellen Situation den wahrscheinlichen künftigen Verlauf zu skizzieren, sondern Sie müssen darüber hinaus mögliche Trendbrüche integrieren. Trendbrüche sind signifikante Störereignisse, die plötzlich auftreten können und die Entwicklung des betrachteten Objektes nachhaltig verändern. Dies können große Ereignisse wie ein einbrechender Krieg oder eine Naturkatastrophe sein. Ebenso sind aber auch kleine Trendbrüche wie ein Regierungswechsel oder ein sehr kalter Sommer denkbar. Das Geschäft eines Eisverkäufers wird durch einen solchen schlechten Sommer gewiss beeinflusst. Das gilt aber auch für große Unternehmen wie zum Beispiel den Gartengerätehersteller Gardena.

Durch die möglichen Variationen der zukünftigen Entwicklung entsteht eine Vielfalt an Zukunftsszenarien, die sich in der in Abbildung 17 gewählten Form darstellen lassen. Wenn Sie vom Ausgangspunkt auf der linken Seite ausgehen, erhalten Sie sowohl das mit der traditionellen Trendprognose generierte Ergebnis als auch eine Vielzahl von alternativen Szenarien, die häufig ab einem bestimmten Punkt logisch fortgesetzt werden, ohne weitere Störungen einzubeziehen. Sind keine Trendbrüche zu erwarten, so wird sich der Trichter so verengen, dass er sich dem Ergebnis einer traditionellen Trendfortschreibung annähert.

In der dritten Phase, der Phase der *Auswertung*, geht es nun darum, den Transfer in unternehmenspolitische Maßnahmen sicherzustellen. Das Ziel hierbei besteht nicht darin, Absicherungen gegen alle möglichen Szenarien vorzunehmen. Dies wird aus praktischen Gründen nicht möglich sein. Doch wenn

Sie verschiedene Entwicklungswege herausgearbeitet haben, können Sie nach dem Konzept der schwachen Signale vorgehen, das gegen Ende des Kapitels noch näher erläutert wird. In diesem Konzept geht es darum, dass für die Entwicklung jeder Variablen eine kleine Abweichung vom prognostizierten Verlauf toleriert wird. Überschreitet die Abweichung jedoch eine definierte Schwelle, so wird dies als schwaches Signal gewertet, das über ein Frühwarnsystem erkannt wird und eine frühzeitige Reaktion des Unternehmens ermöglicht. Da Sie an dieser Stelle bereits alternative Szenarien bearbeitet haben, können Sie die Maßnahmen direkt aus dem prognostizierten Szenario ablesen.

Bei der Szenariotechnik handelt es sich nicht um die Erzeugung spekulativer Visionen, sondern um eine systematische Beschreibung denkbarer zukünftiger Ereignisse. Die Projektionen vieler denkbarer und möglicher Entwicklungen helfen bei der Problemerkenntnis und -sensibilisierung dadurch, dass alternative Zukunftsbilder frühzeitig durchdacht werden.

Tipp aus der Praxis
Szenariotechniken sind seit den siebziger Jahren beispielsweise bei der Royal Dutch Shell Group im Einsatz. Als zu Beginn der siebziger Jahre die Ölpreise noch niedrig waren, spielten einige Szenarien mit einer Vervierfachung des Ölpreises. Diese Störgröße wurde damals als unwahrscheinlich eingestuft, wurde jedoch kurze Zeit später tatsächlich Realität. Shell war aufgrund dieser Szenarien für die Turbulenzen der siebziger Jahre besser vorbereitet als andere Konzerne; auf die Krise im Zusammenhang mit der Versenkung der Ölplattform Brent Spar zeigte sich das Unternehmen hingegen schlecht vorbereitet.

Einige große Unternehmen wie Motorola, IBM, AT&T und Disney nutzen die Möglichkeiten von Szenariotechniken ebenfalls. Mittlerweile sind brauchbare Software-Tools für die Unterstützung dieser Technik verfügbar, die sich auch für kleinere Unternehmen eignen. Aber auch eine strukturierte Anwendung in kleineren Maßstäben nach der beschriebenen Vorgehensweise per Papier und Bleistift ist ergebnisreich.

Frühaufklärungssysteme

Bereits in den siebziger Jahren etablierten sich Systeme, die vor dem Eintreten von Ereignissen anhand von Indikatoren eine frühe Reaktion von Unternehmen veranlassen sollten. In den letzten Jahren haben diese Frühwarn- und

Frühaufklärungssysteme dadurch, dass börsenorientierte Unternehmen zu ihrer Nutzung verpflichtet wurden, weitere Verbreitung gefunden. Die Systeme dienen der frühzeitigen Identifikation latenter Entwicklungen, auf die ein Unternehmen zur Abwendung von Schäden oder Ergreifung von Chancen reagieren kann. Zu unterscheiden sind Frühwarnung (Ortung von Bedrohungen), Früherkennung (Ortung von Bedrohungen und Chancen) und Frühaufklärung (Ortung von Bedrohungen, Chancen und Gegenmaßnahmen). Operativ werden diese Systeme meist in der Controllingabteilung angesiedelt. Hochgerechnete Kennzahlen (unternehmensintern) oder Indikatoren (unternehmensextern) sollen der Früherkennung und operativen Steuerung von potenziellen Erfolgen und akuten Krisen dienen.

In Anlehnung an die weiter oben erwähnte Szenariotechnik gibt es darüber hinaus die Ebene der strategischen Frühaufklärung. Hierbei suchen Sie zunächst vermeintlich schwache Signale, die Ihnen Hinweise auf Umbrüche geben könnten, und beobachten deren Veränderung über einen gewissen Zeitraum hinweg. In einem zweiten Schritt gilt es, die strategische Relevanz der Signale zu beurteilen und mögliche Reaktionen seitens Ihres Unternehmens durchzuspielen. Als Beispiele für solche schwachen Signale können gelten:

- eine plötzliche Häufung gleichartiger Ereignisse strategischer Relevanz,
- Meinungen und Stellungnahmen von Organisationen und Verbänden,
- Tendenzen der Rechtsprechung, Gesetzesinitiativen,
- Verbreitung neuartiger Meinungen oder Ideen.

Frühaufklärungssysteme versuchen, das »Gespür für Veränderungen« in eine systematische Analyse zu überführen. Damit wird vermieden, dass Unternehmen wichtige Veränderungen in ihrem Umfeld verpassen. Üblicherweise laufen Unternehmen Gefahr, Opfer einer »Ignoranzfalle« zu werden. Sind die Signale noch sehr schwach, erkennen sie sie nicht, oder anders ausgedrückt, sie ignorieren sie. Erst bei zunehmender Intensität der Signale lässt die Ignoranz nach und die Erkenntnis setzt sich durch. Zu diesem Zeitpunkt ist jedoch – aus der Perspektive des Unternehmens betrachtet – der Zug womöglich bereits abgefahren.

Die Umsetzung eines Frühaufklärungssystems kann je nach Struktur des Unternehmens in zwei Varianten erfolgen. Verfügen Sie über eine ausgebaute Controllingabteilung, bietet es sich an, ein solches System dort zu verorten. In kleineren Unternehmen ohne eigenständige Controllingabteilung fällt es hingegen in Ihren Aufgabenbereich, ein Frühaufklärungssystem zu entwickeln. Hierbei werden Sie sich wegen der Komplexität auf einzelne Kennzahlen fokussieren müssen, die dem in Kapitel 1 angesprochenen Management-Cockpit nahe kommen.

Warum verschriftlichte Führung?

Führungskräfte sind heute stark mit Zusatz- und Sonderaufgaben belastet. Obwohl Ihre primäre Aufgabe darin bestehen sollte, mit Ihren Mitarbeitern und für Ihre Mitarbeiter zu arbeiten, können Sie nicht in jeder Situation persönlich vor Ort über die Richtung oder die Art und Weise der Ausführung entscheiden. Um trotzdem der Anforderung des Steuerns und Ausrichtens gerecht zu werden, brauchen Sie Instrumente, die Sie bei der alltäglichen Führungsarbeit unterstützen, nämlich Vision, Mission, Regeln (oder Leitbilder) und Ziele (Siehe Abbildung 18).

Abbildung 18: Vision, Leitbild und Regeln

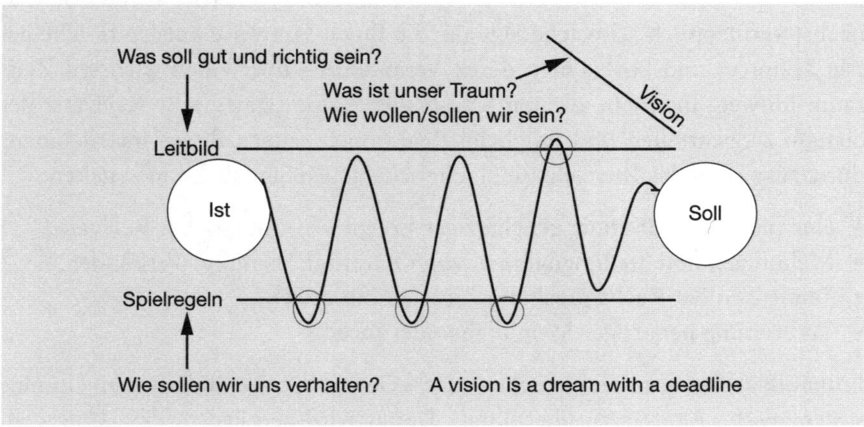

Ihre Verantwortung liegt darin, diese Instrumente im Führungsalltag einzusetzen, zu kommunizieren und mit Leben zu füllen. Eine gut gemachte *Vision* ist nie etwas Esoterisches, Nebulöses oder etwas in einer nicht näher definierten Zukunft Liegendes. Sie ist vielmehr ein ganz praktisches Instrument der alltäglichen Führungsarbeit und ein wesentlicher Schlüssel zur Motivation von Mitarbeitern.

Eine Vision bedingt, dass wir uns grundsätzlich überlegen, ob wir im übertragenen Sinne »Berge erklimmen« wollen. Die Vision

- sagt uns, warum es gut ist, »Berge zu erklimmen«.
- gibt Hinweise auf die Qualität der »Berge«, die wir besteigen wollen.
- trifft Aussagen darüber, wie unsere erträumte Zukunft »auf dem Berg« sein soll (bezogen auf den Nutzen, den das Produkt oder die Dienstleistung für unsere Kunden bietet).

Gute Visionen haben immer zwei Bestandteile; zum einen die Dimension des Sinngehalts: Eine gute Vision muss eine befriedigende Antwort auf die Frage geben: »Warum ist es sinnvoll, dass wir dieses oder jenes tun?« Zum anderen verfügt eine gut gemachte Vision immer über eine Dimension der Herausforderung. Ist eine Vision nicht wirklich herausfordernd, sind wir auch nicht bereit, Energie zu mobilisieren und uns für das Unternehmen ins Zeug zu legen.

Die Anziehungskraft, die von einer guten Vision auf Mitarbeiter und Führungskräfte ausgeht, lässt sich besonders anschaulich am Beispiel von Microsoft nachvollziehen. An der »Revolution« des Marktes für Informationstechnologie mitzuwirken, war sinnstiftend und herausfordernd zugleich. Man betrat Neuland, gehörte zur Avantgarde und kämpfte als kleiner David gegen den großen Goliath (unter anderem die damalige IBM). Um siegreich aus diesem Kampf hervorzugehen, gaben die Mitarbeiter ihr Bestes.

Kommunizieren können Sie Ihre Unternehmensvision beispielsweise über Geschichten oder Märchen. Sie haben richtig gehört – die Erzählung mit Traumfaktor (»A vision is a dream with a deadline«). Was wir hier meinen, ist eine Art Märchen, das speziell für eine Organisation und ihre ganz spezifische Situation geschrieben wurde. Aus unserer Sicht sind Märchen ein gutes Mittel, um eine neue Wahrnehmung der Gegenwart und der Zukunft Ihrer Organisation zu erzeugen. Viele Unternehmensführer nutzen diese Methode, denn Märchen

- vermitteln eine attraktive Vision.
- verhindern durch traumhafte Welten vorschnelle Einwände (»I have a dream ...«).
- führen den harten Weg vor Augen. (Einen anderen gibt es auch nicht. – »The easy way out usually leads back in.«)
- dienen als Spiegel, in dem sich die Mitarbeiter entdecken können.
- können komplexe Sachverhalte veranschaulichen.
- zeigen neue Wege und Möglichkeiten auf.
- lösen Gefühle aus, die – gemeinsam erlebt – verbinden.

Praxisbeispiel: AXA Colonia

Zur Veranschaulichung der neuen Unternehmensstrategie nutzte der Vorstandsvorsitzende der AXA Colonia im Jahr 2000 vor 500 Mitarbeitern die folgende Geschichte[10] »Es war einmal ein großes Versicherungsunternehmen, das hatte sich vor langer Zeit auf einer sonnigen Insel eine Stadt gebaut. Die Bewohner der Stadt lebten glücklich und ohne Sorgen. Die Sonne schien warm vom Himmel, die Wiesen waren grün, die Felder fruchtbar, das Meer, das die Insel umgab, war friedlich und voller Fische. Es war fast wie im Paradies! Und das sollte – da waren sich alle einig – auch immer so bleiben ...«

Während der 20 Minuten dauernden Erzählung der Geschichte konnte man förmlich die Stecknadel im Raum fallen hören. Im weiteren Verlauf der Geschichte zogen Unwetter auf, die See wurde stürmisch und einige Stadtteile wurden durch Flutwellen bedroht. Es erwies sich als hinderlich, dass zwischen den Stadtteilen Zäune und Mauern standen. Die Bürgermeister der Stadtteile schlossen sich schließlich zusammen und überzeugten ihre Bürger, aus der gefährlichen Region aufzubrechen und einen neuen Standort für eine größere Stadt zu suchen.

Wichtige Rahmenbedingungen zur Arbeit mit Visionen: In diesem Thema geht nichts schnell oder leicht. Nichts liegt an der Oberfläche. Deswegen brauchen Sie auch keine Marketingmaschine, die Ihnen weichgespülte, geschmeidige Sätzchen auswirft, sondern wenige Leute, die etwas sehen, was noch nicht da ist.

Vermeiden Sie Mittelbau-Manager-Veranstaltungen. Da kommen dann so unglaubliche Dinge heraus wie »Der Kunde steht im Mittelpunkt« oder »Wir wollen offen kommunizieren« und ähnliche Worthülsen. Suchen Sie für die Entwicklung von Visionen Leute, die vor dem Hintergrund ihrer Erfahrung, ihrer Markt-, Kunden- oder Produktkenntnis, Dinge sehen können, die heute noch nicht da sind.

Die *Mission* beinhaltet den Auftrag, der zu erfüllen ist. Wir übersetzen Mission am liebsten mit »Kampfauftrag«, das macht es aus unserer Sicht am klarsten. Sie beschreibt gleichzeitig die Daseinsberechtigung des Unternehmens. Eine gute Mission muss Antworten auf die folgenden Fragen geben:

1. Wofür bezahlt uns der Kunde wirklich? Wir müssen Klarheit darüber gewinnen, was das eigentliche Kundenproblem ist, welchen Bedarf der Kunde hat und wie wir unsere diesbezüglichen Erkenntnisse in unseren Handlungen umsetzen können.
2. Was können wir und wo liegen unsere Stärken? In einer sinnvoll formulierten Mission finden wir im Hinblick auf Shareholder, Kunden, Mitarbeiter und Prozesse beziehungsweise Abläufe Antworten auf die Frage, wie wir uns der Vision nähern wollen. Hier finden sich Antworten bezüglich unserer Erfolgsfaktoren.

Eine gut gemachte Mission kann helfen, allen Mitgliedern der Organisation immer wieder deutlich vor Augen zu führen, wozu sie wirklich da sind. Die Mission muss die Erfolgsfaktoren des Handelns auf dem Weg hin zur Verwirklichung der Vision beinhalten.

Das Zusammenleben von Menschen muss geregelt werden, das Zusammenarbeiten erst recht, wenn die Geschäfte Ihres Unternehmens Gewinn abwerfen sollen. *Regeln* beantworten die Fragen: »Wie sollen wir uns verhalten?« und »Was soll gut und richtig sein?« Sie legen einen Rahmen fest, der den Handlungsspielraum von Führungskräften und Mitarbeitern begrenzt.

Sie sind als Geschäftsführer der oberste Hüter der Regeln. Beachten Sie dabei Folgendes:

- Beschränken Sie sich auf wenige wichtige Regeln, aber achten Sie darauf, dass diese wenigen Regeln *brutal* (das Wort ist nicht zufällig gewählt) eingehalten werden.
- Das Schlimmste, was Ihnen passieren kann, sind viele Regeln, die manchmal eingehalten werden, über die jedoch meist mehr oder weniger hinweggesehen wird. Das Schlimme daran ist: Die regelorientierten Menschen in Ihrer Organisation fühlen sich veralbert, die anderen machen, was sie gerne wollen.
- Wenn eine Regel besteht, so wird sie nicht anhand eines auftretenden Einzelfalles geändert.
- Diskutieren Sie das Regelsystem ein bis zweimal im Jahr mit Ihren Führungskräften. Schaffen Sie Überholtes ab und stellen Sie gegebenenfalls neue Regeln auf.

Ziele konkretisieren diese Regeln für jeden Einzelnen.

Bedenken Sie, dass Sie in einer Welt leben, in der viele Mitarbeiter und Führungskräfte spezialisierter sind als Sie selbst. Nur wenn Sie Ihren Mitarbeitern einen ausreichenden Handlungsspielraum gewähren, werden diese ihr Potenzial voll entfalten können. Andernfalls müssten Sie ihnen genau vorschreiben, wie sie zu handeln haben. Doch das dürfte Ihnen einigermaßen schwer fallen, da Sie nicht über die Detailkenntnisse verfügen, die für die Bewältigung der den Mitarbeitern anvertrauten Aufgaben notwendig sind.

Zu guter Letzt: die Umsetzung der Strategie

Eine Strategie, die Sie umsetzen wollen, muss trotz aller Komplexität eine Bedingung erfüllen: Ihre Botschaft und Ihre Ziele müssen klar verständlich sein. Jeder Mitarbeiter, von Ihren Führungskräften bis zu den Mitarbeitern an der Basis der Unternehmenshierarchie, sollte die Strategie nachvollziehen können. Denn nur wenn die Strategie verstanden und akzeptiert wird, sind Mitarbeiter bereit, sich für ihre Umsetzung einzusetzen – ganz so, wie es die folgende kurze Geschichte veranschaulicht.

Ein Mann betrachtete Bauarbeiter, die ihrem Handwerk nachgingen. Er fragte einen der Männer: »Was tust du dort?« und der sagte: »Ich behaue Steine.« Ein anderer antwortete auf dieselbe Frage: »Ich verdiene Geld.« Ein dritter Mitarbeiter fiel dem Mann dadurch auf, dass er mit sehr hohem Elan, viel Engagement und starkem Krafteinsatz zu Werk ging, und er fragte auch diesen: »Was tust du dort?« Und der dritte Bauarbeiter entgegnete: »Ich helfe mit, eine Kathedrale zu bauen.«

Nun ist es uns im durchschnittlichen gewinnorientierten Unternehmen leider nicht immer möglich, eine ähnlich sinnstiftende Wirkung zu erzeugen. Dennoch schadet es nichts, ein wenig »nach Öl zu bohren«, denn wenn Sie unterhalb der Oberfläche der Gewinnorientierung etwas finden, das sinnstiftend wirkt, kann dies gewaltige motivierende Kräfte freisetzen.

Tipp aus der Praxis
»Keep it simple and stupid.« Dies sollte für Sie bei allem, was Sie deutlich machen wollen, ein eisernes Gesetz sein. Entfernen Sie die Dinge, die Sie heute kommunizieren, nicht zu weit von der heute zu erlebenden Realität. Viele Menschen im Unternehmen fürchten sich vor einer Zukunft, die weit weg ist von der heutigen Situation. Veränderungen müssen langsam erfolgen, sollen sie glücken.

In Ihrer Rolle als Geschäftsführer ist es stärker als bereits als mittlere Führungskraft Ihre Aufgabe, die Komplexität der Unternehmenswelt zu reduzieren und einen gangbaren Weg aufzuzeigen. Wie Sie im nächsten Kapitel im Zusammenhang mit der »4+2-Formel« noch sehen werden, ist dabei die Wahl des Weges weniger entscheidend als vielmehr die Konsequenz, mit der der einmal gewählte Weg beschritten wird.

Literaturtipps

Friedag, H. R./Schmidt, W. (2007): *Balanced Scorecard*, Planegg, Haufe.
Heinke, D./Kobjoll, K. (2003): *No risk no fun*, Zürich, Orell Füssli.
Mintzberg, H. u. a. (2005): *Strategy Safari. Eine Reise durch die Wildnis des strategischen Managements*, Frankfurt/Main, Wien, Redline Wirtschaft bei Ueberreuter.
Müller-Stewens, G./Lechner, C. (2005): *Strategisches Management. Wie strategische Initiativen zum Wandel führen*, 2. Aufl., Stuttgart, Schaeffer-Poeschel.
Oetinger, B. von (2000): *Das Boston Consulting Group Strategie-Buch. Die wichtigsten Managementkonzepte für den Praktiker*, München, Econ.
Venzin, M./Rasner, C./Mahnke, V. (2005): *Der Strategieprozess. Praxishandbuch zur Umsetzung im Unternehmen*, Frankfurt/Main, Campus.

Kapitel 4

Neue Managementherausforderungen

In diesem Kapitel erfahren Sie, ...

1. ... dass sich Konsequenz und Kontinuität bei der Anwendung von Managementkonzepten auszahlen.
2. ... wie Sie Wachstum und Innovationen erfolgreich steuern.
3. ... wie Sie integriertes Marketing betreiben.
4. ... was sich hinter Global Business Development verbirgt.
5. ... wie sich Wandel erfolgreich steuern lässt.
6. ... warum es so wichtig ist, dass die kommunizierte Unternehmenskultur mit der gelebten übereinstimmt.
7. ... wie sich Krisen vermeiden lassen und wie wirksam mit ihnen umgegangen werden kann, sofern sie doch einmal auftreten.
8. ... wie Sie bei einem vom Konkurs bedrohten Unternehmen den Turnaround realisieren können.

Managementansätze im richtigen Mix

Betrachtet man die Managementliteratur der vergangenen Jahre, so stellt man unweigerlich fest, dass die Zahl der vorgestellten Managementkonzepte und vermeintlichen Erfolgsrezepte kaum noch überschaubar ist. Viele dieser Konzepte, Theorien und Modelle waren Eintagsfliegen, nach denen heute niemand mehr fragt. Andere Methoden wie Business Reengineering oder Kaizen haben sich hingegen nicht verdrängen lassen und sind bereits von vielen Organisationen in die Praxis umgesetzt worden.

Die Frage aller Fragen für Unternehmer lautet, mit welchen der Managementkonzepte es sich auseinander zu setzen lohnt und die Anwendung welcher Modelle und Methoden für das Unternehmen erfolgversprechend sind.

Fest steht, dass es trotz intensiver Forschung bislang nicht gelungen ist, *den einzig richtigen Managementansatz* zu finden. Ein interessantes Ergebnis lieferten jedoch Untersuchungen, die den Einsatz mehrerer Managementansätze in Kombination beleuchtet haben. Diese Untersuchungen zeigen, dass es für

Abbildung 19: Sägezahn

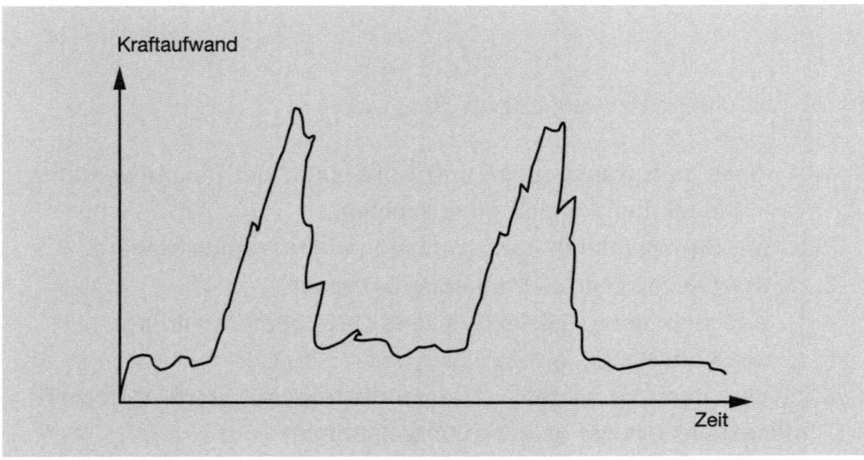

den Unternehmenserfolg weniger wichtig ist, *welche* Managementkonzepte angewandt werden. Entscheidend ist vielmehr, dass die gewählten Konzepte *kontinuierlich* und *konsequent* umgesetzt werden. Führt ein Unternehmen beispielsweise im Rahmen der Personalentwicklung ein Feedbackverfahren ein, so dauert es seine Zeit, bis diese Neuerung erste Früchte trägt. Fehlt es jedoch in der Umsetzung an Kontinuität und an Konsequenz, so schläft die Initiative wieder ein, noch bevor sie nennenswerte Ergebnisse liefern konnte.

Das »Doing things right«-Prinzip ist in Organisationen wenig verbreitet, weil es mühevoll ist und viel Detailarbeit bedeutet. Achten Sie in Ihrer Organisation darauf, dass wenig nach dem Sägezahnmuster gearbeitet wird – mit viel Kraftaufwand werden Dinge getan, die sich dann doch nicht aufrechterhalten lassen –, sondern dass organisatorisches Wachstum und Entwicklung stattfinden (Abbildungen 19 und 20).

Neben der erwähnten Kontinuität und Konsequenz spielt für den langfristigen Erfolg Ihres Unternehmens auch die Kombination von Aufgaben und Konzepten eine maßgebliche Rolle. Als besonders vielversprechende Methode zeichnet sich hier die 4+2-Formel für den Unternehmenserfolg aus. »Wenn ein Management diese Formel konsequent beherzigt, wird es mit einer Wahrscheinlichkeit von 90 Prozent überdurchschnittlich erfolgreich sein«, verspre-

Abbildung 20: Wachstum und Entwicklung

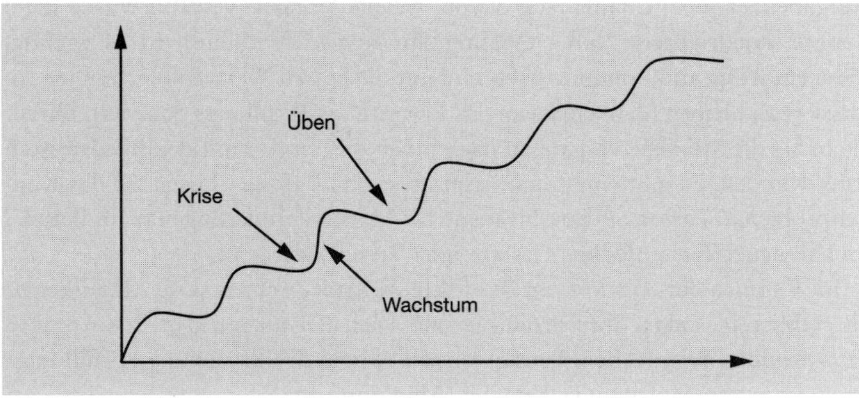

chen die Erfinder der Formel[11], die sich auf die Erkenntnisse einer Studie bei 160 Unternehmen über einen Zeitraum von zehn Jahren berufen.

Zu den sechs Aufgaben der 4+2-Formel gehören zunächst verpflichtend die vier Bereiche der primären Gruppe: Strategie, Ausführung, Unternehmenskultur und Struktur. Zusätzlich sind zwei weitere Aufgabenbereiche aus der sekundären Gruppe zu wählen und kontinuierlich zu verfolgen (Abbildung 21).

Abbildung 21: 4+2-Formel für den Unternehmenserfolg

Primäre Gruppe (4 aus 4)	**Sekundäre Gruppe** (2 aus 4)
Strategie Ausführung Unternehmenskultur Struktur	Talente Innovation Führung Fusionen/Partnerschaft

Für beide Gruppen gilt, dass die Wahl des anzuwendenden Managementkonzepts weniger wichtig ist als die Konsequenz und Dauerhaftigkeit seiner Umsetzung. So können für den Bereich der Ausführung entweder ein umfassendes oder auch gar kein Outsourcing, Total Quality Management, Kaizen oder Six Sigma gewählt werden. Wesentlich ist nicht die Methode, mit der gesteuert wird, sondern der dahinter liegende strategische Bereich. Ohnehin verfolgen die vielfältigen Methoden in den meisten Fällen ganz ähnliche Ziele. Der gewählte Weg ist dabei immer weniger wichtig als das Ziel.

Widmen wir uns nun einer kurzen Charakterisierung der verschiedenen Aufgabenbereiche. Unabhängig davon, welche *Strategie* gewählt wurde (zum Beispiel Niedrigpreise, hohe Qualität, innovative Produkte), ist es wichtig, diese eindeutig zu kommunizieren und auf die klaren Wertversprechungen fokussiert zu bleiben (denken Sie an das Erwartungs-Erfüllungs-Schema). Entwickeln Sie die Strategie von außen nach innen, beginnend mit den Bedürfnissen Ihrer Kunden. Es gibt eine Maximalprämisse für Erfolg: »Lösen Sie das Kundenproblem«. Passen Sie Ihre Strategie bei Marktveränderungen (zum Beispiel im Fall neuer Technologien, Gesetze oder Trends) stetig an.

Im Rahmen der *Ausführung* ist es Ihre Aufgabe, reibungslose Ablaufketten zu etablieren, sodass Ihre Produkte und Dienstleistungen den Erwartungen Ihrer Kunden entsprechen. Betrachten wir einmal das Erwartungs-Erfüllungs-Diagramm von McDonald's-Kunden (Abbildung 22).

Abbildung 22: Erwartungs-Erfüllungs-Diagramm von McDonald's-Kunden

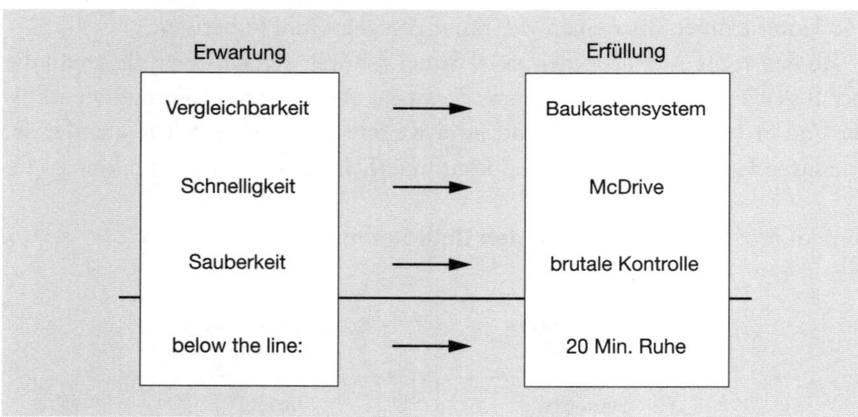

Die Eigenschaften »schnell«, »vergleichbar« und »sauber« sind wesentliche Erwartungen, wenn wir als Kunden von McDonald's eine kurze Rast machen. McDonald's hat zentrale Kundenerwartungen zu Grundprinzipien seines Geschäfts gemacht und damit einen unglaublichen Erfolg erzielt. Das Unternehmen hat erst 1953 mit *einer* Pommes-frites-Bude angefangen!

Durch eine gezielte Delegation von Verantwortung auf Mitarbeiter mit Kundenkontakt kann schneller auf Veränderungen reagiert werden. Sorgen Sie dafür, dass für jede Position in Ihrem Unternehmen die Aufgabe, die zu deren Bewältigung notwendige Kompetenz und die Wahrnehmung der Ergebnisverantwortung übereinstimmen. Im Übrigen lässt sich durch eine konsequente Reduktion von überschüssigen Ressourcen eine Steigerung der Produktivität erzielen.

Die *Kultur* zielt maßgeblich auf eine anforderungsreiche und offene Zusammenarbeit ab, in der Mitarbeiter leistungsorientiert vergütet und emotional belohnt werden. Unternehmenskultur hat viele Aspekte; die meisten davon sind nur sehr langsam veränderbar. Einige wesentliche Dimensionen sind der Vertikalitätsgrad der Führung, die Effizienzorientierung der Organisation und die Anstandsorientierung. Während die Vertikalität der Führung sich auf die Machtdistanz (oder den Rechteabstand) zwischen Führungskraft und Mitarbeiter bezieht, sind die Effizienzorientierung und die Anstandsorientierung unterschiedliche Kommunikationsstile beziehungsweise Arbeitsweisen. Eine ausgeprägte Effizienzorientierung liegt vor, wenn mit geringem Aufwand (= Input) ein gutes Ergebnis (= Output) erzielt wird. Im schlechtesten Falle kann das bedeuten: Führung durch Anordnung, Herumkommandieren oder Herumschreien. Generell heißt es, dass Mitarbeiter auch mit einfachen Methoden dazu gebracht werden können, zu folgen. Eine hohe Anstandsorientierung liegt vor, wenn mit Mitarbeitern anständig umgegangen wird, das heißt, wenn auf ihre Fragen und Bedürfnisse eingegangen wird, wenn Hintergrundinformationen weitergegeben werden und wenn sie bei Schwierigkeiten Unterstützung erfahren.

Wenn wir diese Dimensionen in einem Koordinatensystem abbilden, erhalten wir ein Kulturportfolio (Abbildung 23).

Abbildung 23: Kulturportfolio

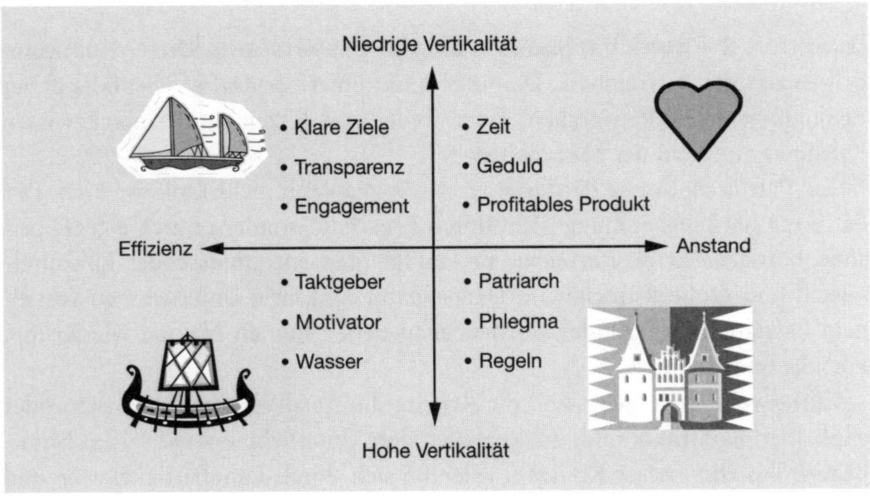

Insgesamt lassen sich vier Quadranten ausmachen, die jeweils eine andere Unternehmenskultur repräsentieren. Beginnen wir mit der Betrachtung dieser vier Quadranten links unten im Koordinatensystem und bewegen wir uns schrittweise gegen den Uhrzeigersinn.

Quadrant 1 – hohe Vertikalität bei hoher Effizienz. Diese Unternehmenskultur lässt sich als Galeerenmodell bezeichnen, erinnert sie doch sehr an die Verhältnisse auf einer römischen Galeere. Wenn diese Form der Kultur funktionieren soll, müssen drei Bedingungen erfüllt sein: der Taktgeber, der Motivator und Wasser.

Ähnlich dem Trommler auf der römischen Galeere, der die Ruderer in den Takt brachte, sorgen in diesem Modell straff organisierte Prozesse dafür, dass der Mitarbeiter effizient arbeitet. So muss er sich dem Takt einer Maschine unterordnen oder, wie in der Systemgastronomie, die Pommes frites beim Schrillen eines Signaltons aus der Fritteuse holen.

Während es auf der Galeere einen mehr oder minder freundlich gesonnenen Herrn mit Peitsche gab, der die Ruderer auf Trab hielt, sorgen heutzutage nicht minder wirksame Formen der Motivation – zum Beispiel Akkordlohn, aber auch Sanktionen bis hin zum angedrohten Arbeitsplatzverlust – dafür, dass die Mitarbeiter das gewünschte Leistungsniveau halten.

Damit ein Unternehmen eine Galeerenkultur entwickeln und bewahren kann, bedarf es schließlich noch jeder Menge Wassers, das verhindert, dass Ruderer von Bord gehen und sich nach einer anderen Tätigkeit umsehen. Nicht ohne Grund richten Unternehmen beispielsweise Callcenter in strukturschwachen Gebieten wie etwa Mecklenburg-Vorpommern ein, wo Mitarbeiter nur sehr schwer eine neue Stelle finden.

Quadrant 2 – hohe Vertikalität bei hohem Anstand. Dieses Kulturmodell ist das des Patriarchats. Damit es funktioniert, bedarf es ebenfalls dreier Bedingungen: des Patriarchen, einer Reihe von Regeln und eines gewissen Phlegmas aufseiten der Mitarbeiter.

Ein Patriarchat ohne Patriarch an der Spitze kann nicht funktionieren. Der Patriarch hat seine Stellung nicht durch Erbschaft, sondern durch eigene, personenbezogene Erfolge erreicht. Er verfügt über ein umfassendes Führungswissen und große Autorität. In Deutschland sind viele Unternehmen von einem Patriarchen gegründet worden, man denke nur an Namen wie Krupp, Porsche oder Daimler.

Eine zweite Bedingung sind die Regeln, die Ausdruck des (impliziten oder expliziten) Kontrakts sind, der zwischen dem Unternehmen und seinen Mitarbeitern besteht. Dieser Kontrakt zeichnet sich durch Langfristigkeit aus und vermittelt dem Mitarbeiter dadurch Sicherheit. In patriarchalisch geführten Unternehmen ist eine »Arbeitsplatzgarantie« nicht selten.

Schließlich benötigt der Mitarbeiter ein gewisses Phlegma, das dafür sorgt, dass er erstens auch nicht ganz so anständige Verhaltensweisen des Patriarchen in Kauf nimmt und das zweitens verhindert, dass er das Unternehmen verlässt. Die Bindung an das Unternehmen wird oftmals auch durch die Beschäftigung ganzer Familien beim Unternehmen erzielt: Hierbei wirken die Familienmitglieder aufeinander ein und sorgen dafür, dass die Familie aus Dankbarkeit und Abhängigkeit loyal bleibt.

Quadrant 3 – geringe Vertikalität bei hohem Anstand. Dieses Kulturmodell lässt sich als Kuschelecke bezeichnen. Die Machtdistanz zwischen Führungskräften und Mitarbeitern ist gering; auf die Interessen und Anliegen der Mitarbeiter wird großer Wert gelegt.

Diese Kultur war kennzeichnend für Start-up-Unternehmen der so genannten New Economy. Die Führungskraft war häufig aus dem Kreis der Mitarbeiter emporgewachsen, weshalb die Kompetenzunterschiede nur gering waren. Zudem waren oftmals alle Mitarbeiter am Unternehmen beteiligt, was ihnen einen mehr oder minder gleichberechtigten Status verlieh. Drei Bedingungen sind für das Funktionieren dieser Kultur erforderlich: ein profitables Produkt, Zeit und Geduld.

Die Notwendigkeit, profitable Produkte zu haben – oder sich wie in der New Economy um die Profitabilität nicht kümmern zu müssen, da es an Geld nicht mangelte –, liegt darin begründet, dass viel Energie für Abstimmungs- und Meinungsbildungsprozesse gebraucht wird. Im Extremfall erinnern diese Unternehmen an den Witz von dem »ostfriesischen« Bus – einen Meter lang und 30 Meter breit, weil alle neben dem Fahrer sitzen wollen.

Die zweite Bedingung ist Zeit, die benötigt wird, um die Entscheidungs- und Meinungsbildungsprozesse zur Zufriedenheit aller Mitarbeiter gestalten zu können. Ist das Management gezwungen, schnelle Entscheidungen zu treffen, ist die Kuscheleckenkultur hinderlich.

Im Gegensatz zu den beiden vorher beschriebenen Systemen werden in diesem System Willkür oder Launenhaftigkeit von Führungskräften nicht toleriert. Die Kunst der Führungskraft muss darin liegen, immer wieder alle Beteiligten zu einem ähnlichen Verständnis der Situation zu bringen. Sie muss ausrichten, werben, überzeugen, Hintergrundinformationen weitergeben und auf diese Weise die Mitarbeiter bewegen.

Quadrant 4 – niedrige Vertikalität bei hoher Effizienz. Dieses Kulturmodell erinnert an eine Segeljacht während einer Regatta. Die Mitarbeiter haben das Gefühl, dass sie selbstbestimmt agieren können, während gleichzeitig ein effizienter Ablauf gewährleistet wird. Auch hier bedarf es dreier Bedingungen, damit sich die Segeljacht-Kultur einstellen kann: klare Ziele, Transparenz und Engagement.

Die einzelnen handelnden Personen benötigen ein hohes Maß an Klarheit darüber, was erreicht werden soll. Sie brauchen klare Ziele, um zu wissen, welcher Hafen angesteuert wird und in welchen Etappen dies erfolgen soll. Damit es den beteiligten Mitarbeitern und Führungskräften möglich ist, effizient zu handeln, brauchen alle Beteiligten neben einem hohen Qualifikationsniveau Klarheit über die eigene Rolle, die zu erledigenden Aufgaben und ein ausreichendes Verständnis von den Rollen und Aufgaben der anderen Beteiligten. Um effizientes Führungshandeln zu ermöglichen, ist es erforderlich, dass alle beteiligten Mitreisenden – zumindest bis zum nächsten Etappenziel – ihr Engagement zusichern, sodass die verschiedenen Aufgaben und Rollen lückenlos wahrgenommen werden. Die Mitreisenden sind damit einverstanden, eine bestimmte Etappe zurückzulegen. Wichtig ist die Erkenntnis, dass man auch mit einer Segeljacht, auf der sich alle freiwillig aufhalten, ohne Führung nicht weit kommt. Deshalb wird die Führungsrolle an den Skipper delegiert und bleibt dort auch während der Reise.

Klar festgelegte Unternehmenswerte sollten sich durch das gesamte Unternehmen ziehen. Mitarbeiter auf allen Ebenen sollten unablässig nach Verbesserungen im Betriebsablauf Ausschau halten, und es ist alles zu tun, um die Motivation von Führungskräften und Mitarbeitern zu erhalten und zu fördern. (Die Motivation von Mitarbeitern betrachten wir in Kapitel 6 genauer.)

Aus den vier optionalen Aufgabenbereichen der sekundären Gruppe sollten Sie sich zwei weitere herausgreifen und mit Entschlossenheit umsetzen. Zwar sind diese Bereiche frei wählbar, doch ungeachtet dessen gilt es auch hier, konsequent an der einmal getroffenen Wahl festzuhalten.

Der Bereich der *Talente* zielt auf die Besetzung von Stellen in mittleren und höheren Hierarchieebenen vorrangig mit internen Bewerbern. Lassen Sie hierzu passende Weiterbildungs- und Förderprogramme entwickeln, die es Ihren Mitarbeitern ermöglichen, herausfordernde und als spannend empfundene Aufgaben wahrzunehmen. Involvieren Sie Ihre Führungsspitze in die Personalauswahl und in die Weiterbildung Ihrer Mitarbeiter. Nach vielen Jahren der Arbeit in Unternehmen, die versucht haben, anorganisch zu wachsen, empfehlen wir weitgehend, auf organisches Wachstum zu setzen. Sie müssen talentierte junge Leute finden, sozialisieren und qualifizieren – anders ist stabiles Wachstum kaum möglich (Abbildung 24).

Um in Ihrem Unternehmen *Innovationen* zu fördern, sollten Sie die Hemmung verlieren, sich von vorhandenen Produkten zu trennen. Gewähren Sie Ihren Mitarbeitern Freiraum, um Neues auszuprobieren, und seien Sie bereit, überschaubare Risiken einzugehen. Stellen Sie zudem sicher, dass Sie nahe am Markt sind, um entscheidende Entwicklungen nicht zu verpassen. Nur so lassen sich Ihre Betriebsabläufe optimieren und neue, marktreife Produkte und Dienstleistungen entwickeln.

Abbildung 24: Die Wachstumspyramide

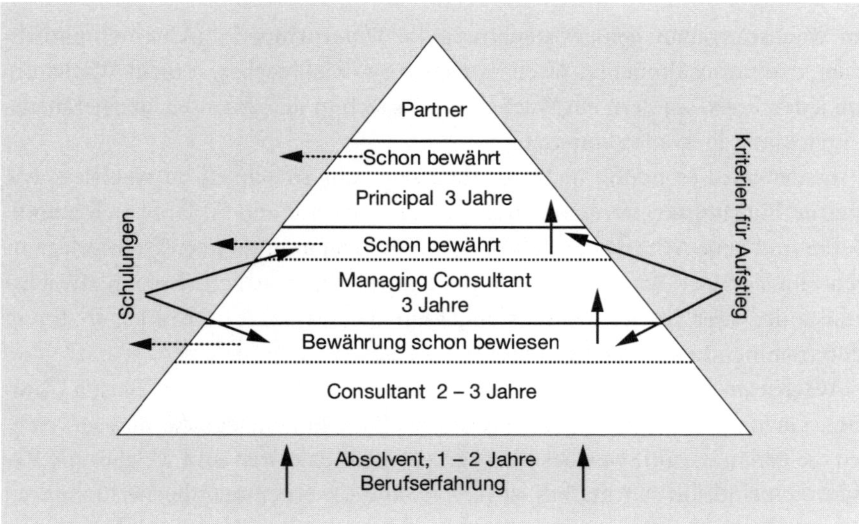

Im Rahmen der *Führung* steht zunächst einmal die Integration der Führungskräfte im Vordergrund. Motivieren Sie Ihre Führungskräfte, sich weiterzubilden, gute Beziehungen zu ihren Mitarbeitern aufzubauen und sich mit Problemen und Chancen gleichermaßen proaktiv zu befassen. (In Kapitel 6 werden wir auf das Thema Führung ausführlicher eingehen.)

Fusionen und Partnerschaften sind Optionen im Rahmen eines anorganischen Wachstumsmanagements, die Ihnen ein schnelleres Wachstum bescheren können. Aber Vorsicht: Die Gefahren bei Fusionen können existenzbedrohlich sein! Der Wunsch nach Ergänzung von Kernkompetenzen oder auch die Internationalisierung können Gründe für eine Fusion mit einem anderen Unternehmen oder für das Eingehen einer Partnerschaft sein. Arbeiten Sie für ein Unternehmen, das auf ein Wachstum über Unternehmenszukäufe und -beteiligungen setzt, so sollten Sie sowohl die Identifikation von Übernahmekandidaten als auch den Übernahmeprozess systematisieren, um derartige Transaktionen routinierter abwickeln zu können.

Selbst wenn die 4+2-Regel beziehungsweise die in ihr genannten Aufgabenbereiche für sich betrachtet für Sie keine Neuerung darstellen, so liegt doch der Nutzen der Regel in der Mahnung, sich auf die Umsetzung von sechs Bereichen zu konzentrieren. Auch hier lautet die Losung: Weniger ist mehr. Es ist weitaus schwieriger, sechs Aufgabenbereiche konsequent und umfassend auszufüllen, als in allen möglichen Bereichen hin und wieder ein bisschen zu werkeln.

Wachstumsmanagement

Im Wachstumsmanagement steuern Sie Ihr Unternehmen durch einen natürlichen, evolutionsähnlichen Wachstumsprozess. Ziel hierbei ist nicht Wachstum um jeden Preis, sondern ein Wachstum, das sich in die gesamte Unternehmensentwicklung lückenlos einpasst.

Leider wird es häufig nicht möglich sein, nur so schnell zu wachsen, wie interne Führungskräfte qualifizierbar sind, Prozesse und Abläufe sich stabilisieren und neue Mitarbeiter gefunden werden. Shareholder erwarten gelegentlich »illusionäre« Wachstumsverläufe. Das durchschnittliche Branchenwachstum sollte aber immer konsensfähig sein. Dieses sollte sich auch in Ihrem Unternehmen bewerkstelligen lassen.

Wachstum lässt sich an einer Reihe von Kennzahlen wie zum Beispiel Umsatz, Gewinn, Mitarbeiterzahl, Produktvielfalt, Filialnetzgröße messen. Achten Sie genau darauf, welches die begrenzenden Faktoren und welches die Resultanten sind. Im Normalfall ist für fast alle Unternehmen die Verfügbarkeit guter Führungskräfte der Engpassfaktor Nummer eins. Erst danach kommen Innovationsmangel und Beschränkungen bei den Produktionsprozessen.

Je nachdem, welche Bereiche Sie für wachstumsfähig erachten, stehen Ihnen verschiedene Möglichkeiten offen. Sie können ein internes und organisches Wachstum durch die Erschließung neuer Märkte oder die Einführung neuer Produkte anstreben. Dabei sollten Sie wissen, dass organisches Wachstum nur eine begrenzte Geschwindigkeit annehmen kann und darf: Ist das Wachstum zu stark oder tritt es unerwartet ein, so führt es in fast allen Fällen zu großen bis hin zu existenzbedrohlichen Problemen, da ein extrem schnelles Wachstum in der Regel mit den im Unternehmen vorhandenen Kompetenzen nicht mehr steuerbar ist.

Ein gutes Beispiel hierfür bieten einige Internetunternehmen. Diese wurden kurz vor der Weihnachtssaison mit einem drastischen und unerwarteten Auftragsanstieg konfrontiert, an dem sie aufgrund inadäquater Prozesse und Ressourcenausstattung zugrunde gingen. Der entsprechende Merksatz von Machiavelli zu diesem Thema lautet: »Man soll nicht zu früh den Sieg davontragen wollen, damit es einem nicht so ergehe wie jenen betriebsamen Händlern, die, um binnen eines Jahres zu Reichtum zu gelangen, im Verlauf von sechs Monaten in Armut gerieten.«

Eine grundsätzliche Alternative zum organischen Wachstum stellt das anorganische Wachstum dar, wozu Fusionen, Unternehmenszukäufe und Allianzen zählen. Anorganisches Wachstum ist das Spannendste und Gefährlichste, was Sie im Management machen können. Dass 1 und 1 meist sehr viel weniger als 2 werden, haben viele Untersuchungen hinlänglich bewiesen und die Beispiele

Hewlett-Packard und DaimlerChrysler bestätigen das. Sie müssen nämlich bei einer Fusion oder Integration alles anfassen: Prozesse, Produkte, Märkte, Qualifikationen, Werte, Personen. Und leider können Sie aufgrund der sich entwickelnden Dynamiken nicht alles hübsch nacheinander tun; im Gegenteil, Sie müssen vieles gleichzeitig tun. Das größte Problem hierbei ist aber das folgende: Sie müssen so etwas mehrmals gemacht haben, und Ihre wichtigsten Führungskräfte – diejenigen, die das Sagen haben! – müssen so etwas ebenfalls mehrmals gemacht haben. Ist das nicht der Fall, dann holen Sie sich von Anfang an *erfahrene* (Interims-)Manager für jeden der kritischen Bereiche – für Vertrieb, Marketing, Finanz- und Rechnungswesen/Controlling, Produktion – und geben Sie diesen weitreichende Kompetenzen im gesamten folgenden Prozess. Schwer vorstellbar? Hüten Sie sich davor, ohne weiteres ins kalte Wasser zu springen. Hinterher würden Sie sich wünschen, weniger leichtsinnig gewesen zu sein. Oder laufen Sie in fremden Häfen immer ohne Lotsen ein?

Bevor Sie sich für eine Wachstumsstrategie entscheiden, sollten Sie die drei wichtigsten Voraussetzungen für ein erfolgreiches Unternehmenswachstum kennen:

1. Das Unternehmen muss stets die ertragsstarken Geschäftsbereiche im Auge behalten, ertragsstark halten und dennoch eine kompetente Diskussion der Unternehmenseigenschaften führen können. Wie offen stehen Ihre Führungskräfte und Mitarbeiter neuen Entwicklungsbereichen gegenüber? (Erfahrungsgemäß sind weniger als 10 Prozent der Mitarbeiter in Unternehmen wirklich offen eingestellt.) Verschafft Ihnen Ihr Kerngeschäft eine sichere finanzielle Ausgangslage? (Erfahrungsgemäß sind weniger als 50 Prozent der Kerngeschäfte sicher genug.)
2. Das Unternehmen muss fähig sein, auf Umweltveränderungen zügig zu reagieren, und es muss diese Fähigkeit auch im Fusions- beziehungsweise Integrationsprozess bewahren.
3. Das Unternehmen verfügt über Mechanismen, die interne Barrieren des Wachstums eliminieren. Eine Kernfrage lautet hier: Fördert die Unternehmenskultur den Abbau von Barrieren zwischen Abteilungen, um das Unternehmensziel zu realisieren, oder herrschen Abteilungsdenken und Bereichsegoismen vor? In etwa 80 Prozent der Unternehmen herrschen tendenziell Egoismen vor.

Zu den Hindernissen für Wachstum, die Ihnen begegnen können, gehören

- ungenügende finanzielle Mittel,
- Mangel an qualifiziertem Personal,
- Mangel an Veränderungsbereitschaft,

- Mangel an Risikobereitschaft,
- die fehlende Bereitschaft zur Annahme externer Erkenntnisse.

Entscheiden Sie sich für einen Wachstumskurs, so gilt es zuallererst, eine attraktive Vision zu entwerfen und diese Ihren Mitarbeitern sowie weiteren Stakeholdern zu vermitteln. Anschließend sind die nötigen organisatorischen Voraussetzungen – adäquate Ressourcen, wachstumsfördernde Prozesse und Ähnliches mehr – zu schaffen und die für das Unternehmen in seiner spezifischen Situation beste Wachstumsform zu wählen.

Informationsmanagement

Unter Informationsmanagement versteht man den strategischen Aufbau einer Informations- und Kommunikationsinfrastruktur, die den Datenfluss innerhalb Ihres Unternehmens steuert. Das Informationsmanagement unterscheidet sich vom Wissensmanagement, welches die Daten und Informationen mit dem verfügbaren individuellen und organisatorischen Wissen verknüpft. Ziel des Informationsmanagements ist die Reduzierung der Kosten der Leistungserstellung, die Verringerung der Transaktionskosten und die Verbesserung der Leistungsqualität. Damit wird das strategische Ziel der Kosten- oder Qualitätsführerschaft verfolgt.

Die Verantwortung für die Gestaltung der IT-Umgebung ist an zentraler Stelle zu bündeln, um die Zuständigkeiten klar zu regeln und eine einheitliche Kommunikationsinfrastruktur im Unternehmen zu gewährleisten. In kaum einem anderen Bereich des Unternehmens lösen fehlende Standardisierung und fehlende oder nicht eingehaltene Vorgaben eine derartige Kostenlawine aus wie in diesem Bereich.

Beherzigen Sie deshalb bei der Gestaltung der Informationsinfrastruktur in Ihrem Unternehmen die folgenden Regeln:

Regel 1 Statten Sie jemanden mit der Macht aus, für ein unternehmensweit einheitliches System zu sorgen und dieses auch gegen alle Widerstände, Ängste und Befürchtungen klar durchsetzen. Lassen Sie keinen Wildwuchs zu.

Besonders wichtig ist die Entscheidung darüber, wem die Verantwortung für die Informationstechnologie übertragen werden soll. Um die Tragweite dieser Entscheidung aufzuzeigen, lassen Sie uns einen Blick auf die Ergebnisse einer Studie von McKinsey & Company aus dem Jahr 1998 werfen.

Nach Erkenntnissen der Strategieberatung erzeugen IT-Profis im Gegensatz zu IT-Laien bis zu 29 Prozent geringere IT-Kosten, die Projektdauer liegt um

22 Prozent unter der von Laien benötigten Zeit, und die Anzahl der benötigten Mitarbeiter liegt um 30 Prozent unter dem Personalbedarf von IT-Laien. Ein Grund für diese beträchtlichen Ersparnisse liegt darin, dass IT-Profis ihrer Arbeit ein strategisches Konzept zugrunde legen. Darüber hinaus sichert ihnen auch ihr Know-how Zeit- und Kostenvorteile.

Regel 2 Der Verantwortliche muss in der Lage und willens sein, den gesamten IT-Prozess ausgehend von der Sicht des Nutzers aufzubauen und zu gestalten, und *nicht* ausgehend von der Sicht der Informationstechniker. Die Menschen erzeugen viel mehr Reibungsverluste als die IT als solche, weshalb diese Schnittstelle so beschaffen sein muss, dass sie möglichst wenige Probleme verursacht.

Regel 3 Nutzen Sie Standardsoftware. Die Software ist stets verfügbar und wurde bereits vielfach eingesetzt. Sie beruht auf einer bewährten Ablauforganisation, ihre Kosten sind abschätzbar, und sie lässt sich in vielen Fällen an spezifische Unternehmenscharakteristika anpassen. Nicht nur Großanbieter wie SAP oder Microsoft bieten für den Mittelstand Lösungen an, mit denen sich die Geschäftsprozesse sauber abbilden lassen. Auch kleinere Anbieter decken einige Segmente ab, wobei hier darauf zu achten ist, dass die verschiedenen im Unternehmen zur Anwendung kommenden Softwareprodukte miteinander kompatibel sind und dass ein Datentransfer ohne großen Aufwand möglich ist. Passen Sie Standardsoftware so selten wie möglich Ihren Prozessen an, sondern adaptieren Sie lieber die Prozesse. Sie sichern sich so die Update-Fähigkeit auf zukünftige Softwareversionen. Ein weiterer Vorteil der Nutzung von Standardlösungen ist, dass Sie weniger stark von spezialisierten Dienstleistern abhängig sind und durch die größere Auswahl auch Effekte des Wettbewerbs nutzen können.

Regel 4 Für die Wahl einer geeigneten Informationstechnologie, die die Geschäftsprozesse optimal abbildet und unterstützt, ist die Qualifikation der Nutzer wesentlich. Eine Software stiftet Ihrem Unternehmen nur einen Nutzen, wenn Ihre Mitarbeiter zum einen Bedarf für die Anwendung der Software haben und wenn sie zum anderen über die zur Bedienung und Nutzung der Software erforderlichen Fähigkeiten verfügen. Ein zu gering veranschlagtes Budget für Qualifizierungsmaßnahmen kann sich recht schnell in einer ineffizienten Nutzung der IT-Infrastruktur niederschlagen.

Regel 5 Vermeiden Sie Medienbrüche, das heißt, sorgen Sie für eine reibungslose Datenübertragung zwischen verschiedenen Medien. Ist der Datentransfer zwischen häufig benutzten Programmen mit großem zeitlichen Aufwand oder gar mit der Gefahr von Datenverlusten verbunden, so deutet dies auf eine unsaubere Abbildung von Geschäftsprozessen in der IT hin. In diesem Fall sollten Sie nach einer Alternative suchen, die die Gewähr dafür bietet, dass der betroffene Geschäftsprozess schneller und so weit wie möglich fehlerfrei verlaufen kann.

Innovationsmanagement

Noch vor gar nicht allzu langer Zeit stellte der Zugriff auf wichtige Ressourcen und Kapital einen entscheidenden Wettbewerbsvorteil für Unternehmen aller Größen und Klassen dar. Im Informationszeitalter sieht dies anders aus. Kapital und diverse Produktionsfaktoren sind häufig in ausreichendem Maße vorhanden. Hingegen spielt die Fähigkeit von Unternehmen, Wissen und technisches Know-how sowie Erfahrungen zu mobilisieren und in neue Produkte, Dienstleistungen und Prozesse umzumünzen, eine zunehmend wichtige Rolle für den Aufbau von strategischen Wettbewerbsvorteilen. Mit anderen Worten: Die Innovationsfähigkeit von Unternehmen entscheidet immer stärker über den langfristigen Erfolg oder Misserfolg am Markt. Grund genug, einen kurzen Überblick über die wichtigsten Aspekte des Innovationsmanagements zu geben.

In der unternehmerischen Praxis wird mit dem Begriff »Innovation« häufig nicht sauber umgegangen. Viele setzen ihn mit Ideen gleich oder behaupten, Innovationen beschränkten sich ausschließlich auf Erfindungen neuartiger Produkte oder Dienstleistungen. Wir verstehen Innovation breiter. Eine Idee wird erst dann zu einer Innovation, wenn sie in ein kommerzielles, das heißt marktfähiges Produkt oder Verfahren umgesetzt worden ist. Lässt sich eine Idee hingegen nicht vermarkten, ist sie auch keine Innovation. Des Weiteren müssen sich Innovationen nicht auf gänzlich neue Produkte oder Dienstleistungen beschränken. Auch Prozesse oder betriebliche Verfahren können Gegenstand von Innovationen sein. Denken wir beispielsweise an die Automatisierung von Produktionsabläufen oder die Verlagerung von Vertriebs- und Beschaffungswegen auf das Internet. Innovationen müssen zudem nicht immer radikal sein in dem Sinne, dass ein gänzlich neues Produkt geschaffen wird. Viele Innovationen beschränken sich auf wenige kleine Veränderungen, seien es eine neue Produkteigenschaft oder leicht veränderte Prozesse.

Eine weitere Unterscheidung ist diejenige zwischen Push- und Pull-Innovationen. Push-Innovationen beruhen auf Erkenntnissen und technologischen Errungenschaften in Forschung und Entwicklung von Unternehmen. Sie werden in marktfähige Produkte umgewandelt und in den Markt »hineingeschoben«, das heißt so kräftig beworben, dass eine Nachfrage entsteht. In diesem Fall muss Ihr Unternehmen ein entsprechend hohes Werbe- und Marketingbudget besitzen, sodass der Verbraucher auch überzeugt werden kann. Oder aber der Produktnutzen muss so groß sein, dass der Verbraucher die Vorteile, die das Produkt bietet, leicht und schnell erkennt (wie zum Beispiel im Fall des iPod von Apple). Wenn das (noch) nicht der Fall ist, setzen Sie lieber auf Pull-Innovationen. Hier bilden Kundenbedürfnisse oder -probleme die Ausgangsbasis. Diese Bedürfnisse werden analysiert, und das Unternehmen bemüht sich, eine Lösung zu finden, die den Kunden zufrieden stellt. Während im ersten Fall das Angebot bereits vor der Nachfrage besteht und diese erst noch geschaffen werden muss, ist im zweiten Fall die Kundennachfrage ausschlaggebend für die Bereitstellung eines adäquaten Angebots.

Nachdem wir uns mit der Definition und Systematisierung von Innovationen beschäftigt haben, lassen Sie uns nun auf die Prozessschritte eines wirksamen Innovationsmanagements zu sprechen kommen.

Schritt 1 Zuallererst bedarf es einer kontinuierlichen und systematischen *Analyse des Umfelds*. Besonderes Augenmerk verdienen hierbei

- unerwartete Erfolge von Wettbewerbern innerhalb und außerhalb der eigenen Branche, die analysiert werden sollten, um ihre Ursachen zu ermitteln.
- alle Abweichungen zwischen dem real Eingetretenen und dem ursprünglich Erwarteten oder Geplanten.
- Schwachstellen von Geschäftsprozessen, die in ihrem jetzigen Verlauf für selbstverständlich gehalten werden.
- Veränderungen in einer Branchen- oder Marktstruktur, die überraschend auftreten.
- demografische Veränderungen, die durch einschneidende Ereignisse (Krieg, Migration, medizinische Entwicklung) ausgelöst werden. (Frauen, die im Jahr 2005 geboren werden, werden im Durchschnitt hundert Jahre alt.)
- durch ökonomischen Wandel ausgelöste Veränderungen der Wahrnehmung und Mode. (Denken Sie beispielsweise an den Erfolg von H & M.)
- Bewusstseinsveränderungen infolge von neuem Wissen.

Beschränken Sie sich bei der Analyse nicht ausschließlich auf Ihre derzeitigen Kunden. Sie laufen sonst Gefahr, trotz zufriedener Kunden entscheidende technologische Entwicklungen zu verpassen und möglicherweise schnell nicht mehr gefragt zu sein. Ihre Analyse sollte deshalb nicht nur die Bedürfnisse Ihrer Kunden, sondern auch Marktentwicklungen insgesamt, Forschungserkenntnisse, technische Neuheiten und Ihre unternehmensinterne Realität mit einschließen. Wie Sie sehen können, ist das alleine gar nicht zu schaffen. Eine fruchtbare Innovationskultur im Unternehmen setzt aber eine starke Identifikation der Mitarbeiter mit dem Unternehmenserfolg voraus, sonst schauen Mitarbeiter nicht hin, denken nicht nach, kümmern sich nicht oder ärgern sich schon lange nicht mehr. Oberflächliche Anreize sind sicher ein Weg zu kurzfristigem Erfolg, langfristig hilft jedoch nur die tiefe Verankerung im Denken, in den Normen und Werten des Unternehmens. Um von externem Wissen zu profitieren und dieses für Ihr Unternehmen nutzbar zu machen, kann es sinnvoll sein, Kooperationen mit Universitäten und Forschungseinrichtungen einzugehen.

Schritt 2 Der zweite Schritt betrifft die *Filterung und Verwertung der Analysedaten*. Die Datenermittlung als solche hat noch keinen großen Wert für Ihr Unternehmen; sie stellt lediglich einen Aufwand dar. Erst die Auswertung der Daten und Ihre Entscheidungen vor dem Hintergrund der gewonnenen Erkenntnisse liefern Ihnen einen Nutzen. Identifizieren Sie die für Sie wichtigen Informationen und konzentrieren Sie sich auf die Umsetzung besonders erfolgversprechender Ideen. Eröffnen Sie keine interne Planwirtschaft und setzen Sie marktwirtschaftliche Regeln nicht außer Kraft. Führen Sie lieber eine »Brot- und Spiele«-Veranstaltung pro Jahr oder pro Quartal durch, bei der jeder seine Ideen vorstellen muss und dadurch die Möglichkeit bekommt, die Unterstützung anderer zu gewinnen.

Schritt 3 Nachdem Sie entschieden haben, welche Ideen Sie fördern wollen, müssen Sie im dritten Schritt die für die Entwicklung der Innovation benötigten *Ressourcen bereitstellen*. Sorgen Sie sowohl für finanzielle und materielle Ressourcen als auch für entsprechend qualifizierte Mitarbeiter und für zeitlichen Spielraum. Das renommierte US-amerikanische Unternehmen 3M gewährt beispielsweise seinen Mitarbeitern das Recht, 15 Prozent ihrer Arbeitszeit auf die Weiterentwicklung ausbaufähiger Ideen zu verwenden. Diese Praxis signalisiert den Mitarbeitern deutlich, wie wichtig der Unternehmensleitung Innovationen sind, und trägt maßgeblich zum Aufbau einer innovationsförderlichen Kultur bei. Stellen Sie sich vor, Ihr Unternehmen hätte aus einem Kleber, der nicht richtig klebt, und aus Papierschnipseln ein Produkt namens »Post-it« entwickelt.

Schritt 4 Im letzten Schritt geht es schließlich um die *Implementierung der Innovation*. Handelt es sich um ein Produkt, so muss beispielsweise zuerst ein Prototyp entwickelt werden, bevor in Serie hergestellt werden kann. Einführungsprozesse sind zu definieren, die Mitarbeiter in der Fertigung zu schulen. Machen Sie allen Führungskräften und Mitarbeitern die folgenden Punkte klar:

- Nein, wir sind nicht zufrieden damit, wie es läuft, nur weil es läuft.
- Wir arbeiten daran, wie es besser / schneller / höher / weiter / fehlerfreier / einfacher / billiger laufen kann.
- Dazu probieren wir Produkte und Vorgehensweisen aus.
- Ja, das ist nicht einfach und manchmal mühevoll.
- Dazu sind wir alle da.
- Die Produkte/Lösungen/Angebote von gestern werden morgen nicht mehr reichen, weil die Kunden anspruchsvoller/verwöhnter/qualifizierter geworden sind und der Wettbewerb besser/erfolgreicher/kompetenter/schneller geworden ist.

Möglicherweise denken Sie nach der Lektüre der letzten Absätze, dass Ihr Unternehmen nicht innovativ sein kann, dass Innovationen nur in kleinen Unternehmen oder in jungen Branchen auftreten können. Wir können Ihnen versichern, dass dem nicht so ist. Weder die Größe des Unternehmens noch sein Alter oder die Branche, in der es agiert, haben einen signifikanten Einfluss auf die Fähigkeit, Neuerungen einzuführen. In jedem Sektor gibt es mehr und weniger innovative Unternehmen. Selbst in sehr »alten« Branchen wie der Automobilbranche oder dem Linienflug sind Innovationen möglich. Dies beweisen sowohl der Smart als gänzlich neuartiges Mobilitätskonzept wie auch die Fluglinie Ryanair als Begründerin des Billigflugs. Innovationskraft ist somit eine Einstellung, eine Mentalität und nicht eine durch äußere Umstände festgelegte Eigenschaft. Aber Vorsicht: Immer wieder finden sich unglaubliche Innovationen, die komplett an den Kundenbedürfnissen vorbei entwickelt wurden (so zum Beispiel der Phaeton von Volkswagen).

Integriertes Marketingmanagement

Gegen den Mitgliederschwund bei den Kirchen warb die EKD auf einem Plakat mit einer Botschaft, die sinngemäß lautete: »Jesus liebt dich, komm doch mal wieder vorbei ...« Natürlich, auch das älteste Unternehmen der Welt darf Werbung machen. Das muss man erst einmal schaffen, 2000 Jahre alt zu werden mit einem nicht sichtbaren »Produkt«. Die Bildunterschrift im *Spiegel* war allerdings nachdenkenswert bissig. Dort stand: »Wenn das Produkt nicht mehr stimmt, muss das Marketing ran.«

Fällt in Unternehmen der Begriff Marketing, ist zumeist das Absatzmarketing gemeint. Darunter fallen alle Marketingmaßnahmen, die sich an den Kunden richten und den Absatz von Produkten oder Dienstleistungen zum Ziel haben. Dies entspricht der traditionellen Sichtweise des Marketings, bei der sämtliche Maßnahmen von einer dafür vorgesehenen Abteilung koordiniert werden. Ein modernerer Ansatz ist das Integrierte Marketing, das die marktorientierte Sichtweise auf alle betriebswirtschaftlichen Teilbereiche des Unternehmens überträgt. Damit wird das Marketing zur Konzeption der Unternehmensführung.

Ziel des Integrierten Marketings ist die dauerhafte Verbindung von Mensch und Marke. Dies gelingt nur, wenn das Unternehmen authentisch ist, das heißt, wenn es nach innen und außen einheitlich auftritt. Die Erfolgsgröße hierfür ist das Kundenerlebnis, die so genannte »customer experience«. Kunden erleben ein Unternehmen oder eine Marke nicht nur durch das gekaufte Produkt selber, sondern ebenso durch das Corporate Design, begleitende Services, Kommunikation, Kultur und das Verhalten der Mitarbeiter. Wenn Sie jemals ein Auto eines deutschen Premium-Anbieters gekauft haben und das Fahrzeug einen versteckten Fehler hat, wissen Sie genau, wovon ich rede. Hier unterscheidet sich wirklich Gut von Böse.

Im Sinne eines Integrierten Marketings ist vonseiten des Unternehmens zu gewährleisten, dass über alle diese Kanäle kongruent kommuniziert wird. Geschieht dies nicht und erreichen den Kunden widersprüchliche Botschaften, so wird dieser in Erwägung ziehen, den Anbieter zu wechseln. Und nicht nur das: Ein zufriedener Kunde erzählt es vielleicht drei weiteren, ein begeisterter vielleicht 15 weiteren, ein unzufriedener macht Ihnen 30 potenzielle Kunden kaputt. Die Folgen sind nicht nur Umsatzeinbußen, sondern auch Imageschäden. Dies bekam auch die Benetton Group Ende der neunziger Jahre zu spüren, als sie trotz attraktiver Produkte und Läden in guter Lage zahlreiche Kunden verärgerte und verlor. Die gewählten Werbemotive verletzten in den Augen Vieler gesellschaftliche Konventionen und fügten sich nicht in das auf anderen Kanälen transportierte Markenimage ein.

Aber nicht nur der Kunde, auch die Mitarbeiter, Zulieferer, Mitbewerber und die Öffentlichkeit insgesamt werden im Rahmen des Integrierten Marketings bedacht (Abbildung 25).

Auf diese Weise lässt sich sicherstellen, dass die Marke in der unternehmensinternen und -externen Öffentlichkeit einheitlich und widerspruchslos kommuniziert wird.

Um ein Integriertes Marketing zu betreiben, müssen Sie verschiedene organisatorische Voraussetzungen schaffen. Wenn Sie sich als der erste Repräsentant, Vertreiber und Marketier des Unternehmens verstehen, haben Sie schon viel erreicht. Die Unternehmens- und Markenvision muss die für Ihr Unter-

Abbildung 25: Integriertes Marketing

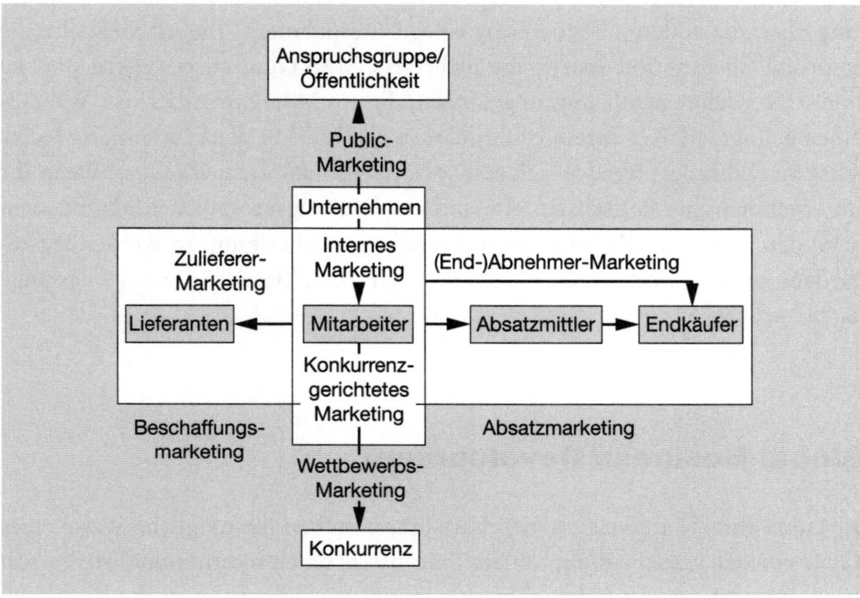

nehmen wichtigen Anspruchsgruppen berücksichtigen und sowohl nach innen als auch nach außen klar kommuniziert werden. Die Fehler, die hier häufig gemacht werden, spotten zuweilen jeder Beschreibung. Beachten Sie deshalb die folgenden Punkte:

- Klären Sie mit den beteiligten Führungskräften, Spezialisten und Kennern des Marktes beziehungsweise der Kundenbedürfnisse, wer die wirklich relevanten Ziel- und Anspruchsgruppen sind.
- Kommunizieren Sie das Ergebnis der Beratungen eindeutig an alle internen Mitarbeiter.
- Eiertänze oder Unklarheiten kosten Unsummen. Lassen Sie also keinerlei Unsicherheiten aufkommen.

Des Weiteren ist ein unternehmensweiter Austausch über Abteilungsgrenzen hinweg vonnöten, damit das Marketing nicht Erwartungen weckt, die nicht befriedigt werden können. Denken Sie an Aldi: Betreiben Sie Erwartungsmanagement mit den Kunden und arbeiten Sie nicht nur die Frage durch »Was dürft ihr erwarten«, sondern auch die Frage »... und was nicht«. Identifizieren Sie außerdem sämtliche Kontaktpunkte mit der Öffentlichkeit und definieren Sie, wie der Kontakt im Sinne des Markenversprechens auszugestalten ist.

Wie Sie unserer Beschreibung des Integrierten Marketings entnehmen konnten, propagiert dieses Konzept nicht die Dominanz der Marketingabteilung über alle anderen Teilbereiche eines Unternehmens. Ziel ist vielmehr, die ursprünglich funktionsspezifische Sicht von Marketing zu erweitern und zu einer Unternehmensführung zu gelangen, die am Markt orientiert ist. Wenn es Ihnen gelingt, auch in Ihrem Unternehmen eine stärker marktorientierte Sichtweise zu etablieren, werden sich erste positive Effekte schnell zeigen. Wenn Ihr Unternehmen authentisch auftritt und ein Leistungsversprechen abgibt, dem es an den unterschiedlichsten Kontaktpunkten nachkommt, so werden Sie zufriedene und loyale Kunden gewinnen – die beste Basis für eine lebenslange Partnerschaft.

Global Business Development

Im Laufe Ihrer Tätigkeit als Geschäftsführer stehen Sie möglicherweise eines Tages vor der Entscheidung, ob Sie Ihr Unternehmen internationalisieren sollen. Die wichtigste Grundregel hierbei lautet: »Größenwahn ist die Krankheit der Zwerge.« Wir kennen, abgesehen von dem Thema Fusionen/Aufkauf von Unternehmen, keine größere Geldvernichtungsmaschinerie als diese. Vor allen Dingen ist hier häufig wenig Rationalität im Spiel. Stattdessen dominieren Träume, Hoffnungen und Wunschdenken. Was früher ausschließlich für große Unternehmen ein Thema war, steht heute, in Zeiten stärkerer Vernetzung, größerer Mobilität und des Wegfalls von Markteintrittsbarrieren – speziell innerhalb der EU –, vielfach auf der Agenda auch kleinerer Unternehmen. Aber Vorsicht: Unbedachte Internationalisierung ist nach Fusion oder Unternehmenszukauf der zweitsicherste Weg, ein florierendes mittelständisches Unternehmen aus der Bahn zu werfen und das Wachstum auf Jahre hinaus zu verlangsamen.

Die Antwort auf die Frage, ob eine Expansion ins Ausland sinnvoll ist, ist nicht einfach, sind doch die Risiken und Chancen einer Internationalisierung nicht immer leicht zu bestimmen. Gewöhnen Sie sich bei diesem Thema ausschließlich »Worst-Case-Denken« an, Sie liegen mit großer Wahrscheinlichkeit richtig. Rechnen Sie auf der Kostenseite mit dem Faktor 3: Berechnen Sie einen realistischen ROI und verdreifachen Sie dann den geschätzten Aufwand an Zeit und Kosten bis zum Eintreten des positiven Ergebnisses. Wollen Sie das Unterfangen noch immer wagen?

Im Hinblick auf die Form der Internationalisierung bieten sich Ihnen zahlreiche verschiedene Optionen, zwischen denen Sie wählen müssen. Wollen

Sie einen ausländischen Markt bearbeiten, so kann es ausreichen, Ihr Produkt zu exportieren und über lokale Vertriebspartner zu vertreiben. Alternativ dazu könnten Sie eigene Vertriebsniederlassungen im Ausland gründen. Wiederum eine andere Möglichkeit wäre die Verlagerung von Produktionsstandorten ins Ausland, beispielsweise mit dem Ziel, Kosten zu sparen oder die Distanz zu den für Sie wichtigen Kunden zu verringern. In manchen Ländern wird man Ihren Markteintritt an die Bedingung knüpfen, dass Sie mit einem inländischen Unternehmen kooperieren. Dies war zum Beispiel lange Zeit in China der Fall; sämtliche dort vertriebenen Produkte mussten – zumindest auf dem Papier – unter Beteiligung einer chinesischen Firma hergestellt werden.

Eine weitere Frage, die sich bei einer geplanten Internationalisierung stellt, betrifft Ihre Produkte. Lassen diese sich im Ausland in unveränderter Form verkaufen, oder müssen sie an lokale Bedürfnisse angepasst werden? Das Gewicht dieser Frage sollte nicht unterschätzt werden, wie das Beispiel eines japanischen Autoherstellers zeigt. Dieser bekam mit einem neuen Modell auf dem US-amerikanischen Markt anfänglich keinen Fuß auf die Erde. Erst nachdem er das Modell modifiziert hatte, erzielte er einen ansehnlichen Markterfolg. Die Veränderung bestand unter anderem im Einbau eines Becherhalters, der für Amerikaner zur Grundausstattung eines PKW zählt.

Bevor Sie die Entscheidung treffen, in den internationalen Markt zu expandieren, sollten Sie die folgenden Fragen beantworten:

- Ist Ihr Unternehmen für ein solches Wachstum bereit, und ist es darauf vorbereitet?
- Ist der ausländische Markt für Sie wirklich interessant?
- Sind Ihre Shareholder für ein solches Wachstum bereit? Ein Büroschild ist schnell irgendwo angenagelt; danach jedoch wartet noch viel Arbeit auf alle Beteiligten. Ist das wirklich gewollt?
- Haben Sie genug Führungskräfte, die zurzeit im Stammunternehmen nicht gebraucht werden? Machen Sie nicht den Fehler, die jungen Potenzialträger alleine in einem ihnen unbekannten Markt vor sich hinwerkeln zu lassen. Sie müssen die erfahrenen Alten motivieren, diejenigen, die schon gelernt haben, zuzuhören … Mit anderen Worten: Geben Sie niemandem, den Sie nicht kennen, eine Aufgabe, die das Unternehmen nicht kennt.
- Ist das im Ausland gewünschte Wachstum nicht auch im Inland erzielbar? Falls nicht, warum nicht?
- Welche Markteintrittsbarrieren liegen vor?
- In welcher Unternehmensform wollen Sie expandieren? Wie entscheiden Sie sich zwischen den Alternativen Export, Joint Venture, eigene Niederlas-

sung, Allianz, Franchising? Wie unterscheiden sich die Käufer und Zulieferer im Ausland von denen im Inland, und welche Geschäftsbräuche sind anders?
- Wie gelangen Sie an diese Informationen?
- Über welche Beziehungsnetze verfügen Sie persönlich in dem neuen Markt?
- Von wessen (teuren) Erfahrungen können Sie profitieren?
- Welche Ratgeber sind vertrauenswürdig?
- Wie viel Zeit können Sie persönlich wirklich nachhaltig in dieses Thema investieren?
- Unterstützen Ihre Mitarbeiter die globale Ausdehnung wirklich? Wenn ja, warum?

Vorsicht: Der Phase der Euphorie folgt immer Katerstimmung, in deren Verlauf die Beteiligten realisieren, dass das ganze Thema nur mit persönlicher Entbehrung auf allen Ebenen verbunden ist. Hier brauchen Sie *alle* Überzeugungsinstrumente der christlichen Seefahrt: Rum für alle, paradiesische Inselbeschreibungen, Aufstiegsperspektiven, wirkliche Disziplin.

Machen Sie es sich zur Regel, immer erst ein Land beziehungsweise einen Markt nachhaltig profitabler zu machen, bevor Sie einen neuen betreten. Gelingt es Ihnen, in einem Markt mindestens zwei bis drei Jahre lang in Folge mit wachsendem Erfolg zu operieren, so kann Ihr Unternehmen auch Misserfolge verkraften.

Die Analyse einer möglichen Internationalisierung sollte von einem kompetenten Team vorgenommen werden. Kompetenz unterscheidet sich von Wissen durch den Erfahrungsaspekt. Wenn in Ihrem Team keine Leute vertreten sind, die bei einer Internationalisierung schon mindestens einmal maßgeblich mitgewirkt haben, dann sollten Sie den Ergebnissen nicht vertrauen. Der Leiter *muss* Erfahrung haben. Kaufen Sie im Zweifel die benötigten Kompetenzen ein. Hier zu sparen heißt, an der falschen Stelle zu sparen. Vermeiden Sie es aufgrund der Tragweite der Entscheidung, die Federführung für die Analyse komplett aus der Hand zu geben. Da spätestens die Umsetzung Ihren persönlichen Einsatz erfordern wird, sollten Sie frühzeitig steuernd eingreifen. Um böse Überraschungen auszuschließen, sollten Sie die Konsultation von Beratern in Erwägung ziehen, die auf den von Ihnen anvisierten ausländischen Markt spezialisiert sind. Selbst in Ländern mit auf den ersten Blick ähnlichen Kulturen können unter der Oberfläche des augenscheinlich Bekannten große Unterschiede bestehen.

Wie erreichen Sie ein wirkungsvolles Change Management?

»Der Wandel allein ist das Beständige«, so formulierte der deutsche Philosoph Arthur Schopenhauer vor mehr als hundert Jahren. Diese Erkenntnis hat in der Zwischenzeit nichts von ihrer Gültigkeit verloren. Unternehmen sehen sich heutzutage einem dynamischen und komplexen Umfeld gegenüber. Und wahrscheinlich gilt das schon seit ewigen Zeiten für alle Unternehmungen, in denen eine größere Zahl von Menschen dazu gebracht werden sollte, etwas Sinnvolles zu tun. Sich rasch ändernde Kundenbedürfnisse, verschärfter Wettbewerb, die Einführung neuer Technologien und die Auslagerung ganzer Geschäftsprozesse sind nur wenige Beispiele aus einer Fülle von Entwicklungen, mit denen Unternehmen konfrontiert sind. Wenn Ihr Unternehmen im Markt erfolgreich bestehen will, muss es in der Lage sein, mit den Entwicklungen Schritt zu halten und sich gemäß den äußeren Anforderungen zu verändern. Und richtig gut kann es nur werden, wenn es diese Entwicklungsnotwendigkeiten rechtzeitig antizipiert. Dafür sollten Sie über fundierte Kenntnisse in Change Management verfügen.

Acht Schritte für ein erfolgreiches Change Management

Der Harvard-Professor John P. Kotter[12] arbeitete nach jahrelanger Beschäftigung mit Veränderungsprozessen in Organisationen diverser Branchen und Größen acht Schritte eines erfolgreichen Change Managements heraus. Diese bilden ein grundlegendes Gerüst, an dem Sie sich während eines Veränderungsprozesses orientieren können.

- Ein Gefühl von Dringlichkeit etablieren.
- Eine mächtige Führungskoalition aufbauen.
- Eine attraktive Vision entwickeln.
- Die Vision kommunizieren.
- Andere dazu befähigen, gemäß der Vision zu handeln.
- Kurzfristige Erfolge einplanen und realisieren.
- Weitere Veränderungen anstoßen.
- Neue Herangehensweisen institutionalisieren.

Zu Beginn ist es erforderlich, ein *Gefühl von Dringlichkeit* zu etablieren, um Ihren Managementkollegen und Mitarbeitern vor Augen zu führen, warum eine Veränderung unerlässlich ist. Dies ist übrigens bei fast allem, was Sie ab jetzt tun werden, eine Ihrer wichtigsten Aufgaben. Arbeiten Sie am Problembewusstsein von Shareholdern, Kollegen, Mitarbeitern. Vermeiden Sie Initiativen, wenn die Einsicht in ihre Notwendigkeit nicht vorhanden ist. Sie wären wirkungslos.

Für Ihre Überzeugungsarbeit müssen entsprechende Informationen über den Markt und Wettbewerb vorliegen, die auf bevorstehende Krisen oder sich bietende Chancen verweisen und die Notwendigkeit zum Handeln deutlich machen. Machen Sie es sich zur Gewohnheit, zweimal im Jahr eine Klausurtagung zu veranstalten, zu der Sie Professoren, Berater und/oder reale Kunden einladen, die über Bedrohlichkeiten berichten. Werden Sie nicht selber zum Auguren. Lassen Sie lieber die erschreckte Mannschaft in Ihre sicheren Arme laufen, dann können Sie getrost die Richtung ansagen.

Ein Veränderungsprozess kann nur gelingen, wenn er von der Mehrzahl der einflussreichen Mitglieder der Organisation getragen wird. Dies sind in erster Linie Sie und Ihre Managementkollegen, denen ganz besonders während des Wandels eine Vorbildrolle zufällt. Ihre Aufgabe ist es, eine *mächtige Führungskoalition* aufzubauen, die als Team fungiert und den Veränderungsprozess steuert. Machen Sie Ihrem Team klar, dass belastende Situationen kommen werden. Wir Menschen tendieren zu allen boshaften Verhaltensweisen, die Sie sich nur vorstellen können. Es wird gelogen und betrogen, mit Schuldzuweisungen gewuchert und *cover my ass* gespielt, das heißt gerade in kritischen Unternehmenssituationen nutzen viele Führungskräfte viel mehr Zeit, sich abzusichern und davor zu schützen, für getroffene Entscheidungen verantwortlich gemacht zu werden. Wir wollen uns entschuldigen und der Verantwortung entziehen, wo wir nur können. Solche Verhaltensweisen können Sie nur dann umgehen, wenn Sie Ihren Mitarbeitern reinen Wein einschenken.

Ihren Mitarbeitern die Dringlichkeit einer Veränderung aufzuzeigen, reicht nicht aus. Zu einem erfolgreichen Change Management gehört eine *attraktive Vision*, die Ihre Mitarbeiter motiviert und alle Anstrengungen und Handlungen in die gewünschte Richtung lenkt. Gleichzeitig ist die Vision Grundlage für die Entwicklung von Strategien, mit deren Hilfe sie verwirklicht werden soll.

Ist die Vision erst einmal formuliert, muss sie umfassend *kommuniziert* werden. Geschieht dies nicht, dann spielen Sie mit Ihren Mitarbeitern »Ich sehe was, was du nicht siehst«, und die Vision bleibt für diese bedeutungslos. Denken Sie daran und akzeptieren es einfach: Kommunikation ist ein Prozess, der im Kopf des Empfängers wirksam sein muss, nicht auf der Seite des Senders. Die Regel lautet: Bringe Menschen in Gefahrensituationen, und du wirst sie wirklich kennen lernen.

Einer der Gründe, warum wir Geschichten von Wanderungen voller Gefahren wie etwa *Der Herr der Ringe* so gerne lesen: Die getreuen Gefolgsleute sind so selten. Achten Sie auf eine gute Mischung; Sie brauchen einerseits mutige, andererseits aber auch bedächtige Charaktere. Und investieren Sie zehnmal so viel in die horizontale Homogenisierung, wie Sie es ursprünglich vorhatten. Horizontale Homogenisierung meint, dass Sie die Verantwortlichen auf der Führungsebene dazu bringen, sich austauschen und zu einigen, wie in den später folgenden Top-down-Prozessen gemeinsam vorgegangen werden soll. Der Zeitbedarf dieses Aspektes wird fast immer gründlich unterschätzt. Führungskräfte arbeiten nicht im Team zusammen, nur weil es sinnvoll ist. Sie holen diese Zeit nachher bei der vertikalen Umsetzung über die Ebene mehrfach wieder herein.

Die Vision sollte niedergeschrieben und über alle verfügbaren Medien und Kommunikationsträger verbreitet werden. Nutzen Sie alle Möglichkeiten der Visualisierung, derer Sie habhaft werden können. Hängen Sie Kunstdrucke ab und ersetzen Sie sie durch große und gut sichtbare Roadmaps, To-do-Listen und Zeitpläne. Ganz besonders wichtig ist es jedoch, dass Sie und die übrigen Mitglieder der Führungskoalition mit gutem Beispiel vorangehen und die neuen Verhaltensweisen selber praktizieren. Wenn Sie Wasser predigen und Wein trinken, verlieren Sie todsicher das Vertrauen Ihrer Mitarbeiter.

Mitglieder der Organisation sollten nicht nur verbal dazu ermutigt werden, die Vision zu realisieren. Stattdessen sollten möglichst sämtliche Hindernisse aus dem Weg geräumt werden, die ihnen bei der Praktizierung der neuen Verhaltensweisen im Weg stehen. Mit anderen Worten: Es gilt, Ihre *Mitarbeiter zu befähigen*, gemäß der Vision zu handeln. Dazu müssen Strukturen und Systeme verändert werden, welche der neuen Vision ernsthaft zuwider laufen.

Veränderungen haben ihren Preis. Niemand will seine traute Komfortzone gerne verlassen. Mitarbeiter werden gezwungen, bisherige Denk- und Verhaltensmuster aufzugeben und neue zu erlernen. Das ist nicht immer leicht und kann durchaus wehtun. Um Ihre Mitarbeiter bei der Stange zu halten und für die gesamte Dauer eines Veränderungsprozesses zu motivieren, sollten Sie *kurzfristige Erfolge einplanen und realisieren*. Ein solcher Erfolg könnte eine bereits nach relativ kurzer Zeit erzielte Leistungsverbesserung sein.

Machen Sie dieses Erfolgserlebnis auf allen Ebenen Ihres Unternehmens erlebbar, indem Sie es umfassend kommunizieren. Ein »Good News Programm« ist wichtig; machen Sie jedoch kein seichtes Propaganda-Jubel-Programm daraus. Nutzen Sie die erzielte Leistungsverbesserung ferner als Beleg für die Effektivität des Veränderungsprozesses und belohnen Sie all jene Mitarbeiter, die aktiv an den Verbesserungen beteiligt sind. Dies wirkt motivierend und erhöht die Bereitschaft, sich für den weiteren Verlauf des Veränderungsprozesses anzustrengen.

Erste Erfolge sorgen nicht nur für eine erhöhte Motivation unter den Mitarbeitern, sondern auch für eine größere Glaubwürdigkeit der Vision und der auf ihr basierenden Strategien. Dieses positive Momentum sollten Sie nutzen, indem Sie *weitere Veränderungen anstoßen* und Systeme, Strukturen und Prozesse ändern, die nicht mit der Vision übereinstimmen.

Seien Sie aber vorsichtig: Ihre Organisation verträgt im Allgemeinen weniger, als Sie hoffen. Sorgen Sie dafür, dass nicht zu viele Baustellen offen sind. Mitarbeiter, die ja (hoffentlich) viel tiefer im Detail stecken als Sie, verlieren schnell den Überblick, und dann türmen sich vor ihnen »unendliche« Arbeitsberge auf. Diese entmutigenden Aussichten führen schnell zu einer Haltung nach dem Motto »Dienst nach Vorschrift«, eben jener Haltung, die in solch einer Situation definitiv nicht gebraucht wird. Zusätzlich sollten Sie darauf achten, Mitarbeiter einzustellen, zu befördern und zu entwickeln, die die Vision realisieren können.

Schließlich sollten Sie die *neue Herangehensweise institutionalisieren*, sodass sie peu à peu in die Unternehmenskultur übergeht. Indem Sie Ihren Mitarbeitern die Verbindung zwischen den von ihnen neu praktizierten Verhaltensweisen und dem Unternehmenserfolg deutlich machen, halten Sie sie dazu an, der neuen Herangehensweise treu zu bleiben, anstatt in alte Verhaltensmuster zurückzufallen.

Darüber hinaus ist es wichtig, dass Sie die Kriterien für die Beförderung in Führungspositionen anpassen, um ausschließlich jene Personen zu befördern, die die neuen Verhaltensweisen an den Tag legen. Alles andere würde dazu führen, dass die frisch erlernten Verhaltensweisen wieder aufgegeben würden, da sie augenscheinlich keine wirkliche Auswirkung haben.

Kulturwandel – eine große Herausforderung

Niccolò Machiavelli wusste es bereits: »Stets gilt es zu bedenken, dass nichts schwieriger durchzuführen, nichts von zweifelhafteren Erfolgsaussichten begleitet und nichts gefährlicher zu handhaben ist, als eine Neuordnung der Dinge.« Dies gilt insbesondere für den Wandel der Unternehmenskultur.

Edgar H. Scheins Definition der Unternehmenskultur

»Unternehmenskultur ist die Art und Weise, wie wir die Dinge hier im Unternehmen machen.«

Dazu zählen Normen und Spielregeln, geteilte Werte, Mythen und Geschichten, informelles Wissen, vorherrschende Denkmuster und das Klima, das eine Aussage darüber trifft, wie miteinander umgegangen wird.

Oftmals reicht es aus, kleinere Veränderungen vorzunehmen, während die Unternehmenskultur unangetastet bleibt. In einigen Fällen ist ein Kulturwandel jedoch die einzige Option, die Sie haben, um Ihr Unternehmen wettbewerbsfähig zu machen. Gehen Sie an dieses Thema nicht leichtherzig heran. Veränderungen der Kultur sind schwierig, wirklich zäh und sehr langwierig. Denken Sie beispielsweise an den Fall eines Stadtwerks, das privatisiert wurde und sich dann plötzlich veränderten Kundenerwartungen und neuer Konkurrenz ausgesetzt sah. Diese Situation verlangt einen Kulturwandel, da es sich von einer behördenähnlichen Institution zu einem kundenorientierten Dienstleister entwickeln muss.

Der Wandel der Unternehmenskultur ist eine große Herausforderung für Unternehmen. Er wird nur dann erfolgreich verlaufen, wenn viele Mitarbeiter ihre Haltungen und Verhaltensweisen ändern. Dies ist ein sehr zeitaufwändiger Prozess, der nur gewählt werden sollte, wenn es keinerlei Alternativen gibt. So finden Sie zum Beispiel noch heute, lange Jahre nach dem Ende der Nixdorf-Ära, in allen möglichen Unternehmen der Telekommunikation und Informationstechnik Strukturen, die sich durch Mitarbeiter der damaligen Nixdorf gebildet haben und auch heute noch weitgehend nach den damaligen Werten und Normen funktionieren. Wenn Sie Ihre Kollegen, Führungskräfte und Mitarbeiter zu einer solch tiefgreifenden Änderung ihrer Einstellungen und Handlungen bewegen möchten, sollten Sie darauf achten, dass die vier folgenden Bedingungen gegeben sind.

- Alle verstehen und akzeptieren den Grund für den Kulturwandel. Arbeiten Sie am Problembewusstsein!
- Die Systeme und Strukturen Ihres Unternehmens fördern die neuen Denk- und Verhaltensweisen nachhaltig und unmissverständlich.
- Ihre Mitarbeiter verfügen über die benötigten Fähigkeiten, um die neuen Verhaltensweisen zu praktizieren. – Wissen und Wollen allein reichen nicht aus!
- Einflussreiche Personen in Ihrem Unternehmen praktizieren die neuen Verhaltensweisen und dienen somit als Vorbilder für Ihre Mitarbeiter.

Damit Ihre Mitarbeiter bereit sind, ihr Verhalten nachhaltig zu ändern, benötigen Sie eine Vision beziehungsweise eine Argumentation für den Wandel, die sie verstehen und akzeptieren können. Es reicht nicht, Ihren Mitarbeitern vorzuschreiben, auf eine bestimmte Weise zu handeln. Stattdessen muss ihnen verdeutlicht werden, warum und inwiefern eine Änderung ihres Verhaltens für den Erfolg des Unternehmens ausschlaggebend ist und welche ganz konkreten Vorteile dies für sie selbst erbringt.

An diesem Punkt sind wir immer wieder über die vollständige Einfallslosigkeit von Geschäftsführern erstaunt. Viele glauben, es würde ausreichen oder gar irgendetwas bewegen, wenn sie den Menschen sagen, dass sie damit ihren Arbeitsplatz sichern. Wer glaubt, dass Zitronenfalter Zitronen falten, glaubt auch, dass Vertriebsleiter Vertriebe leiten ... Aber Spaß beiseite: Die plumpe Aussage »Dann hast du morgen keinen Arbeitsplatz mehr« bewirkt in unserer nach der Devise »rundum sorglos« abgesicherten Gesellschaft nicht viel. Es ist somit nicht genug, Ihren Mitarbeitern von der großen Bedeutung der Kundenorientierung zu erzählen. Vielmehr sollten Sie ihnen den Zusammenhang zwischen Kundenorientierung und Wettbewerbsfähigkeit verdeutlichen und herausstellen, wie sie von dem Kulturwandel profitieren können, beispielsweise indem sich ihnen neue Aufgaben, Weiterbildungsmöglichkeiten oder Karrierechancen bieten.

Ein weiterer Faktor, den Sie für einen Kulturwandel beachten sollten, ist die *Konsistenz* zwischen Anreizen, Zielsetzungen sowie Leistungsstandards und den neuen Verhaltensweisen. Werden beispielsweise Freundlichkeit und Aufmerksamkeit im Umgang mit dem Kunden gefordert, jedoch nicht belohnt, so werden Ihre Mitarbeiter die neu erlernten Verhaltensweisen schnell wieder ablegen.

Folglich ist es Ihre Aufgabe als Führungskraft, zu gewährleisten, dass die Leistung Ihrer Mitarbeiter an der Praktizierung neuer Verhaltensweisen gemessen wird und dass nur diejenigen eine gute Beurteilung erhalten, die im Sinne der neuen Unternehmenskultur handeln. Neben dem Aufbau eines Anreizsystems brauchen Sie auch ein entsprechendes Sanktionssystem. Nur weil wir etwas einsehen, verhalten wir uns leider nicht immer auch entsprechend.

Die dritte Bedingung für einen erfolgreichen Kulturwandel ist die Befähigung Ihrer Mitarbeiter, der neuen Verhaltensweisen gemäß zu handeln. Viele Führungskräfte nehmen an, dass die Praktizierung neuer Verhaltensweisen ausschließlich vom Willen des Mitarbeiters abhängt. Dies ist jedoch nur die halbe Wahrheit. Neben der Leistungsbereitschaft spielt die Fähigkeit eine nicht minder große Rolle.

Im Fall des Stadtwerks stellt eine Aufforderung zu mehr Kundenorientierung schlichtweg eine Überforderung der Mitarbeiter dar. Vielmehr müssen sie aufgeklärt werden, was kundenorientiertes Verhalten in ihrem ganz konkreten Fall bedeutet und welche Verhaltensweisen von ihnen erwartet werden. Darüber hinaus müssen ihnen die benötigten Fähigkeiten vermittelt werden, sofern sie diese noch nicht besitzen.

Fangen Sie bei den Führungskräften an. Gestalten Sie solche Veränderungen immer »top-down«, nie »bottom-up«. Beachten Sie, dass dieser Lernprozess sehr zeitintensiv ist und Ihre Mitarbeiter ihr Verhalten nicht über Nacht ändern können. Stellen Sie sicher, dass Ihre Mitarbeiter jegliche Unterstützung erfahren, die sie für die Anwendung der neuen Fähigkeiten benötigen, sodass sie schnell an Selbstsicherheit gewinnen und sich in den neuen Verhaltensweisen wohl fühlen.

Wir haben in den vielen hundert Veränderungsprozessen, die wir begleitet, geleitet oder beobachtet haben, nur zweimal erlebt, dass dieser Punkt wirklich professionell verstanden und umgesetzt wurde. Im Normalfall brauchen Sie rund 2 Prozent Ihres Umsatzes für Qualifikationsmaßnahmen. Wenn Sie jedoch die Kultur wirklich wandeln wollen, benötigen Sie über mehrere Jahre hinweg über 10 Prozent.

Eine besonders wichtige Voraussetzung für das Gelingen des Kulturwandels ist der verbleibende Faktor, die Vorbildfunktion einflussreicher Mitglieder Ihrer Organisation. So wie sich Kinder im Laufe ihres Älterwerdens an Vorbildern orientieren, so passen sich auch Mitarbeiter in einem Unternehmen an die Verhaltensweisen einer für sie bedeutenden Gruppe oder Einzelperson an. Deshalb ist es wichtig, dass diese einflussreichen Personen, die von Ihren Mitarbeitern als Vorbilder ausgesucht werden, die neue Unternehmenskultur leben, indem sie die gewünschten Verhaltensweisen an den Tag legen. Dies trägt dazu bei, dass Ihre Mitarbeiter den Anreiz verspüren, ihr Verhalten ebenfalls zu ändern. Da sich Ihre Mitarbeiter je nach Funktionsbereich, Abteilung oder Hierarchieebene andere Vorbilder wählen, ist es wichtig zu gewährleisten, dass die neuen Verhaltensweisen nicht nur durch die Führungsriege, sondern über alle Unternehmensebenen hinweg demonstriert werden.

Kommunizierte Kultur und gelebte Kultur sind zwei Paar Schuhe

Es gibt heutzutage nur wenige Unternehmen, die nicht über ein Leitbild verfügen. Auf der anderen Seite gibt es jedoch kaum europäische Unternehmen, in denen solch ein Leitbild wirklich ein gelebtes Führungsinstrument ist. Die Rolle und Akzeptanz eines Leitbildes ist übrigens ein zuverlässiges Merkmal für den Erfolg des Unternehmens. »Loser« verfügen über viele heterogene Regeln, leben aber nicht danach.

Ein gut gemachtes Leitbild beantwortet die Fragen »Wie sollen wir uns verhalten?« und »Was soll gut und richtig sein?« Es sagt, was mit denen passiert, die sich entsprechend verhalten, und auch, was mit denen passiert, die das nicht tun. Ein Leitbild, das in aller Regel über diverse Kanäle nach innen und außen kommuniziert wird, trifft Aussagen über die Soll-Kultur des Unternehmens.

Ein Krankenhaus mag beispielsweise durch das Leitbild kommunizieren, dass die Mitarbeiter der Klinik alles in ihrer Macht Stehende tun, um die Wünsche des Patienten bestmöglich zu befriedigen. Oder nehmen wir das Beispiel eines Automobilunternehmens, das sich Innovativität auf die Fahne geschrieben hat und nun unablässig kommuniziert, welch großen Wert es auf die Ideen seiner Mitarbeiter legt.

Die Existenz eines Leitbilds und sein Inhalt sagen jedoch noch nichts darüber aus, ob die Unternehmenskultur auch in der Weise existiert, wie es vorgestellt wird. Oftmals ist eine große Diskrepanz auszumachen zwischen der Kultur, die kommuniziert wird und dem, was real existiert, das heißt, was die Mitarbeiter und Kunden eines Unternehmens Tag für Tag erleben. Da ist von Kundenorientierung im Krankenhaus die Rede; jedoch ist für die Stationen und Servicebereiche so wenig Personal vorgesehen, dass den Wünschen der Patienten bestenfalls ansatzweise entsprochen werden kann. Da betont ein Automobilhersteller die Bedeutung von Innovativität, zeigt sich jedoch nicht empfänglich für die Ideen und Vorschläge seiner Belegschaft; diese verschwinden vielmehr in den Untiefen des betrieblichen Vorschlagwesens, ohne dass sie zeitnah geprüft werden und ohne dass der Mitarbeiter, von dem sie stammen, ein konkretes Feedback erhält.

Eine zu große Kluft zwischen Soll und Ist, zwischen kommunizierter und real gelebter Kultur, ist für ein Unternehmen äußerst schädlich. Mitarbeiter verlieren das Vertrauen in die Unternehmensleitung und verlieren ihre Motivation, da sie das Gefühl haben, nicht ernst genommen zu werden. Zynismus regiert in den Reihen der Belegschaft, die das Management für unfähig halten und jegliche Hoffnung auf bessere Zeiten begraben. Weitere Folgen können Dienst nach Vorschrift und passiver oder aktiver Widerstand gegenüber Neuerungen sein. Erinnern Sie sich noch an die im vorherigen Abschnitt beschriebene Vorbildfunktion einflussreicher Gruppen wie dem Management? Dies gilt auch hier. Ihre Mitarbeiter werden Sie mit Argusaugen beobachten, um herauszufinden, ob Sie das leben, was Sie predigen. Tun Sie es nicht – in diesem Fall unterscheidet sich die kommunizierte von der gelebten Kultur –, so werden Sie feststellen, dass auch Ihre Mitarbeiter etwas anderes leben als das, was Sie von ihnen erwarten.

Unabhängig von den negativen Folgen für die Arbeitsmoral in der Belegschaft spricht eine starke Diskrepanz zwischen kommunizierter und gelebter Kultur nicht gerade für die Kompetenz der Unternehmensleitung. Sie scheint es vorzuziehen, sich einer Illusion auszusetzen, anstatt der Realität in die Augen zu sehen und alles zu unternehmen, um den gewünschte Zustand zu realisieren.

Achten Sie als Geschäftsführer darauf, dass sich die von Ihnen persönlich und über die Unternehmensmedien kommunizierte Kultur nicht allzu sehr von der in Ihrer Organisation tatsächlich vorhandenen unterscheidet. Sie tun weder Ihren Mitarbeitern noch Ihren Kunden noch sich selbst einen Gefallen, wenn Sie eine Kultur propagieren, die so bei weitem nicht existiert. Sie wecken lediglich falsche Erwartungen, die, sobald die Realität an ihnen gemessen wird, großer Ernüchterung weichen. Sollten Sie mit der gelebten Kultur in Ihrem Unternehmen nicht zufrieden sein, so führt es zu nichts, ein wohlklingendes Leitbild – dürre Gedanken, eingepackt in geschmeidige Marketingparolen – zu entwickeln. Stattdessen sollten Sie die Möglichkeit erwägen, den mühevolleren Weg des Kulturwandels zu gehen.

Wie Sie Krisen erfolgreich bewältigen

»Krise kann ein produktiver Zustand sein. Man muss ihr nur den Beigeschmack der Katastrophe nehmen.«

Max Frisch

In diesem Abschnitt möchten wir Ihnen darlegen, wie Sie der Entstehung von Krisen vorbeugen und wie Sie eine Unternehmenskrise, wenn sie dennoch einmal eintritt, erfolgreich bewältigen können. Das US-amerikanische Beratungsunternehmen Institute for Crisis Management (ICM), das sich auf die Entwicklung von Kommunikationsstrategien für angeschlagene Unternehmen spezialisiert hat, unterteilt die Gründe für Krisen in vier Kategorien:

- Höhere Gewalt (zum Beispiel Stürme, Erdbeben),
- mechanische Probleme (zum Beispiel Materialermüdung)
- menschliches Versagen (zum Beispiel Öffnen des falschen Ventils, Missverständnisse),
- Managemententscheidungen/-versäumnisse (zum Beispiel Verkennung eines Problems, Vertuschung).

Wie zahlreiche seit Jahren prominente Beispiele belegen, können Unternehmen sehr schnell in eine Krise geraten. Man denke an den Rechenfehler des Intel Pentium Prozessors im Sommer 1994, der anfänglich von Intels Geschäftsführung heruntergespielt und erst aufgrund des Drucks durch IBM und die Öffentlichkeit zugegeben und behoben wurde und der darüber hinaus Kosten in Höhe von rund 500 Millionen US-Dollar verursachte. (Merke: Viele Dementis sehen aus wie der Versuch, die Zahnpasta wieder in die Tube zurückzubekommen.)

Ein anderes Beispiel ist das gelegentlich als PR-Desaster des Jahrhunderts benannte Dilemma um die damals ausgediente Ölplattform Brent Spar, die Shell Oil im Atlantik versenken wollte, die jedoch aufgrund von öffentlichkeitswirksamen Maßnahmen der Umweltschutzorganisation Greenpeace schließlich teuer entsorgt werden musste und die Reputation von Shell Oil beschädigte. Oder denken wir an den unvergessenen nicht bestandenen »Elch-Test« der Mercedes-A-Klasse: Am 21. Oktober 1997 kippte das Testfahrzeug bei einem Ausweichtest in Schweden überraschend auf das Dach, und der Daimler-Benz-Konzern (heute Daimler AG) geriet in Gefahr, in seinen Kernkompetenzen – Qualität, Zuverlässigkeit und Sicherheit – erschüttert zu werden.

Analysiert man die Gemeinsamkeiten der angeführten Beispiele, so wird deutlich, dass die betroffenen Unternehmen als Folge der Krisensituation unmittelbar ins Zentrum des öffentlichen Interesses rückten. Jede Verlautbarung des Unternehmens wurde mit Argwohn aufgenommen und umgehend bewertet. Die betrachteten Unternehmenskrisen machen ebenfalls deutlich, wie wichtig es ist, sich in einer Krisensituation von Anfang an richtig zu verhalten. Nur so lassen sich größere Imageschäden vermeiden und die Kosten für das Unternehmen in erträglichen Grenzen halten. Beide Aspekte betonen die Wichtigkeit eines systematischen und professionellen Krisenmanagements.

Krisenmanagement
In den siebziger Jahren aus dem politischen in den betrieblichen Bereich übertragener Begriff zur Bezeichnung der Teilgebiete des Managements, die eine Beherrschung von Unternehmenskrisen zum Ziel haben. Das präventive Krisenmanagement dient der Antizipation und Kompensation anwachsender Krisen, um sie in ihrer Entwicklung zu behindern. Das reaktive Krisenmanagement soll bereits eingetretene Krisen durch Sanierungsstrategien und -maßnahmen bewältigen.
Quelle: Der Brockhaus, 19. Auflage

Im Folgenden möchten wir Ihnen die fünf Phasen eines wirkungsvollen Krisenmanagements näher vorstellen:

- Der Krise vorbeugen
- Die Krise frühzeitig erkennen
- Die Krise eindämmen
- Die Krise lösen
- Aus der Krise lernen

Der Krise vorbeugen

Viele Unternehmenschefs erliegen dem trügerischen Glauben, die Geschicke ihres Unternehmens wirklich fest im Griff zu haben. So verlockend die Vorstellung auch ist, dass eine einzelne Person, die an der Spitze der Pyramide steht, in der Lage wäre, die täglichen Aktivitäten Hunderter Menschen erfolgreich zu koordinieren – mit der Realität hat sie nur wenig gemein. Sehen Sie sich bei Gelegenheit einmal in Ruhe den Film *Titanic* an und analysieren ihn auf Management- und Führungsfehler. Glauben Sie nicht, solche Fehler könnten Ihrem Unternehmen nicht passieren. Und übrigens: Auch die Verhaltensweisen der Menschen wären genau gleich und Sie würden alle vorfinden – nur eine Frage der Größe und der unvorhergesehenen Wucht der Krise.

Andererseits: Unternehmenschefs sind in Bezug auf die Entstehung und den Umgang mit Krisen keineswegs vollkommen machtlos. Zugegeben, der genaue Zeitpunkt des Eintritts einer Krisensituation lässt sich nur schwer vorhersagen – auch Daimler-Benz hatte nicht damit gerechnet, dass der neue Fahrzeugtyp A-Klasse bei einem Fahrtest in Skandinavien um 180 Grad kippen würde. Ein Unternehmen kann jedoch einen Plan aufstellen, der vorgibt, wie im Fall einer Krise vorzugehen ist, um auf diese Weise unnötige Fehler und Kosten zu vermeiden.

Was können Sie als Geschäftsführer ganz konkret tun? Erstellen Sie eine Liste all dessen, was Ihrem Unternehmen Ärger bereiten könnte, überlegen Sie sich die möglichen Folgen und kalkulieren Sie die Präventionskosten. Einige Ursachen für Krisen werden sich Ihrer Kontrolle entziehen. Dies entbindet Sie jedoch nicht von der Verantwortung, sich mit ihren Auswirkungen zu befassen. Ist Ihre Liste mit potenziellen Auslösern für Krisen fertig gestellt, dann gilt es im nächsten Schritt, adäquate Maßnahmen einzuleiten, um Krisen zu vermeiden oder auch um eine akute Krise in die richtigen Bahnen zu lenken.

Lassen Sie Krisenpläne erstellen, in denen sämtliche organisatorischen, technischen und personellen Maßnahmen zur Prävention und zur Bewältigung von Krisen eindeutig definiert sind. Vergeben Sie klare Verantwortlichkeiten für die einzelnen Maßnahmen – ernennen Sie beispielsweise einen Krisenstab –, und lassen Sie die Art und den Umfang der Krisenkommunikation festlegen. Es empfiehlt sich, bereits vor dem Auftreten einer Krise Kontakte zu wichtigen Medien zu knüpfen, um während der Krise auf diese Kanäle zurückgreifen zu können. Je kritischer die Krise, desto klarer muss der Krisenplan regeln, wer sich wie zu verhalten hat.

Die Krise erkennen

Einer Krise kann nur wirkungsvoll begegnet werden, wenn sie rechtzeitig erkannt wird. Dazu ist es nötig, Frühwarnsysteme zu etablieren, die in der Lage sind, bereits sehr schwache Signale für eine Krise einzufangen. Probleme dürfen darüber hinaus nicht nur von ihrer technischen Seite her betrachtet werden – wie im Fall von Brent Spar geschehen, wo zahlreiche Umweltexperten die Versenkung der Ölplattform für unbedenklich hielten. Es muss ebenfalls geprüft werden, wie die Probleme von der Öffentlichkeit wahrgenommen werden. Dazu bietet es sich an, regelmäßig die Medien zu beobachten, das heißt, einschlägige Zeitungen, Zeitschriften, den Hörfunk, das Fernsehen und das Internet auf Hinweise für eine sich anbahnende Krise abzuklopfen. Übrigens wird gerade das Internet von vielen Unternehmen als ernst zu nehmendes Medium immer noch bei weitem unterschätzt. Wenn ein Problem sowohl aus unternehmensinterner als auch aus -externer Sicht betrachtet wird, verringert sich das Risiko der Fehleinschätzung und der daraus resultierenden falschen Problembehandlung, die viele Unternehmenskrisen zum PR-GAU macht.

Es ist wichtig, dass Sie sich als Geschäftsführer auf dem Laufenden halten über das, was in den unterschiedlichen Abteilungen und Bereichen Ihres Unternehmens passiert. Verlassen Sie sich dabei nicht nur auf Berichte, die in vielen Fällen an die Erwartungen angepasst sein mögen und häufig viele Male verändert wurden, bevor sie Ihren Schreibtisch erreichen. Informieren Sie sich regelmäßig vor Ort über auftretende Probleme – seien es Zahlungsverzögerungen, Lieferprobleme oder Qualitätsmängel.

Wir kennen Geschäftsführer, die sich jede Kundenreklamation im Original unverzüglich vorlegen lassen – allerdings nicht, um sofort hüftschussartig ins Räderwerk einzugreifen (»Management by Helicopter«: Aufschlagen, Staub aufwirbeln, schnell wieder verschwinden). Unser Eindruck war vielmehr immer, dass sie die Schwachstellen ihrer Organisation gut kannten. Wenn Sie ähnlich vorgehen, können Sie die Berichte, die Ihnen vorgelegt werden, auf ihren Realitätsgehalt hin überprüfen und erhalten frühzeitig Kenntnis von entstehenden Krisen. Beachten Sie jedoch, dass Sie bei der persönlichen Informationsbeschaffung sensibel vorgehen müssen, da sonst die Gefahr besteht, dass Sie das Verantwortungsgefühl und die Autorität Ihrer Linienmanager untergraben. Gewöhnen Sie Ihre Führungskräfte und Mitarbeiter daran, dass Sie durchgängig selber ein Ohr anlegen und den Puls fühlen, Maßnahmen (außer Erste Hilfe) aber *immer* mit dem jeweils Verantwortlichen absprechen.

Die Krise eindämmen

Wird Ihr Unternehmen mit einer Krise konfrontiert, geht es unmittelbar um Schadensbegrenzung. Es ist wichtig, durch die Einleitung adäquater Maßnahmen eine weitere Eskalation zu vermeiden. Eine besondere Rolle kommt hierbei der Krisenkommunikation zu. Viele Unternehmen verspielen jede Menge Vertrauen aufseiten der Öffentlichkeit, der Anteilseigner, Kunden und Mitarbeiter, indem sie es vorziehen, sich während einer Krise in Schweigen zu hüllen oder sämtliche Vorwürfe ungeprüft zu dementieren. Dies ist töricht, wie das Beispiel Intel veranschaulicht.

Als 1994 Intels Pentium-Prozessoren einen Rechenfehler aufwiesen, wurde dies ziemlich schnell von einem Kunden entdeckt und dem Kundendienst von Intel mitgeteilt. Dort wurde der findige Kunde jedoch mit einer unbefriedigenden Antwort abgespeist, was ihm Anlass genug war, mehreren ihm bekannten Personen per E-Mail von dem Rechenfehler zu berichten. Wenige Monate später wurde der Fehler bereits in zahlreichen Newsgroups im Internet diskutiert. Der Chiphersteller ließ daraufhin verlauten, der Prozessorfehler sei unerheblich. Zeitgleich berichtete die New York Times davon, dass Intels fehlerhafte Prozessoren weiterhin ausgeliefert würden. Diese Meldung und auch Artikel in Computerzeitschriften ließ Intel unbeantwortet. Erst als IBM den Vertrieb von PCs mit Intel-Prozessoren einstellte und die New York Times in einer weiteren Ausgabe über den Fall berichtete, reagierte Intel: Das Management entschuldigte sich öffentlich bei den Kunden des Unternehmens und bot ihnen zugleich den kostenlosen Austausch sämtlicher fehlerhafter Prozessoren an.

Der Fall Intel macht deutlich, dass jede Menge Vertrauen in das Unternehmen und seine Produkte verspielt wurde, weil der Chiphersteller es anfänglich nicht für nötig hielt, auf die Vorwürfe in adäquater Form zu reagieren. Hätte Intel frühzeitig eine Pressekonferenz einberufen und die Interessen seiner Konsumenten ernst genommen, wären dem Unternehmen viel Ärger und Kosten erspart geblieben. Glaubwürdigkeit ist immer das viel kostbarere Gut.

Machen Sie nicht den gleichen Fehler wie Intel, sondern kommunizieren Sie von Anfang an offen (»Wer einmal lügt, dem glaubt man nicht …«) und angemessen mit der Öffentlichkeit. Gewährleisten Sie ein einheitliches Auftreten Ihres Unternehmens, um zu vermeiden, dass widersprüchliche Botschaften gesendet werden. Sie sollten *einen* Unternehmenssprecher haben, der während der Krise als Einziger vor die Presse tritt. Seine Kommunikation ist ganz einfach: Ja, wir haben da ein Problem, wir haben es erkannt und kümmern uns mit allen Mitteln um eine Lösung. Die Krisenkommunikation Ihres Unternehmens sollte darüber hinaus zeitnah sein. Ihre diversen Stakeholder dürfen nicht erst aus den unternehmensexternen Medien erfahren, in welcher Situation sich Ihre Firma befindet.

Aus dem Fall Intel lässt sich eine weitere Lehre ziehen: Vermeiden Sie eine Verharmlosung des Problems. Die Beweisführung liegt bei Ihnen, nicht bei der Öffentlichkeit. Im Zweifelsfall wird die Öffentlichkeit stets nach dem Sprichwort handeln »Wo Rauch ist, ist auch Feuer.«

Die Krise lösen

Nach der anfänglichen Reaktion auf die Krise durch entsprechende Kommunikationsmaßnahmen mit dem Ziel der Schadensbegrenzung geht es in dieser Phase darum, die Krise nachhaltig zu lösen und das Vertrauen der Stakeholder zurückzugewinnen.

Wichtig ist es, schnell zu handeln. Eine Krise duldet keinen Aufschub. Mobilisieren Sie die verfügbaren unternehmensinternen Ressourcen, um die Ursache für die Krise zu identifizieren und Maßnahmen für eine Problemlösung einzuleiten. Überlegen Sie, wie Sie den Ihren Stakeholdern entstandenen Schaden angemessen kompensieren können.

Es empfiehlt sich, bei schwelenden Krisen für die Lösungsfindung einen Krisenstab einzurichten, der sich losgelöst vom Tagesgeschäft ganz dem Krisenmanagement widmen kann. Dies garantiert ein reibungsloses und effizientes Vorgehen und verhindert, dass der »normale« betriebliche Ablauf in Mitleidenschaft gezogen wird oder gar zusammenbricht. Auch kommt es Ihnen bei der Krisenbewältigung zugute, wenn Sie bereits vor der Krise durchdacht haben, wie Sie im Einzelfall vorgehen. So haben Sie Ihre Leitlinien, auf die Sie zurückgreifen können.

Aus der Krise lernen

»Wer die Geschichte nicht kennt, ist dazu verdammt, sie zu wiederholen.« Ist die Krise erst einmal überstanden, beginnt die Phase der Nachbereitung. An dieser Stelle gilt es, sich kritisch mit den Prozessen des Krisenmanagements auseinander zu setzen und mögliche Verbesserungen für die Zukunft zu erarbeiten.

Diese Aufgabe wird nach unserer Erfahrung fast nie mit ausreichender Sorgfalt und Kontinuität gelöst. »Lessons learned« sind notwendig, um weiterzukommen. Diese Verbesserungen sollten Eingang in den Krisenplan finden, um im Falle einer neuerlichen Unternehmenskrise besser reagieren zu können.

Eine Krise ist immer auch eine Chance für einen Neuanfang

Das chinesische Schriftzeichen für Krise setzt sich aus den Symbolen für Gefahr und für Chance zusammen. Dies macht sehr schön deutlich, dass eine Krise nicht einer Katastrophe gleichkommen muss. Vielmehr kann Ihr Unternehmen gestärkt aus Krisen hervorgehen, wenn Sie sich ausreichend auf den Krisenfall vorbereiten und im Umgang mit dem Problem alles richtig machen. In diesem Fall stellt die Krise eine Chance dar, der Öffentlichkeit zu demonstrieren, wie ernst Sie Ihre Unternehmensleitlinien nehmen und wie sehr Sie sie in der Praxis leben. Wenn Sie sich Ihren Stakeholdern gegenüber auch in der Krise als verlässlicher Partner erweisen, wird Ihr Unternehmensimage gestärkt und nicht geschwächt.

Wenn es hart auf hart kommt: wirksames Turnaround-Management

Wir wünschen es Ihnen nicht, aber möglicherweise sind Sie in die Geschäftsführung eines Unternehmens berufen worden, das kurz vor dem Abgrund steht. Das Boot ist im Sturm leck geschlagen und Sie sind der neue Kapitän, der die Lage bewältigen und das Schiff reparieren und auf einen neuen Kurs bringen soll.

Die Ursache für die missliche Lage, in der sich Ihr Unternehmen befindet, kann vielfältiger Natur sein. Möglicherweise wurden Kernkompetenzen vernachlässigt oder wichtige Veränderungen der Rahmenbedingungen zu spät oder nicht ausreichend wahrgenommen. Vielleicht droht jedoch auch der Konkurs aufgrund einer fehlgeschlagenen Fusion oder Unternehmensübernahme. So vielfältig die Ursachen auch sein mögen, so eindeutig ist doch die Lösung des Dilemmas: Es bedarf eines konsequenten Sanierungsplans.

Zentrale Ziele des Sanierungs- oder Turnaround-Managements sind:

- das Unternehmen vor dem finanziellen Ruin zu bewahren.
- Liquidität wiederherzustellen und zu sichern: Der größte Teil der Firmenpleiten geht nicht auf mangelnden Markterfolg zurück, sondern auf fehlende liquide Mittel.

- verlustbringende Strukturen im Unternehmen zu eliminieren.
- neue Strategien zu entwickeln, die eine höhere Rentabilität versprechen.

Wichtig bei alledem ist es, schnell und pragmatisch vorzugehen. Ein Manager, der mit der Sanierung eines Unternehmens betraut ist, hat keine Zeit, um ausführlich nach der besten Strategie und deren sauberster Umsetzung zu suchen. Viel wichtiger ist es, schnell und konsequent die richtigen Schritte zu tun. Dazu zählt zuallererst der Aufbau eines tatkräftigen Führungsteams, das die Umstrukturierung des Unternehmens vorantreibt.

Oftmals ist es notwendig, die oberste Führungsmannschaft des angeschlagenen Unternehmens zumindest teilweise auszutauschen. Eine bewährte Faustregel dazu lautet: Ein Drittel von außen neu besetzen, ein Drittel intern »hochziehen«, ein Drittel beibehalten. Die alte Führungsriege ist in den seltensten Fällen bereit, für vergangene Fehlentscheidungen, die zur misslichen Lage des Unternehmens geführt haben, geradezustehen und sie zu korrigieren. Darüber hinaus mangelt es ihr oft an Distanz, Klarsicht und an der Glaubwürdigkeit, die nötig ist, um Veränderungen konsequent durchsetzen zu können. Hüten Sie sich deshalb vor Zukunftsdiskussionen mit den »alten« Leuten.

Grundsätzlich gilt beim Turnaround-Management: Bevor man mit der Einführung neuer Produkte oder der Neuaufstellung des Vertriebs beginnen kann, ist zuerst die innere Ordnung herzustellen. Dieser Grundsatz entspricht der allgemeinen Regel, erst Kostenmanagement und dann Umsatzmanagement zu betreiben. Die harten Schritte müssen am Anfang getan werden.

Das Kostenmanagement ist vergleichbar mit der Notfalloperation eines verwundeten Patienten. Die entsprechende Regel lautet: »Stop the bleeding.« In dieser Phase geht es primär darum, die Ausgaben zu reduzieren. Kostentreiber sind zu identifizieren und zu eliminieren. Leider heißt dies in unserer mitteleuropäischen Welt meist Personalabbau, da menschliche Arbeit so teuer geworden ist, dass wir sie uns häufig in einer Sanierungsphase nicht mehr leisten können. Des Weiteren sollte mit der notwendigen Umorganisation der Bereiche begonnen und ein sehr klares Management by Objectives (MbO) betrieben werden. Hüten Sie sich davor, in dieser Phase selbststeuernde Arbeitsgruppen und Diskussionsforen zuzulassen. Sagen Sie stattdessen klar, wo es langgeht, und machen Sie unmissverständlich deutlich, dass Ihren Vorgaben Folge zu leisten ist. Die besten Chancen ergeben sich dann, wenn man die Grundregeln ändert. Es ist aber häufig nicht so, dass Menschen, die sehr lange in denselben Bezügen, denselben Normen, Werten, Abläufen und Prozessen gedacht und gearbeitet haben, hier von selbst auf Ideen zur Veränderung der Grundregeln kommen.

In der Phase des Umsatzmanagements geht es schließlich darum, den Patienten nach der ersten Notfallbehandlung und dem Stillen der Wunden durch

Wahl einer geeigneten Therapie wieder gesund zu machen. Aufgaben in dieser Phase können sein:

- Bessere Befriedigung der Kundenbedürfnisse, beispielsweise durch neue Produkte, veränderte Vertriebsstrukturen;
- Aufbau einer zukunftsfähigen Unternehmensstruktur;
- Aufbau eines positiven Unternehmensimages in der Öffentlichkeit;
- Analyse der Wettbewerber sowie der eigenen Stärken und Schwächen, um ein Alleinstellungsmerkmal (unique selling proposition) aufzubauen.

Abbildung 26: **Die Aufschlagspunktkurve**

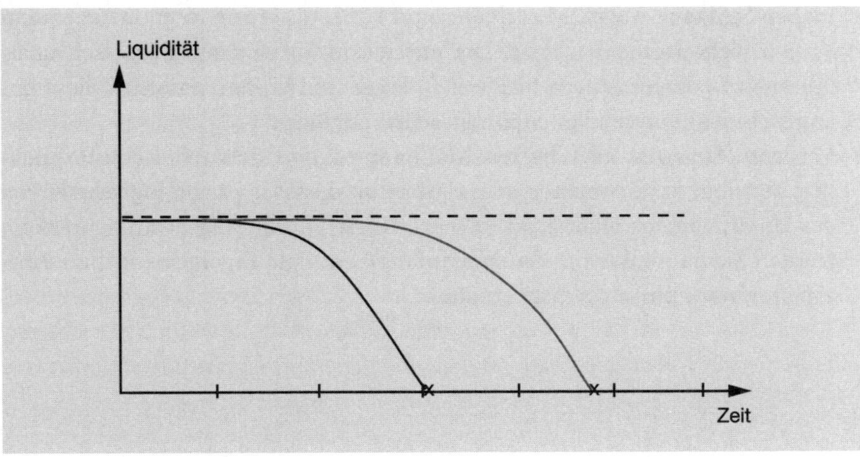

Damit Sie als Turnaround-Manager wirksam sein können, geben wir Ihnen einige Ratschläge an die Hand, die Ihnen in allen Phasen der Sanierung eine Hilfe sein können.

- Sie müssen wissen, dass Sie es nie allen recht machen können. Ärger werden Sie in jedem Fall bekommen. Lassen Sie sich dadurch jedoch nicht handlungsunfähig machen, sondern treffen Sie klare Entscheidungen und setzen Sie diese auch konsequent um. Halten Sie sich immer die Aufschlagspunktkurve vor Augen, die auftaucht, wenn ein Unternehmen mehr ausgibt, als es einnimmt (Abbildung 26). Leider sind viele Entwicklungen dynamisiert und logarithmisch und nicht linear. Daher brauchen Sie frühzeitig Maßnahmen, die dem Zeitgewinn (schlechtere Strategie) oder dem Abstellen der Kostenbelastung (bessere Strategie) dienen.
- Bauen Sie Vertrauen bei Kunden, Mitarbeitern und anderen wichtigen Stakeholdern auf, damit Sie deren Unterstützung für Ihre Umstrukturierungs-

maßnahmen gewinnen. Lassen Sie kein Verlierer-Image aufkommen. Niemand will für Loser arbeiten.

- Seien Sie Ihren Mitarbeitern gegenüber ehrlich und verheimlichen Sie ihnen nicht aus falsch verstandenem Mitgefühl unangenehme Wahrheiten. Schleichen Sie nicht um den heißen Brei herum, reden Sie stattdessen Klartext, auch wenn erstmal alle erschüttert sind.
- Vermeiden Sie es, anderen Personen etwas unter dem Siegel der Verschwiegenheit mitzuteilen. Sie könnten es genauso gut ans Schwarze Brett hängen; es spricht sich ohnehin herum.
- Streben Sie nicht danach, von allen geliebt zu werden. Ihr Ziel sollte vielmehr sein, für Ihre Arbeit respektiert zu werden.
- Haben Sie keine Angst, Mitarbeiter und Führungskräfte zu entlassen, wenn es sich nicht vermeiden lässt. Die meisten in Turnaround-Prozessen unerfahrenen Manager zögern hier viel zu lange und hoffen, dass sich diese unangenehmen Notwendigkeiten von selbst erledigen.
- Verlieren Sie trotz aller harten Maßnahmen und tiefen Einschnitte nicht Ihre Sensibilität. Sie müssen alles dafür tun, dass das psychologische Klima des Unternehmens nicht zerstört wird. Regieren nur Angst und Schrecken, werden Sie kaum das für den Neuanfang benötigte Engagement Ihrer Mitarbeiter und Führungskräfte erhalten.

Literaturtipps

Wachstumsmanagement

Braun, J./Braun, T. (2009): *Die 250 besten Checklisten für Unternehmenswachstum*, München, mi-Fachverlag.

Glaum, M./Hommel, U./Thomaschewski, D. (2002): *Wachstumsstrategien internationaler Unternehmungen. Internes vs. externes Wachstum*, Stuttgart, Schäffer-Poeschel.

Innovationsmanagement

Dold, E./Gentsch, P. (Hg., 2007): *Innovation möglich machen. Handbuch für effizientes Innovationsmanagement*, Düsseldorf, Symposium-Publishing.

Ideenmanagement für mittelständische Unternehmen, ein 34-seitiges E-Book der Deutschen Vereinigung zur Förderung der Weiterbildung von Führungskräften: http://www.wkr-ev.de/ideenmanagement.pdf.

Tidd, J./ Bessant, J./Pavitt, K. (2009): *Managing Innovation. Integrating Technological, Market and Organizational Change*, Wiley.
Kim, W. C./Mauborgne, R. (2005): *Der Blaue Ozean als Strategie: Wie man neue Märkte schafft, wo es keine Konkurrenz gibt*, München Hauser.

Integriertes Marketingmanagement

Gesteland, R. R. (2002): *Global Business Behaviour. Erfolgreiches Verhalten und Verhandeln im internationalen Geschäft*, München, Piper.
Herbrand, F. (2002): *Fit für fremde Kulturen. Interkulturelles Training für Führungskräfte*, Bern, Paul Haupt.
Kutschker, M./Schmid, S. (2008): *Internationales Management*, München, Oldenbourg.

Change Management

Duck, Jeanie D. (2002): *The Change Monster. The Human Forces That Fuel or Foil Corporate Transformation and Change*, Three Rivers Press.
Kotter, John P. (1996): *Leading Change*, Harvard Business School Press.
Lawson, Emily/Price, Colin (2003): *The Psychology of Change Management*, in: McKinsey Quarterly, Nr. 2.
Glasl, F./Lievegoed, B. (2004): *Dynamische Unternehmensentwicklung: Grundlagen für nachhaltiges Change Management*, Bern, Haupt Verlag/BRO.

Krisenmanagement

Töpfer, A. (1999): *Die A-Klasse. Elchtest, Krisenmanagement, Kommunikationsstrategie*, Neuwied, Luchterhand.
Simon, H. (2009): *33 Sofortmaßnahmen gegen die Krise. Wege für Ihr Unernehmen*, Frankfurt/Main, Campus.

Turnaround-Management

Harz, M. (2006): *Sanierungs-Management. Unternehmen aus der Krise führen*, Düsseldorf, Verlag Wirtschaft und Finanzen.
Löw, R. (2008): *Turnaround: Aus der Krise zum Top-Unternehmen. Das Arbeitsbuch aus der Praxis für die Praxis*, Frankfurt/Main, Frankfurter Allgemeine Buch.

Checklisten und Arbeitsblätter

Arbeitsblatt: **Wie gut ist Ihr Unternehmen auf Wachstum eingestellt?**

Leitfragen	Persönliche Einschätzung
Lässt sich das Kerngeschäft weiter ausbauen?	
Kann in angrenzende Geschäftsfelder expandiert werden?	
Verschafft Ihnen Ihr Kerngeschäft eine sichere finanzielle Ausgangsbasis?	
Wie schnell reagiert Ihr Unternehmen auf Veränderungen im Umfeld?	
Wie offen stehen Ihre Mitarbeiter Veränderungen/Neuerungen gegenüber?	
Arbeiten Ihre Mitarbeiter über Abteilungsgrenzen hinweg zusammen oder herrschen Ressortdenken und Bereichsegoismen vor?	
Verfügen Sie über ausreichende finanzielle Mittel, um das Wachstum zu realisieren?	
Verfügen Sie über qualifiziertes Personal, das den Wachstumsprozess steuern und unterstützen kann?	
Wie stark ist die Risikobereitschaft im Management/unter den Mitarbeitern ausgeprägt?	

Checkliste: Voraussetzungen für ein erfolgreiches Informationsmanagement

Fragen	ja	nein	Handlungsbedarf
Ist die Verantwortung für die Gestaltung der IT an zentraler Stelle im Unternehmen gebündelt?			
Verfügt der Positionsinhaber über ausreichend fachliche/soziale Kompetenzen und Einfluss?			
Werden die Nutzer der IT in die Gestaltung mit einbezogen? Wird der IT-Prozess vom Nutzer her aufgebaut?			
Sind die verwendeten Softwareprodukte miteinander kompatibel?			
Kann ein Datentransfer ohne großen Aufwand oder Datenverluste durchgeführt werden?			
Lässt sich die verwendete Software auch zukünftig noch updaten?			
Werden alle im Einsatz befindlichen Software- und Hardwareprodukte benötigt?			
Sind die Nutzer der IT ausreichend qualifiziert und im Umgang mit der IT geschult?			

Checkliste: **Erfolgreiches Change Management**

Schritte für ein erfolgreiches Change Management	Leitfragen
Ein Gefühl von Dringlichkeit etablieren	Ist unter den Betroffenen bereits ein Problembewusstsein vorhanden?
	Welche Informationen liefern Markt- und Wettbewerbsanalysen?
	Aufgrund welcher Trends ist eine Veränderung unausweichlich?
	Welche Krisen stehen dem Unternehmen bevor, wenn es sich nicht auf Veränderungen einlässt?
	Welche Chancen liegen in der Veränderung?
	Wie kann Energie für eine Veränderung geweckt werden, ohne dass übermäßiger Erfolgsdruck und Angst entstehen?
Eine mächtige Führungskoalition aufbauen	Welche Personen verfügen über großen Einfluss und Ansehen in der Belegschaft?
	Von welchen Führungskräften ist mit Widerstand zu rechnen und wie kann diesem begegnet werden?
	Wie lässt sich Geschlossenheit im Führungsteam herstellen?
	Mit welchen Rechten und Pflichten wird die Führungskoalition ausgestattet?
Eine attraktive Vision entwickeln	Wie könnte eine attraktive Vision der Zukunft aussehen? Was soll sich aufgrund der angestrebten Veränderungen zum Positiven ändern?
	Ist die Vision herausfordernd, ohne unrealistisch zu sein?
	Ist die Vision auch für Ihre Mitarbeiter attraktiv? Bietet sie ihnen einen Sinn, sich anzustrengen?

	Mit welchen Strategien lässt sich die Vision realisieren?
	Wie ist der geplante Ablauf der Veränderungen?
Die Vision kommunizieren	Wie lassen sich die Chancen, die eine Veränderung in sich birgt, bestmöglich transportieren?
	Ist die Vision prägnant genug, um sie verbal zu kommunizieren?
	Von welchen Medien, Kommunikationsträgern wird Gebrauch gemacht?
	Wie kann garantiert werden, dass die Vision nicht nur einmal, sondern fortwährend kommuniziert wird?
	Wie lässt sich sicherstellen, dass Veränderungsvorhaben zeitnah kommuniziert werden, sodass keine Missverständnisse oder Gerüchte aufkommen?
	Wie kann die Vision den unterschiedlichen Bedürfnissen Ihrer Mitarbeiter entsprechend kommuniziert werden?
	Gehen sämtliche Führungskräfte mit gutem Beispiel voran und praktizieren die neuen Verhaltensweisen?
Andere befähigen, gemäß der Vision zu handeln	Gibt es Hindernisse, welche Ihre Mitarbeiter davon abhalten, die neuen Verhaltensweisen zu praktizieren? Welche? Wie lassen Sie sich beseitigen?
	Verfügen Ihre Mitarbeiter über ausreichenden Handlungs- und Entscheidungsspielraum, um die neuen Verhaltensweisen zu praktizieren?
	Müssen Managementsysteme, zum Beispiel das Anreiz- und Belohnungssystem, verändert werden, damit neue Verhaltensweisen praktiziert werden? Inwiefern?
	Welche Leistungsstandards gelten ab sofort?
	Wie werden Ihre Mitarbeiter für die Praktizierung neuer Verhaltensweisen belohnt?
	Wie werden Ihre Mitarbeiter ermutigt, kontrollierte Risiken einzugehen und mit unkonventionellen Ideen aufzuwarten?

	Wie lassen sich möglichst viele Ihrer Mitarbeiter in Entscheidungs- und Umsetzungsprozesse einbinden?
Kurzfristige Erfolge einplanen und realisieren	Welche kurzfristigen Erfolgserlebnisse lassen sich bewusst einplanen und realisieren?
	Können Ziele in weitere Teilziele, die sich leichter realisieren lassen, untergliedert werden?
	Wie lassen sich diese Erfolge unternehmensweit kommunizieren und als Legitimation für den Veränderungsprozess »verkaufen«?
	Welche Form der Anerkennung kann Ihren Mitarbeitern, welche die Leistungsverbesserung zu verantworten haben, zuteil werden?
Weitere Veränderungen anstoßen	In welchen Unternehmensbereichen sollen die nächsten Veränderungen vorgenommen werden?
	Gibt es weitere Prozesse, Systeme oder Verfahrensweisen im Unternehmen, die die Vision unterminieren? Wie lassen sich diese ändern?
	An welchen Stellen gilt es, mit veränderten Konzepten und Ideen nachzubessern?
	Welche Widerstände existieren unter Ihren Mitarbeitern? Wie kann diesen begegnet werden, wie können sie eingebunden und genutzt werden?
	Welche Mitarbeiter zeigen sich besonders einsatzbereit, um die beschlossenen Veränderungen aktiv mitzugestalten? Wie kann solchen Mitarbeitern zusätzliche Verantwortung übertragen werden?
	Wie wird garantiert, dass neu eingestellte Mitarbeiter fähig und motiviert sind, die angestrebten Veränderungen vorzunehmen?
	Wie lassen sich Ihre Mitarbeiter zu Change Agents entwickeln? Durch welche Personalentwicklungsmaßnahmen können sie unterstützt werden?

Neue Herangehensweisen institutionalisieren	Wie lässt sich kommunizieren, dass der Unternehmenserfolg auf die bereits durchgeführten Veränderungen zurückzuführen ist?
	Unterstützen die Managementsysteme, zum Beispiel das Vergütungssystem oder die Personalentwicklung, eine Institutionalisierung der neuen Verhaltensweisen?
	Sind die Anforderungsprofile für die verschiedenen Stellen im Unternehmen enstprechend den neuen Verhaltensweisen aktualisiert worden?

Arbeitsblatt: **Krisenprävention**

Was könnte Ihrem Unternehmen Ärger bereiten/eine Krise auslösen?	Was wären die konkreten Folgen für Ihr Unternehmen?	Wie hoch schätzen Sie die Kosten der Krise für Ihr Unternehmen?	Was kann getan werden, um die Krise zu vermeiden?	Wie hoch schätzen Sie die Präventionskosten?

Checkliste: **Wie gut sind Sie gegen eine Krise gewappnet?**

Leitfragen	ja	nein
Haben Sie potenzielle Krisen in Ihrem Unternehmen mithilfe einer Risikoanalyse erfasst?		
Haben Sie die Ursachen für potenzielle Krisen identifiziert?		
Haben Sie die Folgen der Krise für Ihr Unternehmen abgeschätzt?		
Sind Risiken an Schnittstellen (Zulieferer etc.) bekannt?		
Existieren in Ihrem Unternehmen Krisenpläne?		
Sind diese Pläne aktuell?		
Sind die Krisenpläne flexibel gestaltet oder als starrer Prozess definiert?		
Haben Sie adäquate Maßnahmen zur Krisenprävention aufgestellt?		
Haben Sie adäquate Maßnahmen für den Umgang mit bereits eingetretenen Krisen entwickelt?		
Sind in Ihrem Unternehmen klare Verantwortlichkeiten für die einzelnen Maßnahmen definiert?		
Haben Sie Kontakte zu wichtigen Medien aufgebaut?		
Nutzen Sie regelmäßig diverse Medien, um Hinweise für potenzielle Krisen zu erhalten?		
Haben Sie die Art und den Umfang der Krisenkommunikation festgelegt?		
Prüfen Sie regelmäßig die Ihnen vorgelegten Berichte auf ihren Realitätsgehalt, indem Sie sich selbst vor Ort informieren?		
Wird Krisenprävention in Ihrem Unternehmen als Investition in die Zukunft betrachtet?		
Nehmen Sie Ihr Krisenmanagement regelmäßig kritisch unter die Lupe, um Optimierungspotenzial zu identifizieren?		

Kapitel 5

Zentrale Geschäftsführeraufgaben: finanzielle Planung und Steuerung

Der Erfolg Ihrer Tätigkeit als Geschäftsführer/-in spiegelt sich in vielen Dimensionen wider; die Hauptperspektive liegt auf Ihren Kunden, Produkten und Dienstleistungen, Prozessen sowie Mitarbeitern, die Finanzperspektive jedoch betrachtet nüchtern das Ergebnis und urteilt über finalen Erfolg oder Misserfolg. Dieses Kapitel zu den zentralen Geschäftsführeraufgaben der finanziellen Planung und Steuerung gliedert sich in zwei Teile und spannt den Bogen der Themenbereiche, über die Sie etwas gehört haben sollten und die uns besonders wichtig erscheinen.

Einerseits gliedern wir diese Themen situativ nach Unternehmenstypen und damit verbunden verschiedenen Anforderungen an das Geschäftsführer-Know-how zu finanziellen Themen, andererseits erfolgt eine systematische Einführung in den Finanzbereich mit den klassischen Feldern Bilanzen, Gewinn-und-Verlust-Rechnung, Cashflow und Kennzahlen sowie einer komprimierten Einführung in innovative Finanzierungskonzepte und den Themenbereich Basel II und Rating.

Finanzielle Aspekte unterschiedlicher Geschäftsführungstypen

In diesem Abschnitt erfahren Sie, ...

... welche Aspekte finanzieller Planung und Steuerung Sie auf jeden Fall kennen sollten, wenn Sie Geschäftsführer/-in in einem der fünf folgenden Unternehmenstypen werden.

Typ 1 – Start-up-Unternehmen, Dienstleistungen/Software, weniger als 50 Mitarbeiter

Typ 2 – Neuaufbau von Tochterunternehmen, Outsourcing von eigenen Dienstleistungen oder Ersatz von externen Dienstleistern
Typ 3 – Unit-Geschäftsführung im Familienunternehmen mit Finanz-Holding
Typ 4 – Geschäftsführung in mittelständischen Unternehmen
Typ 5 – Geschäftsführung der Tochter eines internationalen börsennotierten Konzerns

Einführung

Die Aufgaben, Schwerpunkte, aber auch Freiheitsgrade im Rahmen der finanziellen Planung und Steuerung variieren sehr stark je nach Aufgabe, Größe und Eigentümerstruktur des Unternehmens, in dessen Geschäftsführung Sie berufen werden. Wir haben für dieses Themengebiet einen Einstieg gewählt, der Ihnen ermöglichen soll, Ihre persönliche Situation und entsprechende Wissensschwerpunkte in diesem komplexen Feld besser einzugrenzen. Wir stellen Ihnen im Folgenden fünf prototypische Geschäftsführertypen vor. In unserer Praxistätigkeit als Geschäftsführer, Berater und Beiräte haben wir festgestellt, dass für diese fünf Geschäftsführertypen in einigen Themenbereichen der Finanzwirtschaft ein kurzer Überblick genügt, in anderen Feldern hingegen eine vertiefte Einarbeitung in die Materie notwendig ist.

Dieses Kapitel ist hauptsächlich für Nicht-Kaufleute wie Ingenieure, Techniker, Produktions-, Vertriebs- oder Marketingleute gedacht. Wir gehen bei allen Geschäftsführertypen davon aus, dass er/sie entweder Alleingeschäftsführer/-in ist oder im Geschäftsverteilungsplan, der die Aufgaben der Geschäftsführer/-innen untereinander regelt, nicht speziell und ausschließlich für den kaufmännischen Bereich verantwortlich ist.

Geschäftsführung in Start-up-Unternehmen

Unser Typ 1 ist ein Start-up-Unternehmen, das beispielsweise eine neue Software entwickelt und eventuell von einem Risikokapitalgeber mitfinanziert wird. Das Unternehmen ist noch jung und hat mit weniger als 50 Mitarbeitern eine überschaubare Größe. In der schnell gewachsenen Mitarbeiterstruktur gibt es Stärken und Schwächen, und für den Bereich Betriebswirtschaft und

Finanzen sind keine spezialisierten Kräfte vorhanden. Oftmals wird die Buchhaltung von einem externen Steuerberatungsbüro erledigt und das Sekretariat ist zusätzlich damit betraut, die Kontierung der Belege, die dann von der Geschäftsführung abgezeichnet werden, vorzunehmen.

Für die Geschäftsführung (GF) in Typ 1 ist ein einfaches finanzielles Planungs- und Steuerungsinstrumentarium ausreichend; die Liquidität des Unternehmens sollte dabei immer im Auge behalten werden; in der Einführung zum GF-Typ 1 (S. 124 ff.) behandeln wir die folgenden Themen:

- einfaches Planungsraster für laufende Kosten und Erlöse,
- praktische Herleitung des Cash Outflows,
- Einführung der Größen EBIT und EBITDA,
- finanzwirtschaftliche Daten eines Start-up-Unternehmens im Überblick.

Neuaufbau von Tochterunternehmen/Outsourcing

GF-Typ 2 ist mit dem Aufbau eines Dienstleistungsunternehmens betraut, das als Tochterunternehmen einer Unternehmensgruppe agieren soll. Die Dienstleistung wurde bisher entweder im Unternehmensverbund erbracht und wird jetzt von außen bezogen, oder aber sie wurde bisher von externen Dienstleistern eingekauft. Im ersten Falle heißt das meistens, dass die erbrachten Leistungen jetzt auch an Externe verkauft werden sollen.

In den meisten Fällen kann das neue Unternehmen auf die Ressourcen der Bereiche Buchhaltung, Controlling und Bilanzierung der Unternehmensgruppe zurückgreifen. Im Unternehmen selbst ist jedoch, ähnlich wie im kleinen Startup, eine Person damit betraut, für eine einheitliche Kontierung der Belege zu sorgen, die dann von der Geschäftsführung abgezeichnet werden.

Für den GF-Typ 2 werden viele Aufgaben der finanziellen Planung und Steuerung von der Zentrale übernommen; persönlich sind Kenntnisse zum Jahresabschlussbericht mit Bilanz und Gewinn-und-Verlust-Rechnung (GuV) wichtig; wir behandeln in der Einführung zum GF-Typ 2 die folgenden Themen (S. 132 ff.):

- Aufbau und Inhalte eines Jahresabschlussberichtes,
- Negativfeststellung, Bestätigungsvermerk,
- Beherrschungs- und Gewinnabführungsvertrag,
- Haftung, D&O-Versicherung (»Manager-Haftpflicht«),
- Erläuterung der Positionen einer »einfachen« Bilanz,
- Erläuterung der Positionen einer »einfachen« GuV.

Unit-Geschäftsführung in Familienunternehmen

GF-Typ 3 bezieht sich auf eine Einheit innerhalb eines Familienunternehmens. In den meisten Fällen ist er oder sie bereits langjährig im Unternehmen, kennt die Strukturen und wird entweder als Nachfolger/-in in einer bestehenden Einheit eingesetzt oder soll den Aufbau einer neuen Einheit vorantreiben.

Die Bandbreite von Familienunternehmen mit mehreren voneinander rechtlich getrennten Einheiten reicht von mittleren Unternehmen mit mehreren hundert Mitarbeitern bis zu Konzernen mit Umsätzen von über einer Milliarde Euro. Oftmals besteht eine von Familienmitgliedern geführte Finanz-Holding, die für die Bereiche Buchhaltung, Controlling und Bilanzierung zentrale Ressourcen verwendet.

Für GF-Typ 3 sind ebenso wie für GF-Typ 2 Kenntnisse zum Jahresabschlussbericht mit Bilanz und Gewinn-und-Verlust-Rechnung wichtig. Zwischen Familie und familienfremden Managern treten immer wieder Konflikte auf; an dieser Stelle erscheint uns besonders wichtig, auf die Integration in die (Familien-)Strategie und die Zusammenführung von Strategie und Berichtswesen mit einem Hilfsmittel wie der Balanced Scorecard hinzuweisen. Wir behandeln deshalb in der Einführung zum GF-Typ 3 die folgenden Themen (S. 141 ff.):

- Beteiligung von familienfremden Managern,
- Verrechnungspreise, Dienstleistungsgebühren,
- Überblick und Einführung in die Balanced Scorecard.

Geschäftsführung in mittelständischen Unternehmen

GF-Typ 4 bezieht sich auf ein bestehendes mittelständisches Unternehmen mit langer Tradition, hervorragenden Produkt- und Kundenportfolios sowie einer glänzenden Wettbewerbsposition.

Die Bilanzstruktur ist für deutsche Verhältnisse nicht ungewöhnlich. Der Fremdkapitalanteil beträgt über 50 Prozent und liegt damit noch weit unter dem Bundesdurchschnitt von über 80 Prozent. Firmengrundstücke und Immobilien sind als Sicherheit für die Kredite eingesetzt.

Für GF-Typ 4 sind Detailkenntnisse zur finanziellen Planung und Steuerung dringend erforderlich. Die systematische Einführung in das zentrale Geschäftsführerwissen dazu erfolgt ab Seite 152. Der Themenbereich Finanzierung hat nach den Beschlüssen von Basel II sowie der Einführung von Ratingverfahren bei den Banken eine besondere Relevanz für mittelständische Unternehmen erlangt. In der Einführung zum GF-Typ 4 behandeln wir deshalb die folgenden Themen (S. 144 ff.):

- Kapitalstruktur, Fremdkapitalanteil,
- Basel I und Basel II,
- Bausteine des Ratingverfahrens von Banken.

Geschäftsführung einer internationalen Konzerntochter

GF-Typ 5 bezieht sich auf ein bestehendes Unternehmen, das als Tochterunternehmen eines internationalen börsennotierten Konzerns funktionale oder regionale Aufgaben erfüllt. Die »Amtssprache« ist die des Mutterkonzerns, in vielen Fällen ist der kleinste gemeinsame Nenner die englische Sprache.

Die Konzernzentrale hat einen zentralen Finanzbereich, der zumindest für Controlling und internationale Konsolidierungsaufgaben zentrale Ressourcen einsetzt. Buchhaltung und Bilanzierung können im Falle der deutschen Niederlassung eines internationalen Konzerns dem Aufgabenbereich der deutschen Geschäftsführung zugeordnet sein.

Für GF-Typ 5 können deshalb ebenso wie für GF-Typ 4 Detailkenntnisse zur finanziellen Planung und Steuerung erforderlich sein. Die systematische Einführung in das zentrale Geschäftsführerwissen dazu erfolgt ab Seite 144. Der im internationalen Rahmen agierende GF-Typ 5 muss darüber hinaus mit den englischen Bezeichnungen zentraler Kennziffern zur finanziellen Planung und Steuerung vertraut sein. Zudem ist es hilfreich, die Denkmuster der Akteure an den internationalen Finanzmärkten zu kennen. In der Einführung zum GF-Typ 5 behandeln wir deshalb die folgenden Themen (S. 146 ff.):

- Quartalsorientierung der Finanzmärkte,
- die Rolle von Medien, Analysten und institutionellen Anlegern,
- Einführung in Börsenkennzahlen,
- die besondere Rolle stetigen Wachstums,
- Wertentwicklung bei unterschiedlichen Wachstumsraten.

Fazit

Aus der Beschreibung der Umfelder der skizzierten Geschäftsführungstypen wird deutlich, wie unterschiedlich die Aufgaben im Hinblick auf die finanzielle Planung und Steuerung ausfallen. Im Folgenden wird in die Themengebiete zum jeweiligen GF-Typ eingeführt. Dieser Teil eignet sich zur entspannten Lektüre, um sich einen ersten Überblick zu verschaffen. Die zahlreichen Praxisbeispiele sind aus authentischen Quellen übernommen, die anonym bleiben. Die Zahlen sind modifiziert, Verhältnisse zwischen einzelnen Parametern bleiben aber erhalten und können somit durchaus auch als Maßstäbe herangezogen werden.

Am Ende jedes Kapitels sind diejenigen Stichworte aus dem vorangegangenen Text und aus den Abbildungen in einer Box zusammengefasst, die für den jeweiligen GF-Typen besonders wichtig erscheinen. Diese Box ist durchaus als kleine Lernkontrolle gedacht, mit der Sie Ihren Tiefgang und Beherrschungsgrad der behandelten Themen überprüfen können.

Auf den darauf folgenden Seiten werden die Themenbereiche finanzieller Planung und Steuerung systematisch erarbeitet. Die Praxisbeispiele werden mit Lehrbuchbeispielen angereichert und zu einem fundierten Geschäftsführerwissen ausgebaut. Es empfiehlt sich, die Beispiele mithilfe eines Tabellenkalkulationsprogramms oder auf dem Papier nachzuvollziehen und vor allem die Kennzahlen nachzubilden und zu berechnen.

Systematisches Wissen zur finanziellen Planung und Steuerung

Übersicht:

Geschäftsführung in Start-up-Unternehmen

Als Beispiel für ein Start-up haben wir ein junges Unternehmen gewählt, das aus dem Spin-off eines Technologiezentrums entstanden ist und ursprünglich Softwarelösungen auf Projektbasis realisierte. Die Expertise des Unternehmens ist anerkannt und man möchte sich von einem Projektunternehmen zu einem Produktunternehmen entwickeln, das lizenzierbare Softwareprodukte verkauft und implementiert. Ein Stamm von zehn Mitarbeitern sowie drei Auszubildenden und vier Praktikanten bildet die Basis des Unternehmens. Tabelle 6 fasst die laufenden Personalkosten des Start-up-Unternehmens zusammen.

Tabelle 6: **Laufende Personalkosten des Start-up-Unternehmens**

Kosten		pro Monat	pro Jahr
GF 1 – Gehalt (inkl. Nebenkosten + PKW)	1	9000 €	108000 €
GF 2 – Gehalt (inkl. Nebenkosten + PKW)	1	9000 €	108000 €
Topmitarbeiter – Gehälter (inkl. Nebenkosten)	2	12000 €	144000 €
Restliche Mitarbeiter – Gehälter (inkl. Nebenkosten)	6	25000 €	300000 €
Azubis – Gehälter (inkl. Nebenkosten)	3	3000 €	36000 €
Praktikanten – Gehälter (inkl. Nebenkosten)	4	2000 €	24000 €
Personalkosten (PK) Summe	**17**	**60000 €**	**720000 €**

Die Hauptkostenpositionen eines Dienstleistungsunternehmens bestehen aus den Kosten für den Standort wie Miete, Strom, Gas, Wasser, Abfallentsorgung, den Anschaffungskosten für Büro- und Technikausstattung, den laufenden Technik- und Wartungskosten sowie Akquisitions- und Vertriebskosten. Die Position Sonstiges fasst alles andere wie Büromaterial, Porto, Kuriere, Geschenke, aber auch Weiterbildung und vieles mehr zusammen und ist hier sehr großzügig bemessen. Tabelle 7 fasst die sonstigen Kosten des Start-up-Unternehmens zusammen.

Tabelle 7: **Sonstige Kosten des Start-up-Unternehmens**

Kosten	pro Monat	pro Jahr
Standortkosten (500 m², alle Kosten inbegriffen)	10000 €	120000 €
Technik, laufende Kosten	2500 €	30000 €
Akquisitions-/Vertriebskosten	7500 €	90000 €
Sonstiges	10000 €	120000 €
Summe	**30000 €**	**360000 €**

Abschreibungen für die Rechner- und Büroausstattung sind in Tabelle 7 nicht aufgeführt, da sie sich nicht auf den Cashflow auswirken. Die Zinsen für zwei langfristige Darlehen sind monatlich fällig und wirken sich somit auf den Cashflow aus.

Tabelle 8: Cash Outflow des Start-up-Unternehmens

Kosten	pro Monat	pro Jahr
Cash Outflow 1	**90 000 €**	**1 080 000 €**
Zinsen 1	1 042 €	12 500 €
Zinsen 2	5 000 €	60 000 €
Cash Outflow 2	**96 042 €**	**1 152 500 €**

Mit den Werten in Tabelle 8 ist die Messlatte definiert, das heißt der Betrag der Umsätze, der mindestens notwendig ist, um die monatlichen Kosten zu decken. Wird dieser Betrag realisiert, so ist noch kein Gewinn erzielt, denn Abschreibungen und Steuern kommen als weitere wichtige Abzugsposten dazu. In der Wirtschaftspresse ist eine häufig verwendete Kenngröße der *Gewinn vor Zinsen, Steuern, Abwertungen und Abschreibungen*. Häufig wird anstelle dieser deutschsprachigen die englische Bezeichnung und ihre entsprechende Abkürzung – earnings before interest, tax, depreciation and amortisation beziehungsweise EBITDA – verwendet. Diese Kenngröße errechnet sich, indem man die Summe der Kosten (Tabellen 6 und 7) nimmt und sie von den Umsätzen abzieht.

Exkurs

Bei Unternehmen, die viel in den Aufbau ihrer Geschäftsbasis investieren müssen – wie beispielsweise ein Mobilfunkbetreiber – ist es ein erster Erfolg, wenn der Gewinn vor Zinsen, Steuern, Abwertungen und Abschreibungen (EBITDA) positiv wird. Dies bedeutet, dass die laufenden Einnahmen aus dem Betrieb die laufenden Kosten decken. Am Beispiel der Mobilfunkbetreiber wird besonders klar, dass es bis zur Deckung aller Kosten, das heißt vor allem der Abschreibung der enormen Kosten zum Aufbau eines Netzes, noch ein weiter Weg ist. Die Kenngröße EBIT ist damit zur Beurteilung der Ertragsstärke eines solchen Geschäftes wesentlich aussagekräftiger, da hier Abwertungen und Abschreibungen einbezogen sind.

Für unser Start-up-Unternehmen haben wir nach den Kosten für die operative Tätigkeit zunächst die Zinsen für die langfristigen Darlehen abgezogen (und nicht die Abwertungen und Abschreibungen), weil wir ein besonderes Augenmerk auf die Cashflow-Situation des Unternehmens haben müssen.

Mehr als die Hälfte der Insolvenzen in Deutschland ist auf finanzielle Schieflagen zurückzuführen. Besonders bedauerlich ist die Beobachtung, dass Unternehmen trotz guter Auftragslage zahlungsunfähig werden, weil sich die Kunden mit der Bezahlung der Rechnungen viel Zeit lassen. In Frankreich, wo traditionell Zahlungen verzögert eingehen, wird deshalb an den Wirtschaftshochschulen auf diesen Punkt besonderes Augenmerk gelegt und in die Geschäftspläne eine Vorfinanzierung von mehreren Monaten Umsatz in die Kapitalbedarfsdecke mit eingerechnet.

Besonders im Umgang mit großen Unternehmen und Konzernen ist darauf zu achten, dass Sie als Geschäftsführer/-in eines kleinen Unternehmens Ihre Ansprechpartner auf die Dringlichkeit der Einhaltung von Zahlungszielen hinweisen. Aus unserer Erfahrung ist bei Managern und Mitarbeitern von Großunternehmen schlicht keine Sensibilität für Liquiditätsfragen vorhanden. Wenn sie allerdings darauf hingewiesen werden, stellt es in der Regel kein Problem dar, dass Ihre Rechnung sofort abgezeichnet und zur Buchung gegeben wird und der Manager den Zahlungsausgang eventuell durch einen Anruf bei der Buchhaltung beschleunigt. Im Projektgeschäft haben wir auch beobachtet, dass es durchaus kein Problem ist, für variable Auslagen wie Reisespesen, die ja lediglich durchgereicht werden, pauschale Vorabzahlungen zu vereinbaren. Prinzipiell kann durch Anzahlungen bei Vertragsabschluss die Liquiditätslage konsequent entspannt werden. Klar ist allerdings auch, dass Auftraggeber gerne einen signifikanten Betrag erst nach vollständig zufriedenstellender Leistungserbringung bezahlen möchten.

Exkurs

Bei freiberuflich Tätigen wie Zahnärzten und Architekten hat der Ärger über die Zahlungsunwilligkeit von Patienten, Kunden und Mandanten dazu geführt, dass das Delkredere (der Bestand an offenen Forderungen) oftmals an so genannte Factoring-Firmen abgetreten wird, die die Forderungen gegen einen gewissen Prozentsatz des Forderungsbetrags ankaufen und sich um den Zahlungseingang kümmern. Das »Eintreiben« von Zahlungen sollte sich definitiv nicht zu einem Schwerpunkt Ihrer Geschäftsführungsaufgaben entwickeln.

Nach den Kosten und der Liquidität widmen wir uns nun der Erlösseite des Start-up-Unternehmens. Vom klassischen Projektgeschäft ausgehend, will das Unternehmen in den Folgejahren seine Umsätze ausschließlich mit Lizenzierung und Implementierung der programmierten Software generieren.

Tabelle 9 zeichnet die geplante Entwicklung für drei Jahre (Mittelfristplanung) auf.

Tabelle 9: Erlösstruktur des Start-up-Unternehmens für drei Jahre

Erlöse		**Jahr 1**		**Jahr 2**		**Jahr 3**
Projekte klassisch à 20 000 €	10	200 000 €	0	– €	0	– €
Software-Neulizenzen à 20 000 €	20	400 000 €	30	600 000 €	50	1 000 000 €
Software-Implementierung à 20 000 €	20	400 000 €	25	500 000 €	25	500 000 €
Software-Altlizenzen à 4 000 €	0	– €	20	80 000 €	50	200 000 €
Umsatz gesamt		**1 000 000 €**		**1 180 000 €**		**1 700 000 €**

Neben zehn klassischen IT-Projekten sollen im ersten Jahr zwanzig Lizenzen zu je 20 000 Euro verkauft werden, die Implementierung soll jeweils zu Umsätzen in gleicher Höhe führen. Der Anteil an neuen Lizenzen am Geschäft soll stetig steigen (20, 30, 50 Lizenzen); für Wartung und Pflege (Altlizenzen) sollen die bereits implementierten Softwarepakete jeweils 4 000 Euro pro Jahr erlösen.

Bei dieser Planung wird davon ausgegangen, dass die Geschäfte mit der bestehenden Belegschaft zu bewältigen sind und die Implementierung anteilig mehr und mehr von externen Partnern übernommen wird.

Für die Berechnung der Rendite des Geschäftes ergibt die Zusammenführung von Erlösen und Kosten das in Tabelle 10 gezeichnete Bild. Mit einer Million Euro Umsatz werden die Kosten zu einem großen Teil gedeckt, als EBITDA ergibt sich ein Fehlbetrag von 80 000 Euro; Zinslast und Abschreibungen führen aber zu einem deutlichen Verlust von über 160 000 Euro. Im zweiten Jahr soll eine »schwarze Null« geschrieben werden, für das dritte Jahr ist der Durchbruch vorgesehen.

Tabelle 10: **Erlöse, Kosten und Gewinn des Start-up-Unternehmens für drei Jahre**

Erlöse		**Jahr 1**		**Jahr 2**		**Jahr 3**
Projekte klassisch à 20 000 €	10	200 000 €	0	– €	0	– €
Software-Neulizenzen à 20 000 €	20	400 000 €	30	600 000 €	50	1 000 000 €
Software-Implementierung à 20 000 €	20	400 000 €	25	500 000 €	25	500 000 €
Software-Altlizenzen à 4 000 €	0	– €	20	80 000 €	50	200 000 €
Umsatz gesamt		**1 000 000 €**		**1 180 000 €**		**1 700 000 €**
Personalkosten (PK) Summe		720 000 €		720 000 €		720 000 €
Standortkosten (500 m², alle Kosten inbegriffen)		120 000 €		120 000 €		120 000 €
Technik, laufende Kosten		30 000 €		30 000 €		30 000 €
Akquisitions-/Vertriebskosten		90 000 €		90 000 €		90 000 €
Sonstiges		120 000 €		120 000 €		120 000 €
Summe Kosten		**1 080 000 €**		**1 080 000 €**		**1 080 000 €**
EBITDA		**- 80 000 €**		**100 000 €**		**620 000 €**
Zinsen auf 250 000 € Fremdkapital	5 %	12 500 €	5 %	12 500 €	5 %	12 500 €
Zinsen auf 750 000 € Fremdkapital	8 %	60 000 €	8 %	60 000 €	8 %	60 000 €
Gewinn nach Zinsen		**- 152 500 €**		**27 500 €**		**547 500 €**
Abschreibung (Afa)		10 000 €		10 000 €		10 000 €
Steuern		– €		8 750 €		268 750 €
Gewinn nach Zinsen, Steuern, AfA		**- 162 500 €**		**8 750 €**		**268 750 €**

Die Umsatzrendite ergibt sich aus dem Quotienten von Gewinn und Umsatz. Die für das dritte Jahr angestrebte Umsatzrendite von über 15 Prozent würde eine gesunde und langfristige Geschäftsbasis darstellen (Tabelle 11).

Tabelle 11: **Umsatzrendite des Start-up-Unternehmens für drei Jahre**

	Jahr 1	Jahr 2	Jahr 3
Umsatz gesamt	1 000 000 €	1 180 000 €	1 700 000 €
Gewinn nach Zinsen, Steuern, AfA	-162 500 €	8 750 €	268 750 €
Umsatzrendite	**-16,3 %**	**0,7 %**	**15,8 %**

Abschließend werden alle finanzwirtschaftlichen Grundgrößen für die drei Jahre gegenübergestellt (Tabelle 12).

Tabelle 12: **Finanzwirtschaftliche Daten des Start-up-Unternehmens für drei Jahre**

	Jahr 1		Jahr 2		Jahr 3	
EBITDA		-80 000 €		100 000 €		620 000 €
Zinsen auf 250 000 € Fremdkapital	5 %	12 500 €	5 %	12 500 €	5 %	12 500 €
Zinsen auf 750 000 € Fremdkapital	8 %	60 000 €	8 %	60 000 €	8 %	60 000 €
Gewinn nach Zinsen		-152 500 €		27 500 €		547 500 €
Abschreibung (Afa)		10 000 €		10 000 €		10 000 €
Steuern		–		8 750 €		268 750 €
Gewinn nach Zinsen, Steuern, AfA		-162 500 €		8 750 €		268 750 €
Umsatzrendite		-16,3 %		0,7 %		15,8 %
Gesamtkapitalrendite (1 000 000 € Eigenkapital)		**-8,1 %**		**0,4 %**		**13,4 %**

Für die Berechnung der Kapitalrendite wird der Gewinn ins Verhältnis zum Kapital gesetzt. In Tabelle 12 wird von einem Eigenkapital von einer Million Euro sowie zwei langfristigen Krediten ebenfalls in Höhe von insgesamt einer Million Euro ausgegangen. Das Gesamtkapital beträgt also 2 Millionen Euro, die Rendite basiert hier auf dem Gewinn nach Zinsen, Steuern und Abschreibungen.

Wenn der Gewinn dazu verwendet wird, das Fremdkapital zurückzuzahlen, braucht man dazu nach dem zweiten Jahr, in dem der Break-even, das heißt die Nulllinie erreicht wird, grob gerechnet drei bis vier weitere Jahre.

Ein Teil des Eigenkapitals könnte von einem Risikokapitalgeber (Venture Capitalist) kommen. Im Allgemeinen wird das Risiko mit einer deutlich erhöhten Renditeerwartung gekoppelt. Risikokapitalgeber möchten typischerweise mehr als 25 Prozent Rendite realisieren. Die Investitionszeiträume sind im Durchschnitt auf drei bis sieben Jahre beschränkt, dann wird der so genannte ›Exit‹, also der profitable Ausstieg aus dem Investment, gesucht.

Exkurs

In den Boomzeiten der New Economy von 1999 bis 2001 war der Standardausstieg ein Börsengang, ein so genannter IPO (Initial Public Offering), also das erstmalige öffentliche Angebot an die Kapitalmärkte, sich an dem Unternehmen zu beteiligen. Nach dem Zusammenbruch des Neuen Marktes war diese Finanzierungsquelle für einige Jahre fast vollständig versiegt. Dennoch ist eine Menge Privatkapital (Private Equity) von vermögenden Persönlichkeiten und Institutionen im Umlauf, die in den profitablen Aufbau junger Firmen investieren.

Stichworte: Geschäftsführung in Start-up-Unternehmen

- Hauptkostenpositionen eines Dienstleistungsunternehmens
- Praktische Cashflow-Berechnung
- EBITDA – Earnings before Interest, Tax, Depreciation and Amortisation
- EBIT – Earnings before Interest and Tax
- Liquiditätsfalle, Einhaltung von Zahlungszielen
- Factoring

- Mittelfristplanung
- Umsatzrendite
- Gesamtkapitalrendite
- Break-even
- Venture Capital (Risikokapital)
- Exit

Neuaufbau von Tochterunternehmen/Outsourcing

Die Geschäftsführungsaufgabe zum Neuaufbau eines Tochterunternehmens beinhaltet vielfach, die bisher intern erbrachten Dienstleistungen auszugliedern (»Outsourcing«) oder externe Dienstleister zu ersetzen. Klassische Outsourcing-Kandidaten sind IT-Bereiche, Rechenzentren und Hausverwaltungen; ebenso eignen sich agenturähnliche Leistungen beispielsweise aus dem Marketing zur Ausgliederung. In den letzten Jahren hat die (Rück-)Besinnung auf das Kerngeschäft[13] dazu geführt, dass auch funktionale Schlüsselbereiche wie Personalwesen und Rechnungswesen in eigenständige Rechtsformen überführt wurden. In einigen Fällen haben die Unternehmen diese Entscheidungen allerdings mittlerweile wieder rückgängig gemacht.

Meistens werden für diese Aufgaben fachlich qualifizierte Experten eingesetzt, die bisher mit dem Management des internen Bereiches betraut waren. Kritisch ist anzumerken, dass in den letzen Jahren Outsourcing oftmals dazu genutzt wurde, sich mittelfristig komplett von den entsprechenden Dienstleistungsbereichen zu trennen. In selteneren Fällen werden Experten von außen »eingekauft«, manchmal wird ein kleinerer Dienstleister mit einer Kernmannschaft von außen übernommen.

Als Beispiel für ein auszugliederndes Unternehmen haben wir den Online-Bereich eines deutschen Konzerns gewählt, der bis zum Zeitpunkt des Outsourcing zwischen IT, Strategischer Planung und Marketing angesiedelt war und zusammen mit externen Beratern und Internetagenturen Projektleistungen erbrachte. Mit Zunahme der Wichtigkeit des Mediums Internet und zunehmenden Beratungs- und Agenturkosten entschied sich der Vorstand für den Neuaufbau einer rechtlich selbstständigen Einheit zur Erbringung von Beratungsleistungen für alle Tochterunternehmen und für die Übernahme von Agenturleistungen an der Schnittstelle zu den externen Dienstleistern.

Auf den folgenden Seiten werden wir exemplarisch Inhalte von Bilanz sowie Gewinn-und-Verlust-Rechnung (GuV) zeigen, wie sie im Jahresabschlussbericht dargestellt werden. Abbildung 27 zeigt eine Gesamtübersicht der Inhalte. Darüber hinaus werden drei besonders wichtige Punkte kommentiert.

Abbildung 27: **Gliederungspunkte des Jahresabschlussberichts einer GmbH**

Inhaltsverzeichnis

A. Prüfungsauftrag

B. Prüfungsergebnis und Bestätigungsvermerk
- Negativfeststellung gemäß § 321 Abs. 1 Satz 3 HGB
- Zusammenfassung der übrigen Prüfungsergebnisse
- Bestätigungsvermerk

C. Gegenstand, Art und Umfang der Prüfung

D. Rechtliche und wirtschaftliche Verhältnisse
- Rechtliche Verhältnisse
- Wirtschaftliche Verhältnisse
  - o Wirtschaftliche Grundlagen
  - o Vermögenslage
  - o Finanzlage
  - o Ertragslage

E. Feststellungen zur Rechnungslegung
- Buchführung und weitere geprüfte Unterlagen
- Jahresabschluss

F. Schlussbemerkung

G. Anlagen (gesondertes Verzeichnis)

Negativfeststellung gemäß § 321 Abs. 1 Satz 3 HGB

Hier sollte Ihre einwandfreie Geschäftsführung in etwa folgender Form dokumentiert sein: *Unrichtigkeiten oder Verstöße gegen gesetzliche Vorschriften sowie Tatsachen, die den Bestand der Gesellschaft gefährden oder ihre Entwicklung wesentlich beeinträchtigen können oder die schwerwiegende Ver-*

stöße der Geschäftsführung darstellen, haben wir bei Durchführung unserer Prüfung nicht festgestellt.

Bestätigungsvermerk

Hier werden Prüfungsgegenstände dokumentiert, wie die Einhaltung der Grundsätze ordnungsmäßiger Buchführung, die Wirksamkeit des internen Kontrollsystems bezüglich der Rechnungslegung, die Beurteilung der angewandten Bilanzierungsgrundsätze sowie die Würdigung des Jahresabschlusses. Der Bestätigungsvermerk sollte uneingeschränkt erteilt werden und in etwa folgender Form formuliert sein: »… wir sind der Auffassung, dass unsere Prüfung eine hinreichend sichere Grundlage für unsere Beurteilung bildet. Unsere Prüfung hat zu keinen Einwendungen geführt. Nach unserer Überzeugung vermittelt der Jahresabschluss unter Beachtung der Grundsätze ordnungsmäßiger Buchführung ein den tatsächlichen Verhältnissen entsprechendes Bild der Vermögens-, Finanz- und Ertragslage der Gesellschaft.«

Exkurs

Die beiden letzten Punkte zeigen wichtige Verantwortlichkeiten von Geschäftsführern. Bei risikoreichen Geschäftstätigkeiten sollten Sie auf jeden Fall auf den Abschluss einer so genannten D&O-Police bestehen. Diese »Directors & Officers Versicherung« wird oftmals als Manager-Haftpflichtversicherung bezeichnet und schützt Sie vor den finanziellen Folgen persönlicher Haftung.

Seit dem Mannesmann-Prozess in den Jahren 2003/2004 verfolgen Rechtsprechung und Gesetzgeber eine verschärfte Linie gegenüber der Führung von Unternehmen. Wenn das Mutterunternehmen die deutlich gestiegenen Prämien für die D&O-Police nicht tragen möchte, sollten Sie auf eine alternative Risikoübernahme durch das Unternehmen bestehen.

Rechtliche Verhältnisse

Im Wesentlichen sind hier die notariell beurkundeten und im Handelsregister eingetragenen Daten wie Gegenstand des Unternehmens, Geschäftsjahr, Geschäftsführung und Vertretungsberechtigung aufgeführt. Hier finden sich auch Angaben zu Stammkapital und Kapital- und Eigentümerstruktur. Im Allgemeinen wird die Muttergesellschaft mit der ausgegliederten Tochtergesellschaft einen so genannten Beherrschungs- und Gewinnabführungsvertrag abschließen, das heißt auch: »... die Gesellschafterin (Muttergesellschaft) erklärt gegenüber der Gesellschaft (Tochtergesellschaft), einen entstehenden Verlust zu übernehmen.«

Kündigungsfristen und erstmalige Kündigungsmöglichkeit dieses Vertrages sind hier ebenfalls vermerkt.

Exkurs

Schon der Begriff »Beherrschungs- und Gewinnabführungsvertrag« macht deutlich, in welchem unternehmerischen Freiraum Sie sich hier bewegen. Im Klartext heißt das, dass die Muttergesellschaft weiterhin klar bestimmen kann, in welche Richtung sich Ihr neues Unternehmen bewegt. Im Normalfall berichten Sie an einen Vorstand oder einen Holding-Geschäftsführer im Mutterunternehmen. Sie sollten dabei trotz der dokumentierten Beherrschungsstellung deutlich auf Ihrer unternehmerischen Unabhängigkeitsposition bestehen – eine enge Führung von Geschäftsführern außerhalb vereinbarter Geschäftsziele und Zielvereinbarungen sollten Sie nicht akzeptieren.

In manchen Fällen werden Sie zunächst keinen Unterschied zwischen der Leitung eines Bereiches und der Geschäftsführung dieses Bereichs als ausgelagerte, eigenständige Rechtseinheit feststellen.

Auch wenn wir die Liste der Stichworte für die Geschäftsführung in Start-up-Unternehmen durchgehen, kann man feststellen, dass folgende Punkte in Ihrem Aufgabenbereich normalerweise keine Bedeutung haben:

- Cashflow-Berechnung, Liquidität, Factoring
  ... wird komplett von Spezialisten im Konzern übernommen.
- Gesamtkapitalrendite, Exit
  ... der Konzern stellt das Kapital zur Verfügung, Rendite und Ausstieg stehen zunächst nicht im Vordergrund.

Vermögenslage – Bilanz

Die Bilanz gibt Auskunft über die Herkunft der Mittel und ihre Verwendung.[14] Da meistens alle Mittel von der Muttergesellschaft stammen, kann die so genannte Passivseite der Bilanz (Mittelherkunft) extrem schlank sein. Auch die Aktivseite (Mittelverwendung) kann auf wenige Positionen reduziert sein, da in vielen Unternehmen das Betriebsvermögen in ausgelagerten, rechtlich selbstständigen Einheiten gebündelt wird (Beispiele: EDV, Rechenzentren,

Hausverwaltung inklusive Büroeinrichtungen und Telefonanlagen), andererseits auch oftmals die oben genannten Mittel geleast werden und somit der Aufwand für den Gebrauch dieser Mittel direkt in die Gewinn-und-Verlust-Rechnung einfließt. Bei Anschaffung und so genannter Aktivierung dieser Mittel erscheinen diese auf der Aktivseite der Bilanz; der Aufwand für den Gebrauch (AfA – Aufwand für die Abnutzung), fließt über die Abschreibungen in die Gewinn-und-Verlust-Rechnung.

Die Aktiva und Passiva werden nach Liquiditätsgesichtspunkten in mittel- und langfristige Posten sowie in kurzfristige Posten gegliedert. Dabei sind diejenigen Bilanzposten kurzfristig, die innerhalb von zwölf Monaten nach dem Bilanzstichtag fällig werden beziehungsweise in Geld umgewandelt werden können. Die Bilanz unseres neuen, ausgelagerten Unternehmens kann so völlig unspektakulär aussehen (Tabelle 13).

Tabelle 13: **Bilanzpositionen des ausgelagerten Tochterunternehmens**

Bilanzposition	**31. 12. 2010**	
	Euro	%
Kurzfristig gebundene Vermögenswerte		
– Forderungen aus Lieferungen und Leistungen	10 000	1,0 %
– Forderungen gegen verbundene Unternehmen	990 000	99,0 %
Summe Aktiva	**1 000 000**	**100,0 %**
Kurzfristiges Fremdkapital		
– Sonstige Rückstellungen	300 000	30,0 %
– Verbindlichkeiten	657 500	65,8 %
Summe Kurzfristiges Fremdkapital	**957 500**	**95,8 %**
Netto-Umlaufvermögen	42 500	4,3 %
Lang- und mittelfristiges Fremdkapital		
– Pensionsrückstellungen	17 500	1,8 %
Eigenkapital	25 000	2,5 %
Summe Passiva	**1 000 000**	**100,0 %**

Die Forderungen aus Lieferungen und Leistungen betreffen die noch nicht eingegangenen Zahlungen aus der Verrechnung von Leistungen an Externe, die

Forderungen gegen verbundene Unternehmen dagegen die Forderungen gegenüber der Mutter- sowie den Schwestergesellschaften. Damit ist die Liste der Aktiva schon abgeschlossen, es sind sogar keinerlei Barmittel ausgewiesen, da das Cash-Management bei der Mutter gebündelt wird. Die Summe auf jeder Seite der Bilanz ist – bildlich gesprochen – gleich; Aktivposten und Passivposten müssen sich jeweils zum selben Betrag aufsummieren (Bilanzsumme).

Das kurzfristige Fremdkapital betrifft hier die Übernahme und Neubildung von Personalrückstellungen und Verbindlichkeiten für eingekaufte Fremdleistungen, die noch nicht abgetragen wurden. Rückstellungen werden gebildet, um Aufwendungen, die wirtschaftlich in das abgelaufene Geschäftsjahr gehören, aber noch nicht getätigt wurden, richtig zuzuordnen und so ein den tatsächlichen Verhältnissen entsprechendes Bild der Ertragslage der Gesellschaft zu zeichnen. Rückstellungen werden gegen die Gewinn-und-Verlust-Rechnung gebucht und erhöhen den Aufwand. Diese wichtige Bilanzposition wird oftmals zur Feinsteuerung des Gewinns eingesetzt.

Exkurs

In den achtziger Jahren flog in einem Bereich eines deutschen Konzerns die Praxis auf, Kostenpositionen alter Projekte auf neue Projekte zu übertragen, um die abgelaufenen Projekte positiv darzustellen. Als neue Projekte ausblieben, blieb man auf einem Wertberichtigungsvolumen in Höhe des Jahresüberschusses des Gesamtkonzerns sitzen. Durch die gezielte Auflösung von Rückstellungen, die im entsprechenden Geschäftsjahr 17 Prozent der Bilanzsumme darstellten, konnten alle Bereiche den kompletten Jahresüberschuss »wiederherstellen«. Dies zeigt einerseits die Bedeutung von Rückstellungen als Bilanzposition, andererseits auch die Bedeutung der durch kaufmännische Vorsicht geschaffenen Reserven eines gesunden Unternehmens.

Als lang- und mittelfristiges Fremdkapital sind hier lediglich die Pensionsrückstellungen für die Mitarbeiter eingestellt. Das Eigenkapital entspricht der Mindestsumme von Gesellschaften mit beschränkter Haftung (GmbH) von 25 000 Euro.

Saldiert man die internen Verrechnungen auf der Aktiv- und der Passivseite, so erhält man eine »Mini-Bilanz« eines kleinen Unternehmens ohne Betriebsvermögen. Die Gewinn-und-Verlust-Rechnung gibt da schon eher Auskunft über die tatsächlichen Volumina des Geschäfts. Tabelle 14 umfasst die wichtigsten Positionen unseres Unternehmens.

Tabelle 14: **Gewinn-und-Verlust-Rechnung des ausgelagerten Tochterunternehmens**

Aufwands- und Ertragspositionen	**31. 12. 2010**	
	Euro	%
Umsatzerlöse	120 000	100,0 %
Sonstige betriebliche Erträge	0	0,0 %
Summe Erträge	**120 000**	**100,0 %**
Materialaufwand	8 500	7,1 %
Personalaufwendungen	1 200 000	1 000,0 %
Sonstige betriebliche Aufwendungen		
– Werbekosten	100 000	83,3 %
– Allgemeine Vertriebs- und Verwaltungskosten	1 200 000	1 000,0 %
– Sonstige Vertriebs- und Verwaltungskosten	190 000	158,3 %
– Betriebliche Steuern	1 500	1,3 %
Summe Aufwendungen	**2 700 000**	**2250,0 %**
Betriebsergebnis	-2 580 000	-2 150,0 %
Finanzergebnis	-25 800	-21,5 %
Jahresergebnis vor Verlustübernahme	-2 605 800	-2 171,5 %
Erträge aus Verlustübernahme	2 605 800	2 171,5 %
Jahresüberschuss/Jahresfehlbetrag	**0**	**0,0 %**

Die Umsatzerlöse stellen bescheidene Erträge dar, die aus der Leistungserstellung mit Externen resultieren. Die meisten Positionen der GuV sind selbsterklärend. Der größte Teil der Allgemeinen Vertriebs- und Verwaltungskosten beinhaltet Aufwendungen im Zusammenhang mit Beratungen und Fremdleistungen bei der Entwicklung von IT-Projekten. Das hier dargestellte Unternehmen hat – vertretbarerweise – alle durch die Programmierung von Websites verursachten externen Kosten direkt »in die Kosten« gebucht und keine Aktivierung vorgenommen. Die betrieblichen Steuern beinhalten kleinere Kostensteuer-Positionen wie etwa die Kraftfahrzeugsteuer auf den Firmenwagen des Geschäftsführers. Das negative Finanzergebnis kommt durch die laufenden Verrechnungen von Zinserträgen und Zinsaufwendungen zustande. Der gesamte Verlust wird durch das Mutterunternehmen getragen.

Aus der Analyse der Gewinn-und-Verlust-Rechnung können nur wenige Schlussfolgerungen gezogen werden. Als ersten Erfolg kann man werten, dass mit der eigenen Belegschaft Leistungen erstellt werden (Personalaufwendungen 1,2 Millionen Euro), denen nur noch von außen bezogene Leistungen in gleicher Höhe gegenüberstehen.

Die beschränkte Aussagekraft dieser GuV wird vor allem durch die aufgezeigten Verhältniszahlen zur Summe der Erträge deutlich. Die Muttergesellschaft hatte im ersten Jahr des Unternehmens die Verluste pauschal übernommen. Tabelle 15 zeichnet ein aussagekräftiges Bild durch die »virtuelle« Einbuchung von Erträgen in Höhe des Verlustes in der Position Sonstige betriebliche Erträge.

Tabelle 15: **Modifizierte Gewinn-und-Verlust-Rechnung des ausgelagerten Tochterunternehmens**

Aufwands- und Ertragspositionen	**31. 12. 2010**	
	Euro	%
Umsatzerlöse	120000	4,4 %
Sonstige betriebliche Erträge	2605800	95,6 %
Summe Erträge	**2725800**	**100,0 %**
Materialaufwand	8500	0,3 %
Personalaufwendungen	1200000	44,0 %
Sonstige betriebliche Aufwendungen		
– Werbekosten	100000	3,7 %
– Allgemeine Vertriebs- und Verwaltungskosten	1200000	44,0 %
– Sonstige Vertriebs- und Verwaltungskosten	190000	7,0 %
– Betriebliche Steuern	1500	0,1 %
Summe Aufwendungen	**2700000**	**99,1 %**
Betriebsergebnis	25800	0,9 %
Finanzergebnis	-25800	-0,9 %
Jahresergebnis vor Verlustübernahme	0	0,0 %
Erträge aus Verlustübernahme	0	0,0 %
Jahresüberschuss/Jahresfehlbetrag	**0**	**0,0 %**

Das gewählte Gesamtkostenverfahren zeigt den Anteil der großen Kostenblöcke an der Summe der Erträge (das alternative Umsatzkostenverfahren würde Aufwand und Ertrag nach Sparten oder Geschäftsfeldern gliedern). Die Erkenntnisse aus der modifizierten GuV sind nun wesentlich griffiger. Die Verhältniszahlen zeigen nun die tatsächliche Aufteilung zwischen eigenen Personalaufwendungen und Fremdleistungen. Doch welcher Anteil der Allgemeinen Vertriebs- und Verwaltungskosten beinhaltet Aufwendungen für Fremdleistungen, ist also nicht als klassischer Overhead einzustufen? Und welche internen Kunden haben welche Leistungen in Anspruch genommen, und welcher Verrechnungspreis wäre dafür angemessen?

Ihre Hauptaufgabe bei der betriebswirtschaftlichen und finanziellen Planung und Steuerung besteht sicherlich darin, die erbrachten Leistungen und die entsprechenden Kosten transparent zu machen und Marktpreise oder marktähnliche Preise für die Leistungen zu kalkulieren. Mit der Erstellung von Bilanz und GuV werden Sie wenige Male im Jahr von den Spezialisten Ihrer Muttergesellschaft konfrontiert und meist vor vollendete Tatsachen gestellt. Bei der Bewältigung der skizzierten Aufgabe ist es wesentlich wichtiger, sich mit dem entsprechenden Controlling-Instrumentarium auseinander zu setzen.

Stichworte: Neuaufbau von Tochterunternehmen/Outsourcing

- Aufbau und Inhalt eines Jahresabschlussberichts
- Negativfeststellung gemäß § 321 Abs. 1 Satz 3 HGB
- Bestätigungsvermerk
- D&O-Versicherung
- Beherrschungs- und Gewinnabführungsvertrag
- Aktiv- und Passivseite der Bilanz
- Sortierung nach Liquiditätsgesichtspunkten
- Forderungen
- Rückstellungen
- Fremd- und Eigenkapital
- Gewinn-und-Verlust-Rechnung
- Buchung »in die Kosten« versus Aktivierung
- Betriebsergebnis
- Finanzergebnis
- Gesamtkostenverfahren
- Umsatzkostenverfahren

Unit-Geschäftsführung in Familienunternehmen

Familienunternehmen, die mehrere voneinander rechtlich getrennte Einheiten für ihren Geschäftsbetrieb eingerichtet haben, können in den meisten Fällen auf eine langjährige Historie zurückblicken. Im Zuge von Nachfolgeregelungen, Diversifikation und Internationalisierung ist in den letzten Jahren zu beobachten, dass auch familienfremde Manager/-innen in die Geschäftsführung von Familienunternehmen berufen werden.

Die Familientradition lebt dennoch weiter, und oftmals sind Gründungs- und Unternehmerpersönlichkeiten noch im Unternehmen aktiv, sei es in operativen Einheiten, in der Holding oder im Aufsichtsrat. Unsere Beobachtung ist, dass in Familienunternehmen vielfach eine freundlichere und persönlichere Atmosphäre herrscht. Andererseits konnten wir in manchen Fällen auch feststellen, dass der Faktor Kapital (der Familie) im Vergleich zum Faktor Arbeit (von angestellten Managern) deutlich höher bewertet wird. Dies kann dazu führen, dass in Familienunternehmen angestellten Geschäftsführern oder -führerinnen lediglich in gewissen Grenzen Freiräume gewährt werden.

Exkurs

Konkret kann dies zum Problem werden, wenn familienfremde Manager/-innen Geschäftsbereiche entwickeln, die signifikant wachsen und erfolgreich sind, und wenn es darum geht, welcher Anteil an den erwirtschafteten Gewinnen neben der üblichen Vergütung für die familienfremden Geschäftsführer/-innen angemessen ist. Eine gelungene Lösung ist die Beteiligung strategisch wichtiger Geschäftsführer/-innen am Unternehmen. Um die (Familien-)Mehrheitsverhältnisse nicht zu beeinträchtigen, können auch stille Kapitalbeteiligungen sinnvoll sein.

Die dargestellten Problempotenziale behindern aber im Normalfall nicht den operativen Geschäftsalltag. Allerdings wird der Gewinn der von Ihnen geführten Unit häufig über Verrechnungspreise zwischen den verschiedenen Gesellschaften des Unternehmens gesteuert. Auch ist es üblich, für die Leistungen einer Holding eine so genannte Dienstleistungsgebühr zu erheben. Oftmals stehen steuerliche Gründe bei der Bemessung der Höhe all dieser Verrechnungen im Vordergrund.

Ganz wichtig ist es, dass im Controlling die tatsächliche Wirtschaftlichkeit der Leistungserbringung Ihrer Unit deutlich wird. Absolute Transparenz sollte im Vordergrund stehen; verschleierungstechnische Kompromisse sind oftmals nicht hilfreich.

Gerade für familienfremde Geschäftsführer/-innen hat es sich als besonders wichtig erwiesen, in einen systematischen Strategiebildungsprozess gemeinsam mit den Familienmitgliedern einbezogen zu werden. Die einzelnen Facetten der Strategie-Tools werden in Kapitel 3 beleuchtet. Hier soll auf die Verankerung strategischer Erfolgsfaktoren im Berichtswesen näher eingegangen werden. Jede Integration von qualitativen Kenngrößen, die das Zahlenwerk der direkt messbaren Kenngrößen ergänzen, ist begrüßenswert.

Die Entwicklung der so genannten Balanced Scorecard von Robert S. Kaplan von der Harvard Business School und von David Norton erfolgte, um die einseitige Ausrichtung des Berichtswesens auf finanzielle Aspekte durch die systematische Einführung von zusätzlichen Perspektiven aufzuheben.[15]

Kaplan und Norton beschreiben die neue Qualität ihres Konzepts wie folgt: »Die Balanced Scorecard behält die traditionellen finanziellen Messgrößen bei. Aber Finanzzahlen spiegeln die Vergangenheit wider. Dies war für Unternehmen des Industriezeitalters ausreichend, wo Investitionen in langfristige Kapazitäten und Kundenbeziehungen nicht die hauptsächlichen Erfolgsfaktoren waren. Für Unternehmen des Informationszeitalters jedoch reichen diese finanziellen Messgrößen nicht mehr aus, um die Wettbewerbsfähigkeit des Unternehmens zu beurteilen und zu steuern, die durch Investitionen in Kunden, Lieferanten, Mitarbeiter, Prozesse, Technologien und Innovationen zukünftigen Wert generieren.«[16]

Abbildung 28: Die vier Perspektiven einer Balanced Scorecard

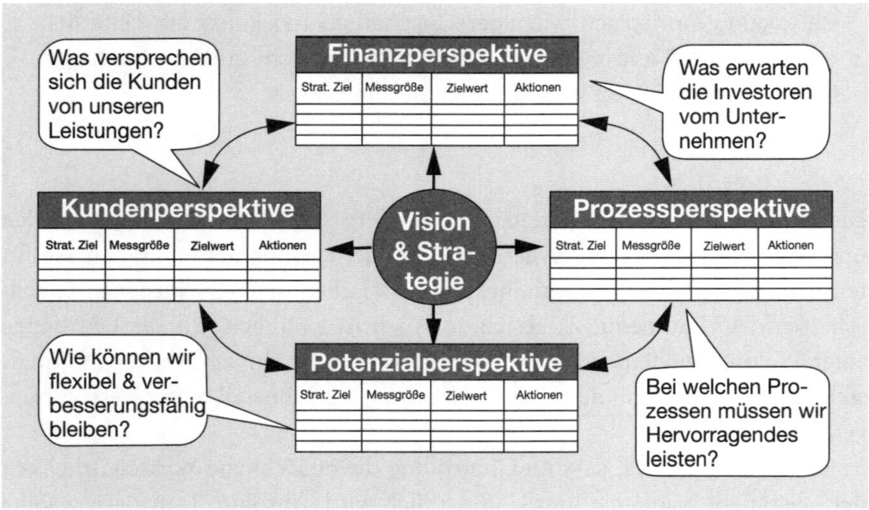

Aus diesem Grund haben Kaplan und Norton vier verschiedene Perspektiven zur Bewertung der Aktivitäten eines Unternehmens eingeführt:[17]

- Finanzperspektive,
- Kundenperspektive,
- Prozessperspektive,
- Potenzialperspektive.[18]

Die Hauptfragen, die hinter den vier Perspektiven stehen, sind in Abbildung 28 dargestellt. In der Skizze wird deutlich, dass die strategischen Ziele mit operationalen Messgrößen, Zielwerten und Aktionen verknüpft werden.

Eine erhebliche Erleichterung für die Überprüfung der Ergebnisse zeigt die Nachzeichnung des so genannten Data Cockpits eines Unternehmens in Abbildung 29. Es wurde hier ausnahmsweise mehr Wert auf die Authentizität der Abbildung als auf die Lesbarkeit der einzelnen Messgrößen und Zielwerte gelegt. In einer farbigen Darstellung würde deutlich, welche Parameter im grünen Bereich sind. Das »Soll« ist jeweils blau eingefärbt, das »Ist« in den Ampelfarben Grün, Gelb und Rot. Bei der Mitarbeiterperspektive (im Beispiel oben rechts) liegt die Abweichung nach unten noch im Toleranzbereich. Die beiden Grafiken links weisen die abweichenden Ist-Linien in Rot aus. So genannte »Drill-down«-Funktionalitäten erlauben es dem Management, sich bei Fehlentwicklungen (rot) per Mausclick eine Ebene tiefer über die Hintergründe der Probleme zu informieren und entsprechende Gegenmaßnahmen einzuleiten.

Abbildung 29: Darstellung des Data Cockpits einer Balanced Scorecard

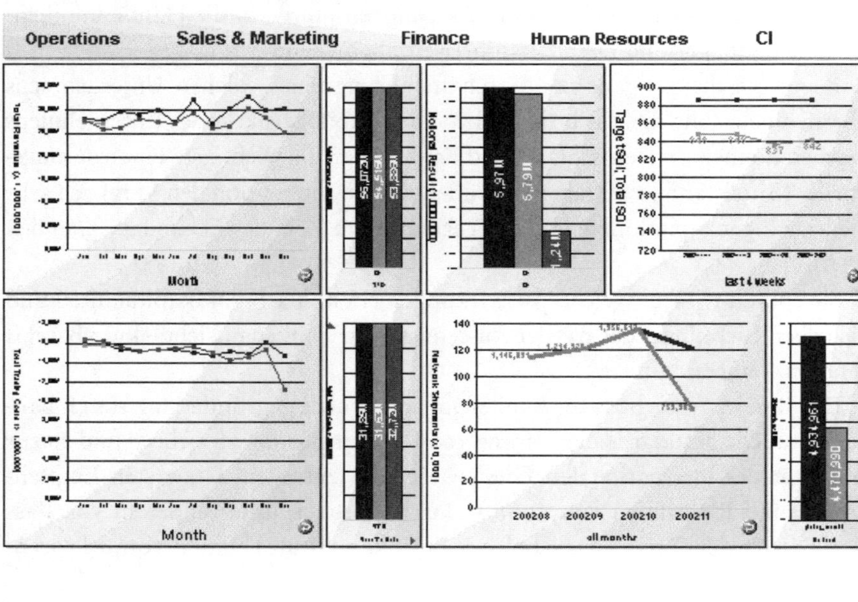

Stichworte: Unit-Geschäftsführung in Familienunternehmen

- Spezifika von Familienunternehmen
- Verrechnungspreise
- Dienstleistungsgebühr
- steuerliche Aspekte zur Gewinnsteuerung
- Wichtigkeit von Controlling
- Balanced Scorecard
- Finanzperspektive
- Kundenperspektive
- Prozessperspektive
- Potenzialperspektive
- Data Cockpit
- Ampel-Funktionalität (grün – gelb – rot)
- »Drill-down«-Funktionalität

Geschäftsführung in mittelständischen Unternehmen

Fast die Hälfte der Wertschöpfung der deutschen Volkswirtschaft wird von Unternehmen mit bis zu 500 Beschäftigten und mit maximal 50 Millionen Euro Jahresumsatz erbracht. Viele mittelständische Unternehmer stehen vor der Aufgabe, ihr Unternehmen in den nächsten Jahren in die Hände familienfremder Manager und Geschäftsführer zu übergeben.

Bevor Sie die Aufgabe der Geschäftsführung eines solchen Unternehmens übernehmen, sollten Sie sich ein Bild von der Kapitalstruktur des Unternehmens machen können. In Deutschland sind Bankkredite die wichtigste Finanzierungsquelle. Mittelständler verfügen hier über eine im internationalen Vergleich sehr niedrige Eigenkapitalquote (14,4 % gegenüber 32 % in der EU und 45 % in den USA).[19]

Sie sollten wissen, welche Auswirkungen ein hoher Fremdkapitalanteil und die neuen Richtlinien des Baseler Ausschusses für Bankenaufsicht – kurz Basel II genannt – haben können.

Der Baseler Ausschuss für Bankenaufsicht wurde gegründet, um durch bankenrechtliche Standards die Solvenz von Kreditinstituten zu sichern und so zur Stabilität des internationalen Finanzwesens beizutragen. Die ersten Empfehlungen und Richtlinien von 1988 – Basel I – sahen unter anderem vor, dass eine Bank jeden Kredit pauschal mit Eigenkapital im Umfang von 8 Prozent des Kreditbetrags unterlegen musste, unabhängig vom individuellen Risiko eines Kreditengagements.

Die bankspezifische Risikosituation war für Außenstehende, wie beispielsweise für Aufsichtsbehörden, nur schwer erkennbar, die pauschale Eigenkapitalunterlegungspflicht trug nur ungenügend zu einer nachhaltigen Stabilisierung der internationalen Finanzmärkte bei. Nach Basel II sollte sich folglich der Umfang der Eigenkapitalunterlegung an der individuellen Bonität eines Kreditnehmers orientieren. Die daraus resultierende und vorgeschriebene Bewertung der Kreditwürdigkeit eines Schuldners wird seitdem auf der Basis von so genannten Ratings durchgeführt. Nachdem die europäische Union die Baseler Vorgaben in Form von Richtlinien in europäisches Recht umgesetzt hat, dürfen Banken grundsätzlich keine Kredite mehr ohne ein Rating vergeben.

Für den Mittelstand in Deutschland bedeutete dies, sich seit dem In-Kraft-Treten der Bestimmungen zum 1. Januar 2007 mit den Anforderungen, Kriterien und Abläufen eines Ratings intensiv auseinander zu setzen und die für ein Rating notwendigen Unterlagen, die in der Regel die vergangenen drei Jahre dokumentieren müssen, entsprechend aufzubereiten.

Nicht erst seit der Finanzkrise 2008/2009 ist die zentrale Frage für Sie als neue/r Geschäftsführer/-in demnach, wie hoch die Abhängigkeit des Unternehmens von Bankkrediten ist. Neben dem Blick in die Bilanz können Sie sich am besten darüber ein Bild machen, wenn Sie sich die Dokumentation anschauen, die die Bonität in einem Ratingunternehmen unter Beweis stellen soll.

Die wichtigsten Bausteine zur Beurteilung der Bonität sind sowohl die finanzwirtschaftlichen Kennzahlen als auch die so genannten qualitativen Erfolgsfaktoren eines Unternehmens. Im Einzelnen werden die folgenden Bereiche analysiert:[20]

- *Unternehmensentwicklung*: Vergangene und prognostizierte Unternehmensentwicklung, um mit dauerhaft erwirtschafteten Erträgen Zins- und Tilgungszahlungen leisten und anderen Finanzierungsbedarf decken zu können.
- *Kapitalstruktur* und Wahrscheinlichkeit, dass unvorhergesehene Umstände die Kapitaldecke aufzehren, was dann zur Zahlungsunfähigkeit führen könnte.
- *Qualität der Einkünfte*, das heißt der Grad, zu dem die Einkünfte und der Cashflow des Kreditnehmers aus dem Kerngeschäft und nicht aus einmaligen, nicht wiederkehrenden Quellen stammen.
- *Fremdfinanzierungsgrad* und Auswirkungen von Nachfrageschwankungen auf Rentabilität und Cashflow unter Einbeziehung von Ersatzfinanzierungen wie Leasing.
- *Grad der finanziellen Flexibilität*, das heißt der Fähigkeit, sich über Fremd- und Eigenkapitalmärkte zusätzliche Mittel zu beschaffen.

- *Managementstärke* und -fähigkeit, auf veränderte Bedingungen effektiv zu reagieren, Ressourcen optimal einzusetzen sowie risikobewusst zu agieren.
- *Markt- und Wettbewerbsposition* sowie Produkt- und Leistungsangebot des Unternehmens einschließlich zukünftiger Aussichten.

Detaillierte Fragen, die jeweils zur Beurteilung der aufgezeigten Analysebereiche herangezogen werden, sind in diesem Kapitel an späterer Stelle (S. 201 ff.) dargestellt.

Stichworte: Geschäftsführung in mittelständischen Unternehmen

- Kapitalstruktur
- Fremdkapitalanteil
- Basel II
- Eigenkapitalunterlegungspflicht der Banken
- Bonität
- Ratingkriterien (quantitativ und qualitativ)
- Unternehmensentwicklung
- Kapitalstruktur
- Qualität der Einkünfte
- Informationen
- Fremdfinanzierungsgrad
- Grad der finanziellen Flexibilität
- Managementstärke
- Markt- und Wettbewerbsposition

Geschäftsführung einer internationalen Konzerntochter

Der Geschäftsführung eines Tochterunternehmens eines börsennotierten internationalen Konzerns, der beispielsweise von London aus gesteuert wird, werden bei der finanziellen Planung und Steuerung oftmals Restriktionen auferlegt, die auf den ersten Blick überraschend sein können. Die Kapitalmarktorientierung des Gesamtunternehmens bedingt, dass Sie als Geschäftsführer/-in einer Tochtergesellschaft vereinbarte Zielgrößen für Umsätze und Erträge strengstens einzuhalten haben. Zuverlässigkeit und Berechenbarkeit sind für die Akteure an den Kapitalmärkten wichtige Eckpfeiler für die Beurteilung eines Unternehmens und damit für die erfolgreiche Entwicklung des Aktienkurses.

Wenn sich im Gesamtkonzern beispielsweise wenige Wochen vor Quartalsende abzeichnet, dass sich die Geschäfte nicht wie geplant entwickeln, können auch sehr kurzfristige Kostenbremsmanöver angeordnet werden. So ist es keine Seltenheit, dass die Kostenpositionen, die ganz kurzfristig beeinflusst werden können, regelrecht »verbannt« werden; ein Beispiel hierfür sind Reisekosten, insbesondere Flüge. Wenn Sie solche Geschäftspraktiken noch nicht kennen, kann Sie ein solcher »travel ban« durchaus in Ihrem Selbstverständnis als frei und unabhängig agierende/r Geschäftsführer/-in empfindlich treffen.

Um ein besseres Verständnis für diese Aktionen zu erzeugen, möchten wir hier kurz die Hintergründe der finanziellen Planung und Steuerung in global agierenden Konzernen im Hinblick auf Institutionen der internationalen Kapitalmärkte beleuchten.

Der Erfolg des Vorstandsvorsitzenden eines Gesamtkonzerns wird daran gemessen, wie sich der Wert des Unternehmens unter seiner Verantwortung entwickelt. Ein prominentes Beispiel wurde in Kapitel 3 erwähnt: Jack Welch erhöhte den Unternehmenswert von General Electric innerhalb von 20 Jahren nach seinem Amtsantritt um 567 Prozent.

Die wichtigsten »Spieler« im »Kapitalmarktspiel« um die höchste Wertsteigerung sind neben dem Unternehmen selbst die institutionellen Anleger, die Analysten der Banken und die Medien. Deren Situation und Motivation ist sehr unterschiedlich. Wir skizzieren im Folgenden diese drei Gruppen anhand der Aspekte Finanzen/Motivation, Zeithorizont sowie Besonderheiten.

Medien wie zum Beispiel Zeitungen und TV-Sender finanzieren sich über den Verkauf von Werbung, wobei die Erlöse stark von der Auflage und der Reichweite beziehungsweise von den Einschaltquoten abhängen. Sie sind ständig auf der Suche nach einer »Story« und haben dabei eine extrem kurzfristige Perspektive, meist nur 24 Stunden. Diese Aktualität macht es schwierig, Einfluss auf die Agenda zu nehmen. Eine sorgsam eingefädelte Pressekonferenz mit positiven Meldungen wird durch die aktuellere Katastrophe eines anderen Unternehmens einfach verdrängt.

Analysten in Bankinstituten sind daran interessiert, den Handel zu stimulieren. Ihr Einkommen ist die Marge beim Handel mit Wertpapieren. Analysten sind meist auf einen Industriesektor spezialisiert und beobachten alle Marktteilnehmer in diesem Segment. Sie haben die klassische Quartalsperspektive, die oftmals für die kontinuierliche Entwicklung der Geschäfte nicht besonders hilfreich ist. Die Interessenkonflikte von Analysten in Banken liegen auf der Hand: Einerseits sollen sie keine interessengeleiteten Studien erstellen, andererseits sind sie als Angestellte von ihrem Arbeitgeber abhängig. Regelrechter Missbrauch wurde in einigen Fällen vor Gericht gebracht; mehr oder weniger gezielte Indiskretionen von Analysten, die dem involvierten Bankinstitut nutzten, hinterließen zumindest einen faden Nachgeschmack.

Institutionelle Anleger verwalten die Gelder von Institutionen wie Fonds und Versicherungsgesellschaften. Teilweise sind diese der breiten Öffentlichkeit völlig unbekannt, aber sehr mächtig – wie beispielsweise der Schottische Witwenfonds, der beinahe 2 Prozent am Aktienkapital des größten europäischen Unternehmens hält. Die Vergütung der professionellen Geldmanager richtet sich nach dem Umfang der Fonds, die sie betreuen. Sie werden daran gemessen, wie sich der Wert ihrer Fonds im Vergleich mit den diversen Indizes (»Benchmarks«) entwickelt. Da der Kauf und Verkauf von Papieren Gebühren kostet, die das Fondsvermögen mindern, ist der Zeithorizont von institutionellen Anlegern deutlich weiter gesteckt; er bewegt sich gemeinhin in einer Spanne von sechs Monaten bis drei Jahren. Für sie ist daher ein Höchstmaß an Zuverlässigkeit und Berechenbarkeit der Unternehmen wichtig, für deren Aktien sie sich entscheiden. Bei institutionellen Anlegern sind deutliche Globalisierungstendenzen und Konzentrationsprozesse zu beobachten.

Exkurs

Oftmals vereinen die zehn größten institutionellen Anleger bereits ein Aktienkapital in Höhe der Sperrminorität von 25 Prozent auf sich. Dadurch haben sie eine bedeutende Machtposition. Im Jahr 2004 kam es bei der Hauptversammlung der DaimlerChrysler AG dazu, dass die drei größten Fondsgesellschaften nicht nur deutliche Kritik an der Strategie des Vorstands übten, sondern eine dieser Fondsgesellschaften sogar dem Vorstand die Entlastung versagte.

Die Wichtigkeit der Institutionellen wird auch noch in einem anderen Punkt deutlich. Der absolute Anteil der privaten Kleinanleger beträgt oftmals weniger als die Hälfte oder gar weniger als ein Viertel des Aktienkapitals. So wirken sich Handelsaktivitäten von institutionellen Anlegern, die entsprechend größere Volumina bewegen können, zum Teil sehr stark auf die Kurse der Papiere aus.

Da der Börsenwert eines Unternehmens die abgezinsten zukünftigen Erträge des Unternehmens abbildet, ist für die Verkaufs- oder Kaufentscheidung institutioneller Anleger neben der Analyse der aktuellen Situation vor allem die Evaluation der zukünftigen Leistungsstärke (»Performance«) ausschlaggebend. Dabei sind qualitative Parameter besonders wichtig. Dazu gehören beispielsweise Faktoren wie

- die strategische Klarheit und der Fokus des Unternehmens,
- Qualität und Effektivität des Managements,
- Marktdurchdringung, Standing und Markteintrittsbarrieren,
- Transparenz und Sicherheit,
- Technologie und Innovation,
- Einzigartigkeit.

Die aktuelle Performance wird hauptsächlich an den Größen Wachstum, Qualität der Profite und Höhe der Gewinne (»returns«) gemessen. Bezüglich des Wachstums stehen Gesamtvolumina sowie der Ertrag pro Aktie (»earnings per share« – EPS) im Vordergrund, zur Beurteilung der Qualität der Profite werden Cashflow und Margen ebenso herangezogen wie die Vorhersehbarkeit und die kontinuierliche Erzeugung der Gewinne. Der Ertrag auf das eingesetzte Kapitel (»return on capital employed« – ROCE) wird im Vergleich mit den durchschnittlichen Kapitalkosten (»weighted average cost of capital – WACC) beurteilt.

Zur Einschätzung des aktuellen Aktienkurses und seines Entwicklungspotenzials wird der Aktienkurs zu unterschiedlichen Messgrößen ins Verhältnis gesetzt. Diese sorgen dafür, dass Papiere aus unterschiedlichen Bereichen vergleichbar werden; im Einzelnen zählen dazu

- das Kurs-Gewinn-Verhältnis (KGV) – price to earnings,
- die Kurs-Dividenden-Rendite – price to dividend,
- das Kurs-Buchwert-Verhältnis – price to book,
- das Kurs-Cashflow-Verhältnis – price to cashflow,
- das Kurs-EBITDA-Verhältnis – price to EBITDA.

Abbildung 30: Wertentwicklung einer Aktie bei EPS von 7 Prozent p. a.

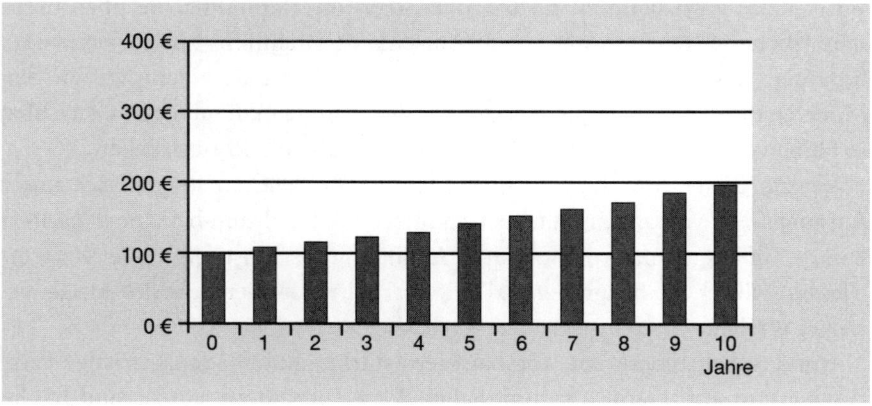

Neben diesen Verhältniszahlen spielt Wachstum bei der Beurteilung des Kurspotenzials eines Papiers eine absolut zentrale Rolle. Betrachten wir dazu die Entwicklung eines Papiers, das in zehn Jahren pro Aktie sieben Prozent jährlich verdient (earnings per share). Spiegelt sich dieser Gewinn im Kurs exakt wider, so erhöht sich der Wert der Aktie, wie in Abbildung 30 dargestellt, auf etwa das Doppelte.
Ein um 5 Prozentpunkte auf 12 Prozent gesteigertes Ertragswachstum resultiert in einer Wertanhebung auf mehr als das Dreifache, das heißt, die jährlich um 12 Prozent steigenden Erträge kumulieren sich in zehn Jahren auf 210,60 Euro (Abbildung 31).

Abbildung 31: Wertentwicklung einer Aktie bei EPS von 7 Prozent p. a. (dunkel) und 12 Prozent p. a. (hell)

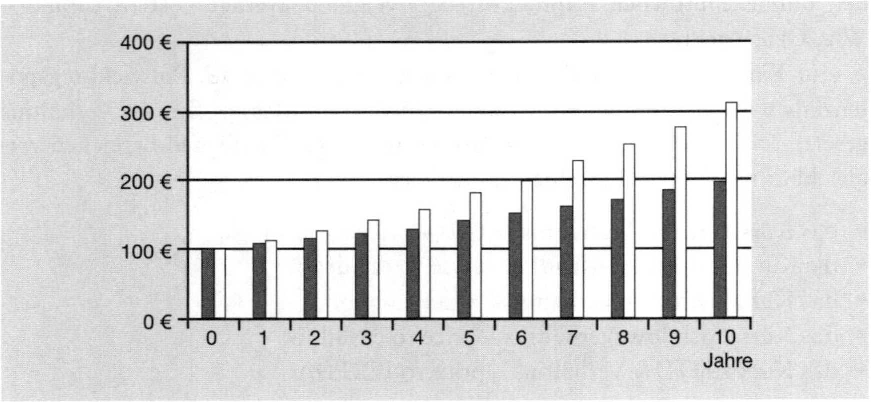

Die Motivation, sich deutlich besser als der Durchschnitt des Marktes zu entwickeln, wird dadurch noch größer, dass die Kapitalmärkte überdurchschnittliches Wachstum mit einem Aufschlag (»premium«) honorieren. Das bedeutet, dass sich durch das Spiel von Angebot und Nachfrage an den Märkten der Preis der Papiere verteuert; dies könnte man mit einem Zuschlag in Höhe von x Prozent auf die Wertsteigerung als solche ausdrücken.

Beträgt dieser Aufschlag beispielsweise 25 Prozent, so steigert sich unser Ausgangswert von angenommenen 100 Euro nochmals um beinahe denselben Betrag auf insgesamt 404,60 Euro. Abbildung 32 illustriert diese Wertentwicklung durch die hellgrauen Balken. Hier wird das Vierfache des Ausgangswertes erreicht.

Um das Augenmerk von Topmanagern stärker auf eine längerfristige Perspektive und auf überdurchschnittliches Wachstum auszurichten, sind häufig

Abbildung 32: **Wertentwicklung einer Aktie bei EPS von 7 Prozent p. a. und bei EPS von 12 Prozent p. a. unter Berücksichtung eines Aufschlags von 25 Prozent (hellgrau)**

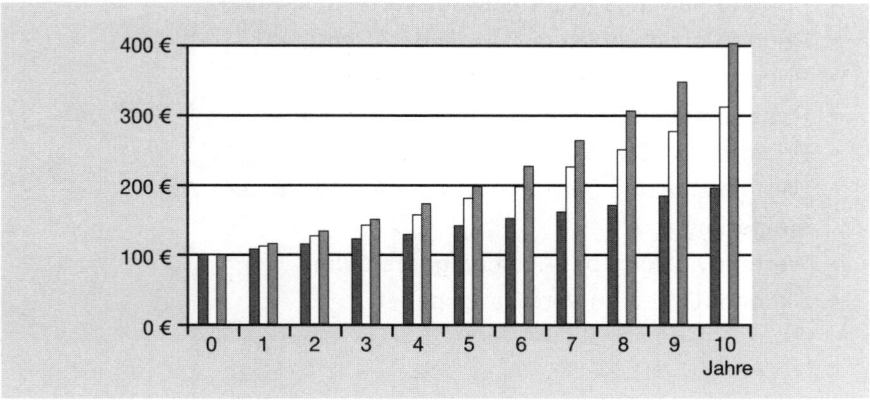

Aktienoptionen Teil des Pakets der Gesamtvergütung von Gesamt-Geschäftsführern und Vorständen. Wenn auch Sie als Geschäftsführer/-in des Tochterunternehmens einen Teil Ihrer Bezüge an den zukünftigen Wert des Gesamtkonzerns knüpfen können, wird Ihnen der anfangs skizzierte Freiheitsverlust im Bereich der finanziellen Planung und Steuerung wahrscheinlich nicht mehr ganz so schwerwiegend erscheinen.

Stichworte: Geschäftsführung einer internationalen Konzerntochter

- Kapitalmarktorientierung
- Kurzfristige Kostenbremsmanöver
- Wertsteigerung
- Rolle von institutionellen Anlegern
- Rolle von Analysten
- Rolle von Medien
- Qualitative Evaluationsparameter
- Quantitative Evaluationsparameter
- Wachstum
- Gesamtvolumina
- Earnings per share
- Qualität der Profite
- Cashflow

- Margen
- ROCE versus WACC
- Price to earnings (Kurs-Gewinn-Verhältnis, KGV)
- Price to dividend (Kurs-Dividenden-Rendite)
- Price to book (Kurs-Buchwert-Verhältnis)
- Price to cashflow (Kurs-Cashflow-Verhältnis)
- Price to EBITDA (Kurs-EBITDA-Verhältnis)
- Wertentwicklung bei 7 Prozent versus 12 Prozent Wertsteigerung p. a.
- Wertentwicklung bei Aufschlag (premium)
- Aktienoptionen im Vergütungspaket

Systematisches Wissen zur finanziellen Planung und Steuerung

In diesem Abschnitt erfahren Sie, ...

1. ... aus welchen Hauptpositionen Bilanz, Gewinn-und-Verlust-Rechnung sowie Cashflow-Rechnung bestehen und welche Kennzahlensysteme daraus entwickelt werden.
2. ... was Bilanzpolitik bedeutet und welche Handlungsspielräume es aufgrund von Bilanzierungs- und Bewertungswahlrechten gibt.
3. ... welche innovativen Finanzierungsmöglichkeiten und nationalen sowie internationalen Fördermittel existieren.
4. ... welche Fragen die Banken zur Beurteilung der Bonität eines Unternehmens in Ratingverfahren stellen.

Einführung

Im letzten Abschnitt haben wir Schwerpunkte herausgearbeitet, die aus unserer Erfahrung als Geschäftsführer, Berater und Beiräte für die finanzielle Planung und Steuerung besonders wichtig und beachtenswert erscheinen. Ziel ist es nun, die in den Abschnitten zu den fünf Geschäftsführertypen jeweils verwendeten Daten und Tabellen mit entsprechendem Wissen anzureichern und so aufzubereiten, dass ein gutes Verständnis für das Grundgerüst der skizzierten Finanzwelt entsteht.

Abbildung 33: Finanz-Stichworte für die Geschäftsführertypen 1 bis 5

Kennzahlen Start-up

- EBITDA
- EBIT
- Cashflow-Berechnung
- Umsatzrendite
- Gesamtkapitalrendite
- Break-Even

Kennzahlen der Financiers

- Wachstum
  - Gesamtvolumina
  - Earnings per Share
- Qualität der Profite
  - Cashflow
  - Margen
- ROCE vs. WACC

Bilanz/GuV-Rechnung

- Aktiv- und Passivseite Bilanz
- Liquiditätsaspekte
- Forderungen
- Rückstellungen
- Fremd- und Eigenkapital
- Gewinn-und-Verlust-Rechnung
- Betriebsergebnis
- Finanzergebnis

Basel II/Rating-Kriterien

Quantitativ
- Unternehmensentwicklung

Qualitativ
- Unternehmensführung
- Planung und Steuerung
- Markt und Produkt
- Wertschöpfungskette

Die Stichworte, die wir zu den einzelnen Geschäftsführertypen erarbeitet haben und die nun systematisch vertieft werden sollen, sind in Abbildung 33 zusammengefasst. Daraus entsteht die folgende systematische Gliederung:

Systematisches Wissen zur finanziellen Planung und Steuerung

Übersicht:

Bilanzpositionen und -aufbau

Die Bilanz des ausgegliederten Tochterunternehmens eines Konzerns, die im letzten Kapitel dargestellt wurde, werden wir nun in eine Musterbilanz überführen, wie sie in diversen Lehrbüchern verwendet wird.[21]

Zunächst betrachten wir nochmals die sehr rudimentäre Bilanz des skizzierten Tochterunternehmens (Tabelle 16).

Tabelle 16: Bilanzpositionen der ausgelagerten Tochter auf der Aktivseite

Bilanzposition	**31. 12. 2010**	
	Euro	%
Kurzfristig gebundene Vermögenswerte		
– Forderungen aus Lieferungen und Leistungen	10 000	1,0 %
– Forderungen gegen verbundene Unternehmen	990 000	99,0 %
Summe Aktiva	**1 000 000**	**100,0 %**

Die Aktivseite besteht lediglich aus Forderungen. Sachanlagen und Finanzanlagen, die das Anlagevermögen eines Unternehmens darstellen, fehlen ebenso wie klassische Positionen des Umlaufvermögens wie Vorräte und flüssige Mittel. Vorräte sind im Dienstleistungsbereich eher ungewöhnlich; alle anderen Vermögenswerte (Sach- und Finanzanlagen sowie Liquidität) sind oftmals bei den Konzernmüttern angesiedelt und werden dort auch bilanziert.

Nun statten wir das Unternehmen mit entsprechendem Vermögen und Liquidität aus und erweitern unsere Schulbilanz um die entsprechenden Positionen (Tabelle 17).

Um später realistische Kennzahlen zu erhalten, haben wir die Forderungen von einer Million Euro auf 840 000 Euro reduziert. Zudem haben wir die Positionen des Vorjahres mit eingeführt, um Entwicklungen aufzeigen zu können.

Tabelle 17: Bilanzpositionen der Musterbilanz auf der Aktivseite

Bilanzposition	Berichtsjahr	Vorjahr
	Euro	Euro
Aktiva		
- Sachanlagen	2380000	1960000
- Finanzanlagen	350000	280000
- Vorräte	1540000	2100000
- Forderungen	840000	420000
- Flüssige Mittel	350000	140000
Summe Aktiva	**5460000**	**4900000**

Widmen wir uns nun der Passivseite der Bilanz, das heißt der Herkunft der verwendeten Mittel (Tabellen 18 und 19). Die Eigenkapitalausstattung entspricht mit 25000 Euro der gesetzlichen Mindestgrenze für Gesellschaften mit beschränkter Haftung. Für Tochterunternehmen von Konzernen, die nicht mit Anlagevermögen ausgestattet sind, ist das nicht ungewöhnlich. Gewinne wur-

Tabelle 18: Bilanzpositionen der ausgelagerten Tochter auf der Passivseite

Bilanzposition	31. 12. 2010	
	Euro	%
Kurzfristiges Fremdkapital		
- sonstige Rückstellungen	300000	30,0 %
- Verbindlichkeiten	657500	65,8 %
Summe kurzfristiges Fremdkapital	**957500**	**95,8 %**
Netto-Umlaufvermögen	42500	4,3 %
Lang- und mittelfristiges Fremdkapital		
- Pensionsrückstellungen	17500	1,8 %
Eigenkapital	25000	2,5 %
Bilanzsumme	**1000000**	**100,0 %**

den bisher nicht erwirtschaftet, da die Kosten höher sind als die extern erzielten Erlöse; also fehlen Gewinnrücklagen völlig. Gewinnrücklagen werden aus dem bereits versteuerten Jahresgewinn durch Einbehaltung beziehungsweise Nichtausschüttung von Gewinnanteilen gebildet; diesen Vorgang bezeichnet man als Thesaurierung von Gewinnen (aus dem Griechischen: thesauros = Schatz).

Die Finanzierung erfolgt vollständig über den Konzern, also fehlt die Position Langfristige Verbindlichkeiten; meist sind dies Bankkredite mit Laufzeiten von fünf Jahren und länger.

Statten wir unser Lernunternehmen also »ordentlich« mit Eigenkapital und einer durchschnittlichen Fremdkapitalquote[22] aus (Tabelle 19).

Tabelle 19: **Bilanzpositionen der Musterbilanz auf der Passivseite**

Bilanzposition	**Berichtsjahr**	**Vorjahr**
	Euro	Euro
Passiva		
– Gezeichnetes Kapital	1960000	1400000
– Gewinnrücklage	560000	315000
– Bilanzgewinn	140000	42000
– Rückstellungen	112000	63000
– Langfristige Verbindlichkeiten	2128000	1680000
– Kurzfristige Verbindlichkeiten	560000	1400000
Summe Passiva	**5460000**	**4900000**

In unserem Musterunternehmen werden aus dem Jahresüberschuss 245000 Euro in die Gewinnrücklagen eingestellt, der Bilanzgewinn von 140000 Euro soll in voller Höhe als Dividende ausgeschüttet werden.

Die Zahlenwerte sind auf der Passivseite völlig neu gestaltet, um realistische Verhältnisse eines Unternehmens darzustellen. Die Summe der Positionen auf der Aktivseite (Vermögen) ist immer gleich der Summe der Positionen auf der Passivseite (Kapital). Man spricht auch zusammenfassend von der Bilanzsumme.

Um nun aus einem Jahresabschluss Erkenntnisse über die Vermögens- und die Finanzlage sowie über den Jahreserfolg eines Unternehmens zu gewinnen, müssen die Bilanzpositionen entsprechend aufbereitet werden. Auf der Aktivseite wird das Anlagevermögen nach Sach- und Finanzanlagen differenziert, das Umlaufvermögen wird nach dem Liquiditätsgrad, das heißt nach der Geldnähe seiner Bestandteile in die Gruppen Vorräte, Forderungen und flüssige Mittel gegliedert (Tabelle 20).

Tabelle 20: **Aufbereitete Musterbilanz auf der Aktivseite**

Aktiva	**Berichtsjahr**		**Vorjahr**		**Differenz**
	Euro	%	Euro	%	Euro
– Sachanlagen	2380000	43,6 %	1960000	40,0 %	420000
– Finanzanlagen	350000	6,4 %	280000	5,7 %	70000
Anlagevermögen	**2730000**	**50,0 %**	**2240000**	**45,7 %**	**490000**
– Vorräte	1540000	28,2 %	2100000	42,9 %	-560000
– Forderungen	840000	15,4 %	420000	8,6 %	420000
– flüssige Mittel	350000	6,4 %	140000	2,9 %	210000
Umlaufvermögen	**2730000**	**50,0 %**	**2660000**	**54,3 %**	**70000**
Gesamtvermögen	**5460000**	**100,0 %**	**4900000**	**100,0 %**	**560000**

Auf der Passivseite werden die Kapitalpositionen getrennt nach Eigenkapital und Fremdkapital aufgelistet. Das Eigenkapital setzt sich aus dem gezeichneten Kapital und den Gewinnrücklagen zusammen. Das gezeichnete Kapital entspricht dem im Handelsregister eingetragenen Kapital und ist stets zum Nennwert auszuweisen. Werden bei der Ausgabe von Anteilen wie beispielsweise Stammanteilen oder Aktien höhere Werte als der Nennwert erzielt, fließt der Differenzbetrag in die so genannten Kapitalrücklagen. In unserem Musterunternehmen ist diese Position nicht vorhanden (Tabelle 21).

Bei Aktiengesellschaften bildet somit das Produkt aus Nennwert (beispielsweise 5 oder 50 Euro) und der Anzahl der ausgegebenen Aktien (in Stück) das gezeichnete Kapital. Die Kapitalrücklage wird lediglich beim IPO (Initial Public Offering = Börsengang) gebildet.

Der Aktienkurs, der bei gesunden Unternehmen über dem Quotienten aus Eigenkapital und Anzahl der ausgegebenen Aktien liegt, spiegelt somit den Wert des Unternehmens wider. Anders ausgedrückt, entspricht der Aktienkurs den kumulierten erwarteten zukünftigen Erträgen des Unternehmens, abgezinst auf den Tag der Notierung.

Tabelle 21: **Aufbereitete Musterbilanz auf der Passivseite**

Passiva	**Berichtsjahr**		**Vorjahr**		**Differenz**
	Euro	%	Euro	%	Euro
– Gezeichnetes Kapital	1 960 000	35,9 %	1 400 000	28,6 %	560 000
– Gewinnrücklage	560 000	10,3 %	315 000	6,4 %	245 000
Eigenkapital	**2 520 000**	**46,2 %**	**1 715 000**	**35,0 %**	**805 000**
– Langfristige Rückstellungen	56 000	1,0 %	31 500	0,6 %	24 500
– Langfristige Verbindlichkeiten	2 128 000	39,0 %	1 680 000	34,3 %	448 000
Langfristiges Fremdkapital	**2 184 000**	**40,0 %**	**1 711 500**	**34,9 %**	**472 500**
– Kurzfristige Rückstellungen	56 000	1,0 %	31 500	0,6 %	24 500
– Kurzfristige Verbindlichkeiten	700 000	12,8 %	1 442 000	29,4 %	-742 000
Kurzfristiges Fremdkapital	**756 000**	**13,8 %**	**1 473 500**	**30,1 %**	**-717 500**
Gesamtkapital	**5 460 000**	**100,0 %**	**4 900 000**	**100,0 %**	**560 000**

Die Positionen des Fremdkapitals werden nach Fälligkeit in langfristiges Fremdkapital und kurzfristiges Fremdkapital unterteilt. Der Bilanzgewinn von 140 000 Euro, der in voller Höhe als Dividende ausgeschüttet werden soll, ist im Rahmen der Bilanzaufbereitung den kurzfristigen Verbindlichkeiten zuzuordnen.

Die Blöcke werden zur besseren Vergleichbarkeit nicht nur in absoluten Zahlen und im Vergleich mit dem Vorjahr dargestellt, sondern auch in Prozentzahlen, wobei die Bilanzsumme die Basis (= 100 Prozent) bildet (Tabelle 22).

Tabelle 22: **Aufbereitete Musterbilanz – Aktiv- und Passivseite**

Aktiva	**Berichtsjahr**		**Vorjahr**		**Differenz**
	Euro	%	Euro	%	Euro
– Sachanlagen	2 380 000	43,6 %	1 960 000	40,0 %	420 000
– Finanzanlagen	350 000	6,4 %	280 000	5,7 %	70 000
Anlagevermögen	**2 730 000**	**50,0 %**	**2 240 000**	**45,7 %**	**490 000**
– Vorräte	1 540 000	28,2 %	2 100 000	42,9 %	-560 000
– Forderungen	840 000	15,4 %	420 000	8,6 %	420 000
– flüssige Mittel	350 000	6,4 %	140 000	2,9 %	210 000
Umlaufvermögen	**2 730 000**	**50,0 %**	**2 660 000**	**54,3 %**	**70 000**
Gesamtvermögen	**5 460 000**	**100,0 %**	**4 900 000**	**100,0 %**	**560 000**

Passiva	**Berichtsjahr**		**Vorjahr**		**Differenz**
	Euro	%	Euro	%	Euro
– Gezeichnetes Kapital	1 960 000	35,9 %	1 400 000	28,6 %	560 000
– Gewinnrücklage	560 000	10,3 %	315 000	6,4 %	245 000
Eigenkapital	**2 520 000**	**46,2 %**	**1 715 000**	**35,0 %**	**805 000**
– langfristige Rückstellungen	56 000	1,0 %	31 500	0,6 %	24 500
– langfristige Verbindlichkeiten	2 128 000	39,0 %	1 680 000	34,3 %	448 000
Langfristiges Fremdkapital	**2 184 000**	**40,0 %**	**1 711 500**	**34,9 %**	**472 500**
– kurzfristige Rückstellungen	56 000	1,0 %	31 500	0,6 %	24 500
– kurzfristige Verbindlichkeiten	700 000	12,8 %	1 442 000	29,4 %	-742 000
Kurzfristiges Fremdkapital	**756 000**	**13,8 %**	**1 473 000**	**30,1 %**	**-717 500**
Gesamtkapital	**5 460 000**	**100,0 %**	**4 900 000**	**100,0 %**	**560 000**

Bilanzbeurteilung

Die vorbereitenden Maßnahmen zur Bilanzbeurteilung sind abgeschlossen, die entsprechend aufbereitete Musterbilanz in Tabelle 22 wird nun als Basis dienen für die Beurteilung der einzelnen Dimensionen

- Kapitalausstattung,
- Anlagenfinanzierung,
- Vermögensaufbau und
- Zahlungsbereitschaft.

Kapitalausstattung

Der Anteil des Eigenkapitals beziehungsweise des Fremdkapitals am Gesamtkapital ergibt einerseits den Grad der finanziellen Unabhängigkeit, andererseits den Grad der Verschuldung des Unternehmens (Tabelle 23).

Tabelle 23: **Eigenkapital- und Fremdkapitalanteil**

Bilanzposition	**Berichtsjahr**		**Vorjahr**		**Differenz**
	Euro	%	Euro	%	Euro
Gezeichnetes Kapital	1 960 000	35,9 %	1 400 000	28,6 %	560 000
Gewinnrücklage	560 000	10,3 %	315 000	6,4 %	245 000
Eigenkapital	**2 520 000**	**46,2 %**	**1 715 000**	**35,0 %**	**805 000**
Langfristiges Fremdkapital	2 184 000	40,0 %	1 711 500	34,9 %	472 500
Kurzfristiges Fremdkapital	756 000	13,8 %	1 473 500	30,1 %	-717 500
Fremdkapital	**2 940 000**	**53,8 %**	**3 185 000**	**65,0 %**	**-245 000**

Aus der aufbereiteten Musterbilanz ist direkt ablesbar, dass die Eigenkapitalquote sich um über 10 Prozentpunkte auf 46,2 Prozent verbessert hat. Sowohl die Kapitalerhöhung (560 000 Euro Erhöhung des Stammkapitals) als auch die Einstellung von 245 000 Euro in die Gewinnrücklage haben die finanzielle Unabhängigkeit des Unternehmens enorm gestärkt.

In gleichem Maße, wie die Eigenkapitalquote gestiegen ist, ist die Fremdkapitalquote um über 10 Prozentpunkte von 65,0 auf 53,8 Prozent gesunken. Innerhalb des Fremdkapitals wurde massiv umgeschichtet. Das kurzfristige Fremdkapital wurde auf etwa die Hälfte reduziert, und zwar von 30,8 Prozent auf 13,8 Prozent des Gesamtkapitals. Der Anteil des langfristigen Fremdkapitals wurde von 34,9 Prozent auf 40,0 Prozent erhöht. Diese Umwandlung von kurzfristigen in langfristige Schulden und die deutliche Entspannung der Liquiditätslage durch den Abbau der kurzfristigen Verbindlichkeiten geben dem Unternehmen nun einen wesentlich sichereren Stand.

Hier die Kennzahlen nochmals im Einzelnen (Tabelle 24):

Tabelle 24: Kennzahlen der Finanzierung (Kapitalstruktur)

Kennzahl	Formel	Wert	
		Berichtsjahr	Vorjahr
Eigenkapitalanteil	$\frac{\text{Eigenkapital} \times 100}{\text{Gesamtkapital}}$	46,2 %	35,0 %
Fremdkapitalanteil	$\frac{\text{Fremdkapital} \times 100}{\text{Gesamtkapital}}$	53,8 %	65,0 %
Anteil langfristiges Fremdkapital	$\frac{\text{langfristiges Fremdkapital} \times 100}{\text{Gesamtkapital}}$	40,0 %	34,9 %
Anteil kurzfristiges Fremdkapital	$\frac{\text{kurzfristiges Fremdkapital} \times 100}{\text{Gesamtkapital}}$	13,8 %	30,1 %

Die Kapitalstruktur wird vor allem durch das Verhältnis von Eigen- zu Fremdkapital und damit dem Verschuldungsgrad charakterisiert. Entscheidend ist demnach, ob das Unternehmen überwiegend mit eigenen oder fremden Mitteln arbeitet. Das Eigenkapital als Basis für die Tätigkeit eines Unternehmens hat einerseits eine Haftungs- oder Garantiefunktion gegenüber Gläubigern, andererseits eine Finanzierungsfunktion für das Vermögen, das langfristig als Produktionsfaktor im Unternehmen gebunden ist.

Bei Unternehmen, die zur Erstellung von Produkten oder Dienstleistungen hohe (Vorab-)Investitionen in Betriebsstätten, Netze oder Betriebsmittel wie Anlagen und Maschinen tätigen müssen, ist eine höhere Eigenkapitalquote hilfreich. Das Thema »Anlagendeckung«, also die Quote, mit der das Eigenkapital das Anlagevermögen deckt, wird im nächsten Unterkapitel behandelt.

Betrachten wir den Anteil des Fremdkapitals am Gesamtkapital. Der prozentuale Fremdkapitalanteil entspricht dem Grad der Verschuldung des Unternehmens. Ein im Verhältnis zum Eigenkapital zu hoher Fremdkapitalanteil bewirkt in der Praxis, dass Kreditaufnahmen schwieriger werden und die Verwendung der Mittel, die von den Gläubigern immer intensiver kontrolliert wird, stets nachgewiesen werden muss. Somit leidet die Selbstständigkeit und unternehmerische Freiheit.

Für die Beurteilung der Finanzierung ist vor allem die Zusammensetzung des Fremdkapitals von Bedeutung. Ein relativ hohes kurzfristiges Fremdkapital bedingt ebenfalls eine kurzfristige Bereitstellung von entsprechend hohen flüssigen Mitteln und führt daher zu einer besonderen Belastung der Liquidität des Unternehmens. Denn unabhängig von der Ertragslage des Unternehmens sind die fälligen Tilgungs- und Zinszahlungen zu leisten.

Die Kapitalstruktur des skizzierten Muster-Unternehmens erscheint solide und man kann wahrscheinlich auch kleinere Einbrüche, die beispielsweise konjunkturell bedingt sein können, unbeschadet überstehen. Das Unternehmen hat das gute Geschäftsjahr genutzt, Maßnahmen zur Verbesserung der Kapitalstruktur zu ergreifen; die Abhängigkeit von den Gläubigern hat sich deutlich verringert. Der Abbau der kurzfristigen Fremdmittel, die neben Zinszahlungen auch kurzfristig getilgt werden müssen, erweitert den zukünftigen Handlungsspielraum sehr. Aus der Kapitalstruktur kann ebenfalls abgelesen werden, dass die Gläubiger einer Umwandlung der langfristigen Verbindlichkeiten zulasten der kurzfristigen Fremdmittel (absolut und relativ) zugestimmt haben; dies kann unzweifelhaft als Vertrauensbeweis in die Zukunftsfähigkeit des Unternehmens gewertet werden.

Zwei Aspekte aus der Praxis sind hier zusätzlich anzumerken: Erstens sollte langfristig das Eigenkapital nicht als »billige« Finanzierungsquelle gesehen werden, für die keine Zinszahlungen und Tilgungen geleistet werden müssen. Das Eigenkapital sollte nicht nur positiv verzinst landesübliche Erträge für angelegte Gelder erwirtschaften, sondern darüber hinaus eine Risikoprämie für das Unternehmerwagnis beinhalten. Zweitens haben wir mit Basel II eine bindende Verpflichtung, dass Banken bei der Vergabe von Krediten Bonität und Kreditsicherheiten in neuer Qualität überprüfen. Auf die hiermit angesprochenen Ratingverfahren kommen wir später noch einmal zurück. Hier möchten wir ausdrücklich darauf hinweisen, dass durch die nicht mehr stetig positive Wertentwicklung von Immobilien, die häufig als Sicherheiten für Bankkredite fungieren, Unternehmen immer öfter in einen Liquiditätsengpass geraten, wenn ihnen neue Bankkredite versagt oder gar gleichzeitig Kreditlinien gekündigt werden. An anderer Stelle wurde schon die ständig sinkende Zahlungsmoral auch in Deutschland erwähnt. So können auch traditionsreiche Unternehmen mit hervorragender Marktpositionierung, erstklassigen Produkten und vollen Auftragsbüchern in eine bedrohliche Lage geraten.

Deswegen gilt das Fazit aus dem Lehrbuch mehr denn je:

»Je größer das Eigenkapital im Verhältnis zum Fremdkapital ist, desto solider und krisenfester ist die Finanzierung und desto geringer ist die Abhängigkeit von den Gläubigern.«[23]

Anlagenfinanzierung

Für die finanzielle Stabilität eines Unternehmens ist es hilfreich, wenn Vermögen, das langfristig beispielsweise in Betriebsstätten, Netzen oder Betriebsmitteln wie Anlagen und Maschinen gebunden ist, durch entsprechend langfristiges Kapital finanziert ist. Diesen Grundsatz der Fristengleichheit bezeichnet man auch als Goldene Bilanzregel oder Goldene Bankregel. Die Anlagendeckung, also die Quote, mit der langfristiges Kapital das Anlagevermögen deckt, wird in zwei so genannten Deckungsgraden ausgedrückt (Tabelle 25).

Tabelle 25: **Kennzahlen der Anlagenfinanzierung (Deckungsgrade)**

Kennzahl	**Formel**	**Wert**	
		Berichtsjahr	Vorjahr
Deckungsgrad I	$\frac{\text{Eigenkapital x 100}}{\text{Anlagevermögen}}$	92,3 %	76,6 %
Deckungsgrad II	$\frac{\text{langfr. Kapital (EK + langfr. FK)}}{\text{Anlagevermögen}}$	172,3 %	153,0 %

Wenn das von den Eigentümern zur Verfügung gestellte Kapital ausreicht, um das Anlagevermögen zu decken, ist eine solide Basis für unternehmerisches Handeln gewährleistet. Eine volle Anlagendeckung ist anzustreben, da das Eigenkapital ja nicht von Gläubigern zur Verfügung gestellt wird und daher auch nicht zurückgefordert werden kann. Noch besser ist ein Deckungsgrad zu beurteilen, der darüber hinaus auch noch den »eisernen Bestand« des Vorratsvermögens finanziert.

Die Anlagendeckung durch Eigenkapital hat sich in unserem Muster-Unternehmen grundlegend durch die bereits im letzten Unterkapitel dargestellte

Erhöhung des Eigenkapitals von 76,6 auf 92,3 Prozent verbessert. Dass dies trotz zusätzlicher Investitionen in Höhe von 490000 Euro erreicht werden konnte, ist sehr positiv zu beurteilen. Die Kennzahlen lassen vermuten, dass hier eine vollständige Anlagendeckung angestrebt wird, um finanziell eine solidere Basis zu haben.

Die so genannte Goldene Bilanzregel besagt, dass zur Finanzierung des Anlagevermögens zusätzlich nur dann langfristiges Fremdkapital herangezogen wird, wenn das Eigenkapital nicht ausreicht. Die Anlagendeckung II muss mindestens 100 Prozent betragen, wenn eine volle Deckung durch langfristiges Kapital gegeben sein soll. Je höher diese Kennzahl ausfällt, umso größer ist die finanzielle Stabilität des Unternehmens. Dann finanzieren die langfristigen Mittel noch einen Teil des Umlaufvermögens. Der so genannte »eiserne Bestand« des Vorratsvermögens sollte in jedem Fall auch langfristig finanziert sein.

Auch der Deckungsgrad II hat sich in unserem Schul-Unternehmen positiv entwickelt. Die Anlagendeckung durch langfristiges Kapital war schon im Vorjahr zufriedenstellend. Die signifikante Steigerung im Berichtsjahr von 153,0 auf 172,3 Prozent ist auf die Zunahme der eigenen und auch der langfristigen Fremdmittel zurückzuführen. Diese Überdeckung von 53,0 beziehungsweise 72,3 Prozent bedeutet, dass auch der größte Teil des Umlaufvermögens langfristig finanziert ist. Abschließend kann festgestellt werden, dass die im letzten Unterkapitel als solide beurteilte Finanzierung des Unternehmens durch die Anlagendeckung bestätigt wird.

Unser Fazit lautet: Da die Anlagendeckung zugleich Maßstab für die finanzielle Stabilität des Unternehmens ist, sollten das Anlagevermögen und der »eiserne Bestand« des Vorratsvermögens durch langfristiges Kapital mindestens vollständig gedeckt sein.

Auch hier sind zusätzlich zwei Aspekte aus der Praxis anzumerken: Erstens sei an dieser Stelle nochmals ausdrücklich auf die Themen Liquidität und Zahlungsmoral hingewiesen. In Frankreich wird in den Businessplänen unter der Rubrik »Besoin en capital d'exploitation« (deutsch: Kapitalbedarf) ausdrücklich eine Vorfinanzierung des Umsatzes mit aufgenommen, um bei schleppenden Zahlungseingängen nicht sofort in Liquiditätsprobleme zu geraten.

Zweitens weisen wir hier auf alternative Finanzierungen hin, die gerade für junge Unternehmer, die noch nicht stabil genug für langfristige Bankkredite sind, hilfreich sein können. So genanntes Mezzanine-Kapital stellt eine Mischform aus Eigenkapital und Kredit dar. Diese Kapitalform wird unbesichert zur Verfügung gestellt und mit einem Rangrücktritt ausgestattet. Das heißt, dass diese Art von Krediten im Fall einer Insolvenz erst zurückgezahlt wird, wenn alle anderen Gläubiger aus der Konkursmasse bedient wurden.

Es gibt unterschiedliche Formen von Mezzanine-Kapital. Die wichtigsten sind Nachrangdarlehen, typisch stille Beteiligungen und Genussscheine. Wird die Finanzierung in der Bilanz als Fremdkapital eingestuft, sind alle diesbezüglichen Kosten als Betriebsausgaben absetzbar. Beim Rating wird Mezzanine-Kapital aber wie Eigenkapital behandelt. Die Laufzeiten sind langfristig – fünf bis zehn Jahre bei Genussscheinen beziehungsweise bis zu 15 Jahre bei Nachrangdarlehen; bei stillen Beteiligungen ist die Laufzeit unbegrenzt. Das erhöhte Risiko beziehungsweise die fehlende Sicherheit lassen sich die Kapitalgeber mit Festzinsen und Gewinnbeteiligungen honorieren, die Größenordnung liegt zwischen 10 und 20 Prozent. Auch öffentliche Banken wie die Mittelstandsbank der Kreditanstalt für Wiederaufbau[24] bieten im Rahmen ihres Unternehmerkapital-Programms Mezzanine-Kapital an.

Im Rahmen der Finanzierung von Investitionen und Projekten sollte die optimale Kombination von Förderinstrumenten – wie Mezzanine-Kapital, Bürgschaften, haftungsfreigestellte Darlehen und Zuschüsse – geprüft werden und unter Berücksichtigung der individuellen finanziellen Lage des Unternehmens ein Gesamtfinanzierungskonzept entwickelt werden. Sämtliche Darlehensprogramme der KfW-Bankengruppe ebenso wie Bürgschaften und Förderdarlehen der Bundesländer sind über eine Geschäftsbank zu beantragen. Es ist daher ratsam, vor Antragstellung ein Gespräch mit der Hausbank zu führen und zu klären, inwieweit sie die Antragstellung begleiten wird, denn als Grundlage einer Antragstellung sind umfangreiche Unterlagen wie beispielsweise ein Unternehmenskonzept, eine Rentabilitätsvorschau, eine Liquiditätsplanung und ein Finanzierungskonzept mit Zins- und Tilgungsberechnung zu erstellen. Da die einzelnen Förderprogramme jeweils spezifische Schwerpunkte setzen (beispielsweise Schaffung von Arbeitsplätzen, umweltrelevante Investitionen, Erweiterung der Produktion), sind diese Themen auch im Rahmen der Dokumentation zu beleuchten und die Richtlinien der einzelnen Programme zu berücksichtigen. Ein Expertenrat kann hier unnötiger Mehrarbeit vorbeugen, denn auch ein Bankgespräch über das Thema Fördermittel will gut vorbereitet sein.

Weitere Informationen zu Fördermitteln und den Möglichkeiten ihrer erfolgreichen Einbindung in ein Gesamtfinanzierungskonzept werden ab Seite 191 detailliert dargestellt.

Vermögensaufbau

Betrachtet man die Vermögensstruktur, also das Verhältnis zwischen Anlage- und Umlaufvermögen in verschiedenen Branchen, wird deutlich, dass diese maßgeblich durch den Grad der Mechanisierung und Automatisierung bestimmt wird. Rohstoffnahe Industrien wie Bergbau, Hütten und Stahlwerke sind besonders anlagenintensiv, der Anlagenanteil liegt teilweise über 60 bis 70 Prozent. In der Elektroindustrie und im Maschinenbau ist die Anlagenintensität deutlich geringer und beträgt je nach Automatisierungsgrad lediglich 25 bis 35 Prozent. Kleine und innovative Dienstleistungsunternehmen wie Internetagenturen und Softwarehersteller kommen hingegen mit einem noch »bescheideneren« Anlagenanteil aus – Schreibtische, Rechner und Standardsoftware zur Herstellung von Internetseiten oder Software schlagen hier für wenige Tausend Euro pro Arbeitsplatz zu Buche.

Umlaufvermögen setzt sich aus Vorräten, Forderungen und flüssigen Mitteln zusammen. Vergleicht man die Quoten am Gesamtvermögen zwischen den Geschäftsjahren, lassen sich Erkenntnisse über die Absatzlage des Unternehmens ableiten, wenn man sie mit den Umsatzerlösen vergleicht.

Die Zunahme der Anlagenintensität im Berichtsjahr um (absolut) 420000 Euro (Sachanlagen) und (relativ) von 45,7 auf 50 Prozent lassen auf eine Kapazitätserweiterung oder Modernisierungsmaßnahmen schließen.

Tabelle 26 fasst die Kennzahlen der Vermögensstruktur I zusammen und gibt Auskunft über die in unserem Muster-Unternehmen realisierten Werte.

Tabelle 26: Kennzahlen der Vermögensstruktur I

Kennzahl	**Formel**	**Wert**	
		Berichtsjahr	Vorjahr
Anlagen-intensität	$\frac{\text{Anlagevermögen x 100}}{\text{Gesamtvermögen}}$	50,0 %	45,7 %
Anteil des Umlauf-vermögens	$\frac{\text{Umlaufvermögen x 100}}{\text{Gesamtvermögen}}$	50,0 %	54,3 %

Um dies aus der »Papierlage« zu beurteilen, sollte man sicherlich auch die Gesamtleistung des Umsatzes aus der Gewinn-und-Verlust-Rechnung hinzuziehen (siehe dazu den nächsten Abschnitt).

Die Kennzahlen Vorratsquote, Forderungsquote und Anteil der flüssigen Mittel am Gesamtvermögen werden in Tabelle 27 nur kurz definiert, da deren Beurteilung sehr stark von Branchenbesonderheiten abhängt.

Im Allgemeinen kann man sagen, dass die Steuerung dieser Kennzahlen von Controllern in den Unternehmen mit intensiver Sorgfalt betrieben wird. Im Bereich der Vorräte ist spätestens seit dem Engagement von Ignacio Lopez bei der Volkswagen AG durch die Einführung des Just-in-time-Prinzips die Vorratsquote deutlich reduziert worden. Das Thema Forderungsmanagement ist in größeren Unternehmen zentralisiert. So genannte Factoring-Unternehmen bieten die Übernahme und den Einzug von Forderungen gegen einen gewissen Abschlag auf den Forderungsbetrag an. Dies kann auch für kleinere Unternehmen mit vielen einzelnen Zahlungsvorgängen interessant sein.

Tabelle 27: **Kennzahlen der Vermögensstruktur II**

Kennzahl	**Formel**	**Wert**	
		Berichtsjahr	Vorjahr
Vorratsquote	$\frac{\text{Vorräte x 100}}{\text{Gesamtvermögen}}$	28,2 %	42,9 %
Forderungsquote	$\frac{\text{Forderungen x 100}}{\text{Gesamtvermögen}}$	15,4 %	8,6 %
Anteil der flüssigen Mittel	$\frac{\text{flüssige Mittel x 100}}{\text{Gesamtvermögen}}$	6,4 %	2,9 %

Zahlungsbereitschaft

Unter Liquidität versteht man die Zahlungsbereitschaft eines Unternehmens, die sich aus dem Verhältnis der flüssigen (liquiden) Mittel zu den fälligen kurzfristigen Verbindlichkeiten ermitteln lässt. Die Frage ist, ob die liquiden Mittel ausreichen, um das kurzfristig fällige Fremdkapital zu decken. Auch hier haben wir es folglich mit einem Deckungskonzept zu tun. Liquiditätskennzahlen berücksichtigen unterschiedliche Grade der Liquidität.

Liquidität I (1. Grades) wird auch Barliquidität genannt und setzt flüssige Mittel (Kasse, Bank- und Postgiroguthaben, diskontfähige Besitzwechsel, börsenfähige Wertpapiere des Umlaufvermögens) ins Verhältnis zu den kurzfristigen Fremdmitteln.

Liquidität II (2. Grades) wird auch einzugsbedingte Liquidität genannt und berücksichtigt zusätzlich die Forderungen.

Liquidität III (3. Grades) wird auch umsatzbedingte Liquidität genannt und setzt das gesamte Umlaufvermögen zum kurzfristigen Fremdkapital in Beziehung.

In der Praxis sollte mindestens die Liquidität II eine volle Deckung des kurzfristigen Fremdkapitals ergeben. Bezüglich der Liquiditätskennzahlen gibt es landesspezifische Unterschiede. In den USA müsste die Liquidität III mindestens zu einer zweifachen Deckung (200 Prozent) führen.

Das Schul-Unternehmen hat sich gut entwickelt, in allen drei Liquiditätsstufen ist eine deutliche Verbesserung zu verzeichnen. Im Vorjahr reichte beispielsweise die einzugsbedingte Liquidität II nicht aus, die kurzfristigen Verbindlichkeiten zu decken, das Umlaufvermögen (Liquidität III) war zwar noch ausreichend gedeckt, verfehlte jedoch den oben genannten US-amerikanischen Faustregel-Wert von 200 Prozent.

Es sieht so aus, als ob die verbesserte Zahlungsbereitschaft auf die durchgeführte Kapitalerhöhung sowie Umschuldungsmaßnahmen zurückzuführen ist. Das nächste Kapitel wird zeigen, dass sich auch signifikante Absatzsteigerungen positiv auf die Liquidität ausgewirkt haben.

Tabelle 28 fasst die verschiedenen gängigen Liquiditätskennzahlen zusammen.

Tabelle 28: **Kennzahlen der Liquidität**

Kennzahl	**Formel**	**Wert**	
		Berichtsjahr	Vorjahr
Liquidität I	$\frac{\text{flüssige Mittel x 100}}{\text{kurzfr. Fremdkapital}}$	46,3 %	9,5 %
Liquidität II	$\frac{\text{flüss. Mittel + Forderungen x 100}}{\text{kurzfr. Fremdkapital}}$	157,4 %	38,0 %
Liquidität III	$\frac{\text{Umlaufvermögen x 100}}{\text{kurzfr. Fremdkapital}}$	361,1 %	180,5 %

Gewinn-und-Verlust-Rechnung

Aus der Analyse der Bilanz unseres Lern-Unternehmens haben wir zwar einen positiven Eindruck gewonnen, und die Höhe des Erfolgs ist mit dem Jahresüberschuss, der sich aus dem Bilanzgewinn und der Einstellung in die Gewinnrücklage zusammensetzt, auch ausgewiesen. Aber wie dieser Erfolg zustande gekommen ist, ist nicht ersichtlich.

Die Aufgabe der Gewinn-und-Verlust-Rechnung ist es, Aufwendungen und Erträge einander gegenüberzustellen und somit die Basis für die Beurteilung der

Frage zu schaffen, ob der Prozess der Leistungserstellung wirtschaftlich zufriedenstellend organisiert ist und ob sich der Kapitaleinsatz in das Unternehmen gelohnt hat. Wir betrachten dazu nochmals das Beispiel der modifizierten Gewinn-und-Verlust-Rechnung unserer ausgelagerten Tochter (Tabelle 29).

Tabelle 29: **Ertragspositionen der GuV der ausgelagerten Tochter**

Ertragspositionen	**31. 12. 2010**	
	Euro	%
Umsatzerlöse	120 000	4,4 %
Sonstige betriebliche Erträge	2 605 800	95,6 %
Summe Erträge	**2 725 800**	**100,0 %**

Für unser Lern-Unternehmen, das aus dem produzierenden Gewerbe kommt, müssen wir noch eine Position einfügen, nämlich eine Korrekturgröße für Bestandsveränderungen an Erzeugnissen (mit positivem Vorzeichen für Erhöhungen und negativem Vorzeichen für Reduktionen). Die Zahlenwerte werden wieder entsprechend verändert, um realistische Kennzahlen zu erhalten (Tabelle 30).

Tabelle 30: **Ertragspositionen der GuV des Lern-Unternehmens**

Ertragspositionen	**Berichtsjahr**		**Vorjahr**	
	Euro	%	Euro	%
Umsatzerlöse	11 200 000	96,4 %	7 385 000	98,7 %
+/- Bestandsveränderungen	350 000	3,0 %	70 000	0,9 %
Gesamtleistung	11 550 000	99,4 %	7 455 000	99,6 %
+ sonstige Erträge	70 000	0,6 %	28 000	0,4 %
Summe Erträge	**11 620 000**	**100,0 %**	**7 483 000**	**100,0 %**

In der GuV der ausgelagerten Tochter fehlt die Position Abschreibungen, da das Anlagevermögen im Konzern angesiedelt ist (Tabelle 31).

Tabelle 31: **Aufwandspositionen der GuV der ausgelagerten Tochter**

Aufwandspositionen	**31. 12. 2010**	
	Euro	%
Materialaufwand	8500	0,3 %
Personalaufwendungen	1200000	44,0 %
Sonstige betriebliche Aufwendungen		
– Werbekosten	100000	3,7 %
– Allgemeine Vertriebs- und Verwaltungskosten	1200000	44,0 %
– Sonstige Vertriebs- und Verwaltungskosten	190000	7,0 %
– Betriebliche Steuern	1500	0,1 %
Summe Aufwendungen	**2700000**	**99,1 %**

In der GuV unseres Lern-Unternehmens ergibt sich für die Aufwandsseite mit entsprechend modifizierten Zahlen das aus Tabelle 32 ersichtliche Bild.

Tabelle 32: **Aufwandspositionen der GuV des Lern-Unternehmens**

Aufwandspositionen	**Berichtsjahr**		**Vorjahr**	
	Euro	%	Euro	%
Materialaufwand	7000000	63,6 %	4200000	60,0 %
Personalaufwand	3500000	31,8 %	2450000	35,0 %
Abschreibungen	392000	3,6 %	238000	3,4 %
Sonstige Aufwendungen	115000	1,0 %	112000	1,6 %
Summe Aufwendungen	**11007500**	**100,0 %**	**7000000**	**100,0 %**

In der aufbereiteten Tabelle der GuV des Lern-Unternehmens (Tabelle 33) sind die Einzelpositionen jeweils links notiert und die Summe mit negativem Vorzeichen für Aufwendungen und positivem Vorzeichen für Erträge auf der rechten Seite. Diese so genannte Staffelform verbessert die Übersichtlichkeit.

Tabelle 33: **Ergebnis der gewöhnlichen Geschäftstätigkeit des Lern-Unternehmens**

GuV-Positionen	Berichtsjahr		Vorjahr	
	Euro	Euro	Euro	Euro
Summe Erträge		11 620 000		7 483 000
Summe Aufwendungen		-11 007 500		-7 000 000
Betriebsergebnis		**612 500**		**483 000**
Zinserträge	17 500		7 000	
Zinsaufwendungen	189 000		280 000	
Finanzergebnis		**-171 500**		**-273 000**
Ergebnis gewöhnl. Geschäftstätigkeit		**441 000**		**210 000**

Nach dem Ergebnis der gewöhnlichen Geschäftstätigkeit werden außerordentliche (a. o.) Erträge und Aufwendungen sowie Steuern ausgewiesen. Nach Abzug aller Positionen gelangt man zum Jahresüberschuss (Tabelle 34).

Tabelle 34: **Jahresüberschuss des Lern-Unternehmens**

GuV-Positionen	Berichtsjahr		Vorjahr	
	Euro	Euro	Euro	Euro
Ergebnis gewöhnl. Geschäftstätigkeit		**441 000**		**210 000**
a. o. Erträge	56 000		42 000	
a. o. Aufwendungen	70 000		56 000	
Saldo a. o. Aufwendg./ Erträge		-14 000		-14 000
Steuern		-42 000		-28 000
Jahresüberschuss		**385 000**		**168 000**

Die Vorbereitungsarbeiten für die Analyse der Gewinn-und-Verlust-Rechnung sowie für die Bildung weiterer Kennzahlen, die aus der Gegenüberstellung von Bilanz und GuV resultieren, sind abgeschlossen, wenn wir die Verwendung des Jahresüberschusses angefügt haben (Tabelle 35).

Tabelle 35: **Komplette Erfolgsrechnung des Lern-Unternehmens**

Erfolgsrechnung	**Berichtsjahr**		**Vorjahr**	
	Euro	Euro	Euro	Euro
Umsatzerlöse		11200000		7385000
+/- Bestandsveränderungen		350000		70000
Gesamtleistung		11550000		7455000
+ Sonstige Erträge		70000		28000
Summe Erträge		**11620000**		**7483000**
Materialaufwand	7000000		4200000	
Personalaufwand	3500000		2450000	
Abschreibungen	392000		238000	
Sonstige Aufwendungen	115000		120000	
Summe Aufwendungen		**-11007500**		**-7000000**
Betriebsergebnis		**612500**		**483000**
Zinserträge	17500		7000	
Zinsaufwendungen	189000		280000	
Finanzergebnis		**-171500**		**-273000**
Ergebnis gewöhnl. Geschäftstätigkeit		**441000**		**210000**

a. o. Erträge	56 000		42 000	
a. o. Aufwendungen	70 000		56 000	
Saldo a. o. Aufwendg./ Erträge		-14 000		-14 000
Steuern		-42 000		-28 000
Jahresüberschuss		**385 000**		**168 000**
Einstellung in Gewinnrücklagen		-245 000		-126 000
Bilanzgewinn		**140 000**		**42 000**

An dieser Stelle möchten wir die beiden wichtigsten internationalen Begriffe der Erfolgsrechnung einführen, die heute fast ausschließlich in der Wirtschaftspresse gebräuchlich sind, nämlich EBIT und EBITDA.

EBIT ist die Abkürzung für »earnings before interest and taxes«. Es wird berechnet aus dem Jahresüberschuss vor Steuern, Zinsergebnis und außerordentlichem Ergebnis. Das EBIT entspricht somit dem Betriebsergebnis, wie es in Tabelle 35 aufgeführt ist.

EBITDA ist die Abkürzung für »earnings before interest, taxes, depreciation and amortisation« und bezeichnet das Betriebsergebnis vor Zinsen, Steuern, Abschreibungen auf Sachanlagen und Abschreibungen auf immaterielle Vermögenswerte. Diese Kennzahl ermöglicht Vergleiche der operativen Ertragskraft von Gesellschaften, die unter verschiedenen Gesetzgebungen bilanzieren.

Besonders deutlich wird der Unterschied in Branchen und Geschäftsfeldern, die vor Aufnahme des Geschäftsbetriebs enorme Investitionen tätigen müssen. In Tabelle 36 ist ein Ausschnitt aus dem Geschäftsbericht der Mobilcom AG aus dem Jahre 2002 dargestellt. Hier wird der Unterschied zwischen EBIT und EBITDA sehr gut deutlich.

Das Jahr 2001 ist aus dem Ergebnisüberblick gut zu erklären. Der Umsatz reicht nicht aus, um operativ ein positives EBITDA zu erwirtschaften (-65,5 Mio. Euro). Nimmt man die Abschreibungen noch dazu, ergibt sich ein EBIT von -234,0 Mio. Euro. Addiert man die Zinslast, erreicht das Ergebnis vor Steuern -251,2 Mio. Euro. Eine Steuererstattung von 42 Mio. Euro verringert den Verlust auf 205,5 Mio. Euro.

Tabelle 36: **Jahresergebnis 2002 der Mobilcom AG im Überblick (Umschlag)**

Geschäftsjahr	2002	2001
Umsatz in Mio. €	2053	2590
EBITDA in Mio. €	6996,32	-65,54
EBIT in Mio. €	-3206,59	-234,04
EBT in Mio. €	-3323,79	-251,21
Jahresergebnis in Mio. €	-3441,55	-205,57
Bilanzsumme in Tsd. €	8316548	11031233
Bilanzielles Eigenkapital in Tsd. €	321251	3768965
Eigenkapitalquote in Prozent	3,86 %	34,17 %
Personalaufwand in Mio. €	246,84	181,13

Die Zahlen von 2002 sind spontan (auch für den Experten) nicht erklärbar. Der Umsatz ist um über 500 Millionen auf circa 2 Mrd. Euro zurückgegangen, das EBITDA ist auf fast 7 Mrd. Euro angewachsen. Das kann eigentlich nicht sein, weil der Umsatz normalerweise nicht kleiner als das operative Ergebnis ist. Auch das Überprüfen der Zahlendimensionen (die einmal ohne Dezimalen, einmal mit zwei Dezimalen, aber alle in Millionen Euro angegeben sind) hilft bei der Auflösung dieses Widerspruchs nicht.

Also muss man tiefer in die Gewinn-und-Verlust-Rechnung einsteigen und entsprechende Kommentare zu den Einzelpositionen suchen. Auf Seite 60 des Geschäftsberichts findet man unter der Position Sonstige betriebliche Erträge eine Ertragsposition von über 7654 Mio. Euro. Auf Seite 78/79 des Geschäftsberichts folgt dann die Erklärung (Tabelle 37).

Tabelle 37: **Gewinn-und-Verlust-Rechnung 2002 der Mobilcom AG**

in Tsd. €	Anhang Ziffer	2002	2001
Umsatzerlöse	1	2052645	2589702
Verminderung des Bestands an fertigen Erzeugnissen		-69	-2826
Andere aktivierte Eigenleistungen	2	62980	66371

Sonstige betriebliche Erträge	3	7654007	52111
		9769563	2705358
Materialaufwand		-1694224	-2163869
Personalaufwand	4	-246841	-181126
Abschreibungen auf immaterielle Vermögenswerte und Sachanlagen	5	-10202507	-168505
Sonstige betriebliche Aufwendungen	6	-827937	-418061
Betriebsergebnis		-3201946	-226203
Ergebnis aus den nach Equity-Methode einbezogenen Unternehmen		-4245	-7837
Sonstige Zinsen und ähnliche Erträge	7	7297	9602
Abschreibungen auf Finanzanlagen		-396	-1597
Zinsen und ähnliche Aufwendungen	8	-124501	-25177
Ergebnis der gewöhnlichen Geschäftstätigkeit		-3323791	-251212
Ertragsteuern	9	-117935	42011
Konzern-Jahresergebnis vor Berücksichtigung der Anteile anderer Gesellschafter		-3441726	-209201
Anteile anderer Gesellschafter		176	3627
Konzern-Jahresergebnis		-3441550	-205574
Konzern-Bilanzverlustvortrag		-206725	-1151
Entnahmen aus der Kapitalrücklage		3648275	0
Konzern-Bilanzverlust		0	-206725
Verwässertes Ergebnis je Aktie (in €)	10	-52,38	-3,14

Aufgrund einer Vergleichsvereinbarung übernimmt die France Télécom die UMTS-Verbindlichkeiten des Mobilcom-Konzerns. Im Einzelnen verzichtet France Télécom auf die Rückzahlung ihrer Gesellschafterdarlehen (1 009 Mio. Euro) und übernimmt die Bankverbindlichkeiten aus der Senior Interim Facility (4 692 Mio. Euro) sowie Lieferantenkredite gegenüber Ericsson (438 Mio. Euro) und Nokia (761 Mio. Euro). Zum Bilanzstichtag weist Mobilcom eine erfolgswirksam erfasste Forderung gegen France Télécom in Höhe von 7 476 Mio. Euro aus. Das entspricht fast 98 Prozent der GuV-Position Sonstige Betriebliche Erträge.

Betrachten wir nochmals die Übersicht in Tabelle 36, dann erkennen wir eine Differenz zwischen EBITDA (6 996,32 Mio. Euro) und EBIT (-3 206,59 Mio. Euro) von über 10 Mrd. Euro. Abschreibungen und Wertberichtigungen in dieser Höhe sind bei 2 Mrd. Umsatz sehr ungewöhnlich. Auch hier hilft nur der Blick in die Details der Gewinn- und Verlustrechnung und die Kommentierung im Geschäftsbericht. Auf Seite 79 wird erläutert, dass der Rückbau des UMTS-Netzes lediglich bis Ende 2003 von France Télécom übernommen wird, Kontakt zu potenziellen Kaufinteressenten gesucht wird, verhandlungsreife Angebote aber nicht vorliegen. »Daher besteht das Risiko, dass bis Ende 2003 der Rückbau erfolgen muss und die UMTS-Vermögenswerte keinen Nutzungswert mehr besitzen. Folgerichtig wurden die UMTS-Lizenz (8 431,7 Mio. Euro), aktivierte Zinsen (857,0 Mio. Euro), Basisstationen und Funknetz-Equipment (472,7 Mio. Euro) sowie sonstige UMTS-Vermögenswerte (134,1 Mio. Euro) vollständig abgeschrieben.«[25]

Tabelle 38: Gewinn-und-Verlust-Rechnung 2002 der Mobilcom AG nach Geschäftsbereichen

	UMTS		Kerngeschäft		Gesamt	
in Mio. €	2002	2001	2002	2001	2002	2001
Erlöse und Aufwendungen						
Erlöse	7685	43	2085	2665	9770	2708
Aufwendungen	-10518	-95	-2458	-2847	-12976	-2942
Ergebnis vor Finanzergebnis und Steuern	-2833	-52	-373	-182	-3206	-234
Finanzergebnis	-113	-16	-5	-1	-118	-17

Ertragsteuern	9	49	-127	-7	-118	42
Konzern-Jahresergebnis	-2937	-19	-505	-190	-3442	-209

Sicherlich sind Bilanz und GuV 2002 eines deutschen Mobilfunk-Unternehmens zum historischen Zeitpunkt der Erkenntnis, dass die UMTS-Lizenzen in der gesamten Höhe wahrscheinlich nie zurückverdient werden können, ein außergewöhnliches Beispiel, um Grundzusammenhänge von Einzelpositionen zu erläutern. Der Unterschied zwischen EBITDA und EBIT wird hier aber sicherlich besonders deutlich.

Die weitere Erläuterung der GuV auf Seite 80 des Geschäftsberichts stellt die Geschäftsentwicklung differenziert nach Geschäftsbereichen dar (Tabelle 38).

Die Sondereffekte im Bereich UMTS hatten wir ja bereits erläutert. Im Kerngeschäft Mobilfunk, Festnetz/Internet und Sonstiges wurde der Umsatzrückgang zwar teilweise durch Kostenreduktionen aufgefangen, unter dem Strich aber hat sich das Jahresergebnis in diesem Geschäftsbereich um 315 Mio. Euro verschlechtert.

Cashflow-Rechnung

In der Einführung zum Geschäftsführer-Typ 1 wurden pragmatisch die Kostenpositionen hergeleitet, die Bewegungen der liquiden Mittel (Cashflows) zur Folge haben (Tabellen 6 bis 8). Man kann den Cashflow auch aus den Positionen der Bilanz und Gewinn-und-Verlust-Rechnung ableiten. Der Cashflow ergibt sich aus der folgenden Formel:

Jahresüberschuss
+ Abschreibungen
+ Zuführungen zu Pensionsrückstellungen

= Cashflow

Der Cashflow gibt an, welche im Geschäftsjahr selbst erwirtschafteten Mittel dem Unternehmen frei zur Verfügung stehen, um Investitionen zu finanzieren, Schulden zu tilgen und Gewinne auszuschütten.

Beispielsweise wurden Investitionen in Anlagen bereits im vergangenen Jahr bezahlt – das heißt, liquide Mittel sind abgeflossen –, die Gesamtsumme wird aber über die Abschreibungen auf die Nutzungsdauer der Anlagen verteilt und entsprechend jährlich in den Aufwand verbucht. Somit ist der Abschreibungsbetrag zwar im Ergebnis berücksichtigt, ihm steht aber kein Cash Outflow gegenüber. Zur Errechnung des Cashflows wird also der Jahresüberschuss um diejenigen Positionen bereinigt, die bereits zu einem Cash Outflow geführt haben.

Betrachten wir zur praktischen Erläuterung dieses Zusammenhangs nochmals die Ergebnisse der Mobilcom AG des Jahres 2001. Aus der laufenden Geschäftstätigkeit ergab sich ein positiver Cashflow von 46 Mio. Euro, den Investitionen von 482 Mio. Euro stehen Zuflüsse aufgrund der Aufnahme von Finanzierungsmitteln in Höhe von 452 Mio. Euro gegenüber (Tabelle 39).

Tabelle 39: **Cashflow 2002 der Mobilcom AG nach Geschäftsbereichen**

	UMTS		**Kerngeschäft**		**Gesamt**	
in Mio. €	2002	2001	2002	2001	2002	2001
Cashflow aus						
– laufender Geschäftstätigkeit	-100	-11	-45	57	-145	46
– Investitionstätigkeit	-276	-344	-46	-138	-322	-482
– Finanzierungstätigkeit	377	355	221	97	598	452
Gesamt	1	0	130	16	131	16

Um diese Cashflow-Rechnung aus dem Jahresüberschuss abzuleiten, muss die detaillierte Finanzierungsrechnung des Geschäftsberichts herangezogen werden (Tabelle 40). Die Übersicht der Ergebnisse aus Tabelle 36 hatte einen Jahresverlust vor Steuern (EBT) von 251,21 Mio. Euro ausgewiesen. Dieser wird nun um alle liquiditätsrelevanten Kostenpositionen bereinigt. Die Summe dieser Positionen ergibt 297 Mio. Euro, sodass aus der laufenden Geschäftstätigkeit ein positiver Cashflow in Höhe von 46 Mio. Euro resultiert (siehe Übersicht in Tabelle 39 und Details in Tabelle 40).

Tabelle 40: **Finanzierungsrechnung 2002 der Mobilcom AG – Teil 1**

in Tsd. €	Anhang Ziffer	2002	2001
Ergebnis vor Ertragsteuern		-3 323 791	-251 212
Anpassungen:			
- Abschreibungen		10 202 507	168 505
- Zinserträge		-7 297	-9 601
- Zinsaufwendungen		124 501	25 176
- Verlust aus dem Abgang von Anlagevermögen		432	266
- Ausgleichsanspruch gegenüber France Télécom	17	-7 475 717	0
- Sonstige zahlungsunwirksame Aufwendungen/Erträge		2 339	2 559
- Veränderungen der Vorräte, der Forderungen sowie anderer Aktiva, die nicht der Investitions- oder Finanzierungstätigkeit zuzuordnen sind		140 099	111 078
- Veränderungen der Verbindlichkeiten sowie anderer Passiva, die nicht der Investitions- oder Finanzierungstätigkeit zuzuordnen sind		-76 398	47 743
- Veränderungen der Rückstellungen		284 989	9 385
Zahlungen für die Einräumung von Optionsrechten	20/ 35	– 9 601	– 58 799
Steuerzahlungen		-7 625	801
Cashflow aus der laufenden Geschäftstätigkeit		-145 562	45 901
Einzahlungen aus Abgängen von Sachanlagenvermögen		1 789	4 017
Investitionen in Sachanlagen		-294 274	-318 662
Einzahlungen aus Abgängen von immateriellen Vermögenswerten		4 431	3 197
Investitionen in immaterielle Anlagewerte		-35 383	-168 114
Investitionen in Tochterunternehmen	34	-51	-6 397

Investitionen in Joint Ventures und assoziierte Unternehmen	-232	-1 262
Investitionen in übrige Finanzanlagen	-22	-436
Zinseinnahmen	2 150	5 117
Cashflow aus der Investitionstätigkeit	-321 592	-482 540

Im Jahr 2001 hatten Investitionen in Sachanlagen und Immaterielle Anlagewerte zu einem Cash Outflow von 482,5 Mio. Euro geführt, die durch Eigenkapitalzuführungen, die Begebung von Anleihen, die Aufnahme von Finanzkrediten, Gesellschafterdarlehen sowie Lieferantenkrediten finanziert wurden. Der Tilgung von Anleihen und Finanzkrediten in Höhe von 1,04 Mrd. Euro stand 2001 eine Neuverschuldung von 452,3 Mio. Euro gegenüber (Tabelle 41).

Tabelle 41: **Finanzierungsrechnung 2002 der Mobilcom AG – Teil 2**

in Tsd. €	Anhang Ziffer	2002	2001
Einführungen aus Eigenkapitalzuführungen	20	87	1 179
Einzahlungen aus der Begebung von Anleihen und der Aufnahme von Finanzkrediten	25	127 173	510 556
Einzahlungen aus der Aufnahme von Gesellschafterdarlehen (France Télécom)	25	498 276	455 391
Einzahlungen aus der Aufnahme von Lieferantenkrediten (UMTS)	25	215 924	857 318
Auszahlungen aus der Tilgung von Anleihen und von Finanzkrediten	25	-61 212	-1 040 146
Zinszahlungen		-182 122	-331 968
Cashflow aus der Finanzierungstätigkeit		598 126	452 330

Rentabilität

Betrachten wir abschließend die unterschiedlichen Dimensionen der Rentabilität des Unternehmens. Einerseits wird Ertragskraft durch den Quotienten aus Jahresgewinn und Umsatz dokumentiert (Umsatzrendite), andererseits durch den Quotienten aus Jahresgewinn und eingesetztem Kapital, wobei zwischen Eigenkapitalrendite und Gesamtkapitalrendite unterschieden wird.

Zur Bildung der Rentabilitätskennzahlen wird der Jahresüberschuss um außerordentliche Aufwendungen und Erträge bereinigt, da diese den Charakter der Einmaligkeit haben und anderenfalls die Vergleichbarkeit der operativen Leistung im Zeitablauf beeinträchtigen würden.

Wir kehren zu unserem Lern-Unternehmen zurück und finden die entsprechenden Basiswerte für die Berechnung des bereinigten Jahresgewinns in der Gewinn-und-Verlust-Rechnung (Tabelle 42).

Tabelle 42: **Bereinigter Jahresgewinn des Lern-Unternehmens**

Erfolgsrechnung	**Berichtsjahr**		**Vorjahr**	
	Euro	Euro	Euro	Euro
Umsatzerlöse		11 200 000		7 385 000
Ergebnis gewöhnl. Geschäftstätigkeit		**441 000**		**210 000**
Saldo a. o. Aufwendg./ Erträge		-14 000		-14 000
Steuern		-42 000		-28 000
Jahresüberschuss		**385 000**		**168 000**
Bereinigung um a. o. Ergebnis		14 000		14 000
Bereinigter Jahresgewinn		**399 000**		**182 000**

Umsatzrentabilität

Die Umsatzrentabilität ist als Quotient zwischen bereinigtem Jahresgewinn und den Umsatzerlösen definiert und spiegelt die Marge des Geschäftes wider (Tabelle 43).

Die Umsatzrentabilität fällt branchenspezifisch sehr unterschiedlich aus. Im deutschen Einzelhandel überstieg sie in den letzten Jahren selten die 2-Prozent-Marke. 2003 geriet sie mit weniger als einem Prozent gefährlich nahe an die Verlustzone. In Großbritannien hingegen erzielte der Lebensmittel-

Tabelle 43: **Umsatzrentabilität des Lern-Unternehmens**

Kennzahl	Formel	Wert	
		Berichtsjahr	Vorjahr
Umsatz-rentabilität	$\frac{\text{bereinigter Jahresgewinn x 100}}{\text{Umsatzerlöse}}$	3,6 %	2,5 %

einzelhändler Tesco nach der Eroberung der Marktführerschaft in den neunziger Jahren Umsatzrenditen von zeitweise über 8 Prozent.

Eigenkapitalrentabilität

Zur Beurteilung des Unternehmens und seiner Ertragskraft aus Unternehmersicht wird neben der Marge eines Geschäfts auch die Verzinsung des eingesetzten Eigenkapitals herangezogen. Als Bezugsgröße dient auch hier der bereinigte Jahresgewinn. Dieser Größe wird das durchschnittliche Eigenkapital des Betrachtungszeitraumes gegenübergestellt (Tabelle 44).

Tabelle 44: **Eigenkapitalrentabilität des Lern-Unternehmens**

Kennzahl	Formel	Wert	
		Berichtsjahr	Vorjahr
Eigenkapital-rentabilität	$\frac{\text{bereinigter Jahresgewinn x 100}}{\text{Eigenkapital}}$	18,8 %	9,0 %

Unser Lern-Unternehmen hat damit im Berichtsjahr keine Probleme mehr. Eine Verzinsung von 18,8 Prozent schließt sowohl eine gute Basisverzinsung als auch eine adäquat erscheinende Risikoprämie mit ein. Wenn hingegen der Vorjahreswert (9,0 Prozent) der dauerhaft erreichbaren Eigenkapitalrentabilität entspräche, würde dies nicht auf ein Geschäftsmodell mit überragender Risikoprämierung hindeuten.

Eine bekannte Unternehmerpersönlichkeit aus der Nahrungsmittelindustrie sagte bei einer Tagung im Oktober 2004 im Unternehmerhaus in Duisburg, der deutsche Einzelhandel habe im internationalen Vergleich unter anderem auch deshalb große Probleme, weil die Familieneigentümer mit weit geringeren (Eigenkapital-)Renditen zufrieden seien als Aktionäre von börsennotierten Lebensmitteleinzelhändlern in anderen Ländern wie England oder Frankreich.

Gesamtkapitalrentabilität

Um festzustellen, ob sich die Aufnahme zusätzlichen Fremdkapitals zur Finanzierung von Investitionen rechnet, wird die Gesamtkapitalrentabilität ermittelt. Liegt der zu entrichtende Fremdkapitalzins unter der Gesamtkapitalrentabilität, erhöht sich die Eigenkapitalverzinsung durch die Aufnahme zusätzlichen Fremdkapitals. In diesem Fall tritt der so genannte Leverage-Effekt ein, das heißt, das zusätzliche Fremdkapital wirkt zugleich als Hebel zur Steigerung der Eigenkapitalrentabilität.

Zur Berechnung der Gesamtkapitalrentabilität werden die als Aufwand gebuchten Zinsen für das Fremdkapital zum bereinigten Jahresgewinn addiert und zum Gesamtkapital ins Verhältnis gesetzt. Dazu müssen wir das durchschnittliche Gesamtkapital aus der Bilanz errechnen sowie die entsprechenden Werte aus der Gewinn-und-Verlust-Rechnung entnehmen (Tabelle 45).

Tabelle 45: Gesamtkapitalrentabilität des Lern-Unternehmens

Kennzahl	Formel	Wert	
		Berichtsjahr	Vorjahr
Gesamtkapital-rentabilität	$\frac{\text{(bereinigter Jahresgewinn + Zinsen) x 100}}{\text{Gesamtkapital}}$	10,8 %	9,4 %

In unserem Lern-Unternehmen liegt die Gesamtkapitalrentabilität im Berichtsjahr mit 10,8 Prozent deutlich über dem Fremdkapitalzins von knapp 6,2 Prozent (189 000 Euro Zinsen, geteilt durch das durchschnittliche Fremdkapital von 3 062 500 Euro). Gingen wir nun davon aus, dass wir mit zusätzlichen Investitionen (bei gleichem Fremdkapitalzins) die Gesamtkapitalrentabilität konstant auf 10,8 Prozent halten könnten, so würde die Eigenkapitalrentabilität steigen. Es ist nachvollziehbar, dass dieser Leverage-Effekt eine fremdfinanzierte Expansion durchaus attraktiv für die Eigenkapitalgeber macht, wenngleich natürlich die Abhängigkeit von Kreditgebern steigt.

Wertmanagement

Im internationalen Umfeld ist der »return on capital employed« (ROCE, im Deutschen: der Ertrag auf das eingesetzte Kapital) eine weit verbreitete Größe, wenn es darum geht, die Ertragskraft von Unternehmen und Strategischen Geschäftseinheiten zu beurteilen. Um für Anleger attraktiv zu sein, muss der Ertrag auf das eingesetzte Kapital größer sein als bei alternativen Anlageformen. Auch hier bilden die am Markt üblichen durchschnittlichen Kapitalkosten (»weighted average cost of capital«, WACC) die Untergrenze des Vergleichsmaßstabes.

Bevor wir die Kennzahl ROCE näher definieren, befassen wir uns kurz mit dem Thema Wertmanagement und ordnen dabei das ROCE-Konzept in die finanzielle Planung und Kontrolle ein.

Exkurs
Das Thema Wertmanagement wurde entscheidend von Alfred Rappaport von der J. L. Kellog School of Management an der Northwestern University in der Nähe von Chicago geprägt[26] Dabei steht die Frage im Vordergrund, wie viel ein Unternehmen eigentlich wert ist. Ist das die Summe der Aktiva der Bilanz? Oder ist das lediglich das Eigenkapital, das bilanziert ist? Oder sollten wir die Veräußerungswerte der einzelnen Aktivpositionen aufsummieren? Oder ist ein Unternehmen so viel wert, wie potenzielle Käufer bereit wären, zu bezahlen?

Dazu zunächst ein Blick in die Praxis. Bei der Übernahme von Veba Oel und Aral durch die BP war der Kaufpreis um etwa 2 Milliarden Euro höher als der Wert der Aktiva. Das bedeutet, dass BP bereit war, für das Geschäft von Veba Oel und die herausragende Marktstellung von Aral einen erheblichen Unterschiedsbetrag zu den bilanzierten Werten zu bezahlen. Markenexperten nennen diesen Wert »brand equity«[27]

Das Markenkapital setzt sich aus Elementen wie hundertjähriger Tradition, Marktführerschaft, Markenbekanntheit, Farbschutz für das Blau an deutschen Tankstellen und vielem mehr zusammen; in der Bilanz des Übernehmenden wird der Gegenwert des Markenkapitals als so genannter Goodwill verbucht und abgeschrieben.

In Deutschland kann man in den vergangenen Jahren verstärkte Aktivitäten internationaler so genannter Private-Equity-Unternehmen beobachten.[28] Prominente Beispiele sind die Akquisitionen des in der breiten Öffentlichkeit weitgehend unbekannten Finanzinvestors Kohlberg Kravis Roberts (KKR), der Mehrheitsanteile an deutschen Traditionsunternehmen wie MTU und Dynamit Nobel übernahm. Bei der Übernahme von ProSieben/SAT1 durch Haim Saban traten weitere Finanzinvestoren wie Providence Equity Partners, Hellman & Friedman, Thomas H. Lee Partners und Bain Capital in Erscheinung.

All diese milliardenschweren Transaktionen basieren auf der Annahme, dass die zu erwartenden Cashflows aus den Unternehmen (abgezinst auf den Tag der Investition) den Übernahmepreis übersteigen. Dieses Konzept der diskontierten Cashflows (discounted cash-flows, DCF) von Rappaport wird in der Planungsphase einer Übernahme angewandt. Es werden sowohl die Zeitpunkte der Kapitalflüsse über mehrere Jahre als damit auch Zinsen und Zinseszinsen berücksichtigt. Dem stehen Kontrollkonzepte gegenüber, die periodisch (jährlich) die tatsächliche Wertentwicklung überwachen.

Return on capital employed (ROCE)

Bei den Kontrollkonzepten unterscheidet man Kapitalrendite-Konzepte und Residualgewinn-Konzepte.[29] Das am weitesten verbreitete Kapitalrendite-Konzept in der wertorientierten Steuerung von Unternehmen ist der return on capital employed (ROCE).

Das eingesetzte Kapital setzt sich aus dem Anlagevermögen und dem Netto-Betriebskapital (im Englischen »net working capital«) zusammen. Diese Größen wiederum setzen sich folgendermaßen zusammen:

	Immaterielle Vermögensgegenstände
+	Sachanlagen (einschließlich Leasing)
+	Finanzanlagen
=	**Anlagevermögen**
	Vorräte
+	Forderungen aus Lieferungen und Leistungen
+	übrige Forderungen und sonstige Vermögensgegenstände
+	aktive Rechnungsabgrenzungsposten
-	Steuerrückstellungen
-	sonstige Rückstellungen
-	erhaltene Anzahlungen
-	Verbindlichkeiten aus Lieferungen und Leistungen
-	sonstige Verbindlichkeiten
-	passivische Rechnungsabgrenzungsposten
=	**Net working capital**

Der ROCE betrachtet das Periodenergebnis vor Zinsen und Steuern (earnings before interest and taxes, EBIT) im Verhältnis zum eingesetzten Kapital:

ROCE = EBIT/(Netto-)Anlagevermögen + Netto-Betriebskapital

»ROCE reflektiert damit die Ertragskraft des Gesamtkapitals, das mit dem Capital Employed grundsätzlich über die Aktivseite der Bilanz definiert wird. ROCE gibt an, wie erfolgreich die Unternehmung mit dem Fremd- und Eigenkapital gearbeitet hat, und macht somit den Vergleich von Geschäftseinheiten unterschiedlicher Größenordnung sowie von Unternehmungen und zwischen Branchen möglich.«[30]

In der Praxis wird die Kombination aus DCF- und ROCE-Konzept häufig in Konzernen eingesetzt, um die interne Vergabe von Investitionsmitteln zu steuern.

Bilanzpolitik

Nachdem wir in den letzten Kapiteln objektiv erscheinende Positionen und Zusammenhänge von Bilanz sowie Gewinn-und-Verlust-Rechnung kennen gelernt haben, suggeriert der Begriff Bilanzpolitik etwas »Manipulatives«. Versucht man, den Begriff Politik näher zu ergründen, »erhält man keine zuverlässige Auskunft, wenn man das Wort auf den griechischen Ursprung zurückführt; sicher ist, dass die Bezeichnung »Politik« in den Schriften des Aristoteles und zuvor in Platos Schrift über den Staat die selbstbewusste Organisierung der Angelegenheiten eines griechischen Stadtstaates ausdrückt – selbstbewusst in der doppelten Bedeutung verstanden, dass es keine gültige Instanz (wenn man einmal die Götter, die Rachewesen, die mythische Verstrickung außer Betracht lässt) oberhalb dieser Politik gibt und dass Politik dem Dialog standhalten muss.«[31]

Diese knapp 2 500 Jahre alte Sichtweise der Politik lässt sich gut auf Bilanzen und die »Organisation der Angelegenheiten einer Unternehmung« übertragen, wenngleich »oberhalb dieser Politik« für Bilanzen eindeutig der Rechtsrahmen der Handelsgesetze gilt, dem zufolge die Bilanz »ein den tatsächlichen Verhältnissen entsprechendes Bild der Vermögens-, Finanz- und Ertragslage der Unternehmung« darzustellen hat.

Selbstbewusstsein und Dialogorientierung treffen allerdings auch den Kern der Bilanzpolitik unseres Erachtens sehr eindrucksvoll. Die Unternehmensleitung hat die Aufgabe, mit den unterschiedlichen Anspruchsgruppen einen Dialog aufzubauen, der in manchen Belangen ein eher optimistisches Bild der wirtschaftlichen Lage zeichnet, um beispielsweise die Attraktivität des Unternehmens auf den Märkten (Kapitalmarkt, Arbeitsmarkt, Absatzmarkt) zu erhöhen.

Andererseits kann es beispielsweise aus fiskalischer Sicht durchaus sinnvoll sein, Gewinne niedriger auszuweisen, um Steuerzahlungen so weit wie möglich in die Zukunft zu verschieben. Dies setzt die Zeichnung eines eher zu pessimistischen Bildes der wirtschaftlichen Lage des Unternehmens voraus, indem man beispielsweise (einzeln zu begründende) Rückstellungen bildet. Weber und Weißenberger nennen dies das Dilemma der Bilanzpolitik (Abbildung 34).

Ein selbstbewusster, offener und langfristig angelegter Dialog macht das Unternehmen glaubwürdig und wird von allen Anspruchsgruppen positiv aufgenommen. Auf die besonderen Anforderungen vonseiten der institutionellen Anleger – Berechenbarkeit und Verlässlichkeit der Informationspolitik – wurde bereits weiter oben intensiv eingegangen.

Abbildung 34: **Dilemma der Bilanzpolitik nach Weber und Weißenberger**

Quelle: Weber, J./Weißenberger, B. (2002): *Einführung in das Rechnungswesen*, 6. Aufl., Stuttgart, Schäffer-Poeschel, S. 227

Überblick über Instrumente der Bilanzpolitik

Den Schwerpunkt des bilanzpolitischen Instrumentariums bilden Bilanzierungs- und Bewertungswahlrechte. Zeitliche Aspekte erweisen sich als wertvolle Ergänzungsdimension sowohl für formale Aspekte als auch für die materiellen Instrumente (Abbildung 35).

Abbildung 35: Instrumente der Bilanzpolitik

Zeitliche und formale Instrumente
• Wahl des Bilanzstichtags • Festlegung des Bilanzvorlage- und Veröffentlichungstermins • Gliederungstiefe von Bilanz und GuV • Ausführlichkeit von Anhang und Lagebericht • Ergänzung von Anhang und Lagebericht durch Zusatzinformationen
Materielle Instrumente
• Maßnahmen vor dem Bilanzstichtag (Zeitliche Verschiebung von Geschäftsvorfällen) • Maßnahmen nach dem Bilanzstichtag (Ausnutzung von Ansatz- und Bewertungswahlrechten)

Quelle: vgl. Küting, K./Weber C. (1999): *Die Bilanzanalyse*, Stuttgart, Schäffer-Poeschel, S. 410, Kerth A./Wolf J. (1993): *Bilanzanalyse und Bilanzpolitik*, München/Wien, Hanser, S. 306 sowie Weber, J./Weißenberger, B. (2002): *Einführung in das Rechnungswesen, 6.* Aufl., Stuttgart, Schäffer-Poeschel, S. 229

Zeitliche und formale Instrumente der Bilanzpolitik

Zeitliche und formale Instrumente sind im Sinne der oben skizzierten informationspolitischen Kontinuität für längere Zeiträume festzulegen. Dies wird am Beispiel der Wahl des Bilanzstichtages deutlich. Einzelhändler wie Saturn und Mediamarkt bilanzieren zum 30. September und verlassen mit dem Schwung des Weihnachtsgeschäftes ihr erstes Geschäftsquartal. Bei Zulieferern von Einzelhändlern, die 40 Prozent ihres Umsatzes im Dezember realisieren, wäre der 30. September als Bilanzstichtag damit verbunden, hohe Lagerbestände auszuweisen. Ende Dezember hingegen wären die liquiden Mittel deutlich höher.

Formal ist das wichtigste Gliederungswahlrecht das zwischen dem Umsatz- und Gesamtkostenverfahren. Das im letzten Kapitel bei GF-Typ 2 gewählte Gesamtkostenverfahren zeigt den Anteil der großen Kostenblöcke an der Summe der Erträge, das Umsatzkostenverfahren gliedert Aufwand und Ertrag nach Sparten der Geschäftsfelder. Des Weiteren lässt sich die Gliederungstiefe variieren. § 265 Abs. 5 HGB besagt, dass »eine weitere Untergliederung der Posten zulässig ist; dabei ist jedoch die vorgeschriebene Gliederung zu beachten. Neue Posten dürfen hinzugefügt werden, wenn ihr Inhalt nicht von einem vorgeschriebenen Posten gedeckt würde.«

Eine besondere Bedeutung hat in den letzten Jahren die Qualität der formalen Instrumente Anhang und Lagebericht gewonnen. Auch zusätzliche Informationen wie Sozial- und Umweltbilanzen tragen in nicht zu unterschätzendem Umfang zu Positionierung und Wertschätzung der Anspruchsgruppen gegenüber dem Unternehmen bei.

Materielle Instrumente der Bilanzpolitik

Die mit Abstand wichtigste Gruppe umfasst materielle Instrumente, die Maßnahmen vor dem Bilanzstichtag und Maßnahmen nach dem Bilanzstichtag unterscheidet. Die zeitliche Verschiebung von Geschäftsvorfällen ins laufende Jahr oder in das kommende Jahr ist zum »Finetuning« von Jahresergebnissen weit verbreitet. Anschaffungen kurz vor dem Bilanzstichtag vermindern die Liquidität oder erhöhen die kurzfristigen Verbindlichkeiten und führen zu einer Erhöhung des Anlagevermögens. Da in der zweiten Jahreshälfte angeschaffte bewegliche Vermögensgegenstände unabhängig vom genauen Anschaffungstermin mit der Hälfte des jährlichen Abschreibungssatzes abgeschrieben werden dürfen, können durchaus signifikante Reduzierungen des Periodenerfolgs erreicht werden.

Diejenigen Maßnahmen, die nach dem Bilanzstichtag getroffen werden, basieren hauptsächlich auf den vom Gesetzgeber eingeräumten Ansatz- und Bewertungswahlrechten. Die wichtigsten Wahlrechte sind in Abbildung 36 dargestellt und aufsteigend nach den entsprechenden gesetzlichen Bestimmungen des Handelsgesetzbuches (HGB) sortiert.

Abbildung 36 Überblick über Ansatz- und Bewertungswahlrechte

Aktivierungswahlrechte	
• Damnum von Verbindlichkeiten	§250 HGB
• Entgeltlich erworbener Firmenwert	§255 Abs. 4 HGB
• Ingangsetzungs- und Erweiterungsaufwendungen sowie	§269 HGB
• Geringwertige Wirtschaftsgüter	
• Nicht entgeltlich erworbene materielle Wirtschaftsgüter	
Passivierungswahlrechte	
• Aufwandsrückstellungen für Instandhaltung	§249 Abs. 1 HGB
• Andere Aufwandsrückstellungen	§249 Abs. 2 HGB
• Sonderposten mit Rücklageanteil	§257 Abs. 3 HGB

Bewertungswahlrechte	
• Verfahren zur Ermittlung planmäßiger Abschreibungen	§253 Abs. 2 HGB
• Außerplanmäßige Abschreibungen bei voraussichtlich vorübergehender Wertminderung	§253 Abs. 2 HGB
• Außerplanmäßige Abschreibungen im Rahmen vernünftiger kaufmännischer Beurteilung	§253 Abs. 4 HGB
• Übernahme steuerlicher Wertansätze	§254 HGB
• Ermittlung der Herstellungskosten	§255 Abs. 2 HGB
• Abschreibung auf entgeltlich erworbenen Firmenwert	§255 Abs. 4 HGB
• Sammelbewertungsverfahren (Verbrauchsfolge, Festwert, Durchschnittsbewertung)	§256 HGB sowie §240 Abs. 3,4 HGB

Bei der Analyse der Mobilcom AG hatten wir einen Zeitpunkt betrachtet, in dem eine ganze Reihe von Ansatz- und Bewertungswahlrechten zum Einsatz kam, die dazu führen sollten, die Unternehmung von Altlasten (wie der UMTS-Lizenz) zu befreien und eine zukunftsorientierte Basis herzustellen.

Grenzen der Bilanzpolitik

Im laufenden Betrieb eines gesunden Unternehmens bietet sich zwar eine Reihe von bilanzpolitischen Instrumenten an, die dem Topmanagement und den Bilanzierungsexperten innerhalb und außerhalb des Unternehmens vorbehalten sind. Sicherlich endet die Bilanzpolitik aber dort, wo unklare und unwahre Angaben die Bilanz verschleiern oder verfälschen sollen. Hierbei sollten nicht allein die strafrechtlichen Konsequenzen, sondern auch die Gefahr des Vertrauensverlustes bei den Anspruchsgruppen im Auge behalten werden.

Die Aufgabe der Bilanzpolitik ist es, stets einen Ausgleich zwischen divergierenden Interessen (Dilemma der Bilanzpolitik) zu finden. Bei allen Maßnahmen müssen die Grundsätze ordnungsmäßiger Buchführung beachtet werden, vielfach sind Aktivierungs- und Passivierungswahlrechte an bestimmte Tatbestände und Voraussetzungen geknüpft, die vorliegen müssen. Einmal getroffene Entscheidungen beeinflussen die Bilanzpolitik in Folgejahren, sowie sie ihrerseits durch die Bilanzpolitik der vergangenen Jahre beeinflusst werden.

Vorstände, Geschäftsführer aber auch Jahresabschlussprüfer stehen in den letzten Jahren verstärkt im Mittelpunkt des öffentlichen Interesses; allzu evidente bilanzpolitische Maßnahmen verlieren durch die weitgehende Erläuterungspflicht im Anhang an Wirkung und verstärken vorhandenes Misstrauen.

Innovative Finanzierung und Fördermittel

Fördermittel zur Finanzierung von Investitionen und Betriebsmitteln sind sehr vielschichtig und zielen auf unterschiedliche Phasen des Unternehmens beziehungsweise auf unterschiedliche Ausrichtungen eines Vorhabens ab. In Abhängigkeit von vielen verschiedenen Faktoren kann ein Unternehmen die Förderinstrumente internationaler und nationaler Finanzierungsinstitutionen in Anspruch nehmen. Bei diesen Förderinstrumenten kann es sich sowohl um langfristige Darlehen mit teilweiser Haftungsfreistellung als auch um Sicherungsinstrumente, wie beispielsweise öffentliche Bürgschaften, oder auch um Zuschüsse handeln.

Die Ausführungen zu diesem Themengebiet sind in Zusammenarbeit mit einem Experten entstanden, der in Industrieunternehmen, Banken und der Europäischen Kommission in Brüssel für innovative Finanzierungskonzepte und Fördermittel verantwortlich tätig war, bevor er sich als Berater auf diesen Bereich spezialisiert hat.[32]

Welche Finanzierungsinstrumente von einem Unternehmen beantragt werden können, hängt einerseits von der Art des Projektes, andererseits aber auch von der Größe und Art des antragstellenden Unternehmens oder der antragstellenden Person ab. Wir haben ausgewählte Finanzierungsinstrumente zusammengestellt, um Ihnen einen ersten Überblick über die Vielfalt und die Zielsetzungen der Instrumente zu vermitteln.

Die Kombination einzelner Förderinstrumente ist immer individuell an das jeweilige Projekt gebunden. Dabei ist zu beachten, dass eine Investition oder die Entwicklung eines Projektes immer nur einmal finanziert werden kann. Wir werden die für die unterschiedlichen Phasen am häufigsten in Anspruch genommenen Finanzierungsinstrumente erläutern. Dabei werden auch internationale Finanzierungsinstrumente berücksichtigt, die eine sinnvolle Ergänzung zu den in Deutschland angebotenen darstellen können.

Mezzanine-Kapital

Finanzierungsbedarf entsteht unabhängig davon, ob ein Unternehmer eine neue Firma aufbauen, nach den ersten Erfolgen als selbstständiger Unternehmer nun sein Unternehmen ausbauen oder ob er ein bestehendes Unternehmen übernehmen will. Es muss zunächst festgelegt werden, für welche Bereiche des

Unternehmens Finanzierungsbedarf besteht. Werden Finanzierungsmittel für Investitionen in Deutschland benötigt, oder stehen auch Investitionen beispielsweise im benachbarten Ausland zur Finanzierung an? Werden auch über die vorhandene Liquidität hinaus Betriebsmittel, zum Beispiel für die Markterschließung, benötigt?

Der Bund wie auch die Bundesländer stellen im Rahmen ihrer Gründungsfinanzierung langfristige Finanzierungsmittel zur Verfügung, die sich von den banküblichen Mitteln durch tilgungsfreie Anlaufjahre und (teilweise) Haftungsfreistellung auszeichnen. Mit diesen Programmen wird der Finanzierungsbedarf sowohl für Investitionen als auch für Betriebsmittel gedeckt.

Vor dem Hintergrund des Bestrebens, die Fremdkapitalquote möglichst gering zu halten, ist das Darlehensprogramm »Unternehmerkapital« der KfW-Mittelstandsbank das von den Gründern und jungen Unternehmen am häufigsten nachgefragte Förderprogramm. Dieses Programm bietet so genanntes Mezzanine-Kapital in unterschiedlicher Höhe an, und zwar für Unternehmen in Gründung, für Unternehmen, die nicht älter als zwei Jahre sind sowie für Unternehmen, die länger als zwei Jahre, nicht aber länger als fünf Jahre bestehen. Auch Unternehmen, die länger als fünf Jahre bestehen und mit ihrer anstehenden Investition Arbeitsplätze schaffen, können Mezzanine-Kapital erhalten. Im Folgenden werden die ersten beiden Programmvarianten kurz dargestellt.

Sofern der Existenzgründer beziehungsweise junge Unternehmer 15 Prozent der geplanten Investitionskosten (einschließlich Kaufpreis für ein Unternehmen, Aufwendungen für das erste Warenlager sowie Markterschließungskosten) aus eigenen finanziellen Quellen darstellen kann, können weitere 25 Prozent des Finanzierungsbedarfs durch dieses Programm als Nachrangdarlehen vom Bund bereitgestellt werden. Dieser Finanzierungsanteil in Höhe von 25 Prozent braucht nur durch eine persönliche Haftung des Antragstellers (und gegebenenfalls seines Ehepartners) unterlegt zu werden, weitere Sicherheiten sind nicht erforderlich.

Zwar ist der Darlehensbetrag auf maximal 500 000 Euro begrenzt, doch andererseits bietet dieses Programm auch im Hinblick auf die Laufzeit, die Tilgungsmodalitäten und den Zinssatz für den Antragsteller Vorteile. So zeichnet es sich durch seine lange Laufzeit von 15 Jahren und eine tilgungsfreie Anlaufzeit von sieben Jahren aus. Hinzu kommt, dass die Zinssätze in den ersten vier Jahren der Laufzeit grundsätzlich sehr niedrig sind. Im ersten Jahr werden gar keine Zinsen fällig, im zweiten Jahr 3 Prozent, ab dem dritten Jahr 4 Prozent und im fünften Jahr 5 Prozent. Nach Ablauf des fünften Jahres ist ein bereits bei Mittelzusage von der KfW-Mittelstandsbank festgelegter Förderzins zu entrichten.

Unternehmen, die bereits länger als zwei Jahre, nicht aber länger als fünf Jahre bestehen, können Mezzanine-Kapital in ähnlicher Form erhalten. Der Finanzierungsanteil dieser Programmvariante liegt bei 40 Prozent der förderfähigen Kosten, jedoch muss die Hausbank für mindestens zehn Jahre einen Finanzierungsanteil in mindestens gleicher Höhe wie das Mezzanine-Kapital übernehmen. Im Rahmen dieses Programms wird also die Hausbank zu einer Beteiligung an der Gesamtfinanzierung verpflichtet. Das Mezzanine-Kapital ist somit an das Engagement der Hausbank gebunden.

Geht man davon aus, dass das antragstellende Unternehmen 20 Prozent des Investitionsvolumens aus eigenen Mitteln darstellen kann und das Mezzanine-Kapital 40 Prozent abdeckt, so ist nur noch das Hausbankdarlehen (40 Prozent des Finanzierungsvolumens) dinglich zu besichern. Die Laufzeit und die Tilgungsfreiheit in den Anlaufjahren entsprechen den Konditionen der Programmvariante für den Gründungsbereich.

Exkurs
Bankübliche Sicherheiten sind beispielsweise Grundschulden, die Sicherungsübereignung von Maschinen, Geräten, Einrichtungen, Fahrzeugen und des Warenlagers, Forderungsabtretungen (Einzel-, Mantel- oder Globalabtretungen), Bürgschaften (auch von Bürgschaftsbanken und Kreditgarantiegemeinschaften) sowie privates Vermögen wie beispielsweise Lebensversicherungen, Bausparverträge, Festgelder, Sparguthaben und private Ausfallbürgschaften.

Eine Verzinsung dieser Finanzierungsmittel ist jedoch von Beginn der Laufzeit an zu leisten. Grundsätzlich aber handelt es sich bei dem Zinssatz um einen Förderzinssatz, der unterhalb des Marktniveaus liegt und bereits bei Bewilligung der Mittel festgelegt wird.

Zuschüsse und Förderdarlehen

Unabhängig von der Dauer des Bestehens eines Unternehmens gewähren die Bundesländer in bestimmten, wirtschaftlich benachteiligten Regionen nicht rückzahlbare Zuschüsse im Rahmen der Anschaffung von Wirtschaftsgütern des Anlagevermögens. Die Bedingungen, die für eine Gewährung dieser Zuschüsse erfüllt sein müssen, sind bereits bei einer Antragstellung als erfüllt beziehungsweise als machbar zu dokumentieren. Ein wesentliches Kriterium ist die Schaffung von neuen Arbeitsplätzen, die dauerhaft entstehen werden. Ein entsprechender Nachweis ist nach Gewährung dieser Zuschüsse über einen Zeitraum von mehreren Jahren zu erbringen. Des Weiteren müssen die Produkte beziehungsweise die Leistungen des Unternehmens überwiegend überregional abgesetzt werden. Auch für die Erfüllung dieser Bedingung ist ein Nachweis zu erbringen. Diese sowie weitere Aspekte sind im Rahmen eines aussagekräftigen Unternehmenskonzeptes mit detaillierter Rentabilitätsvorschau, Liquiditätsplanung sowie einem Finanzierungsplan nachzuweisen.

Da die Zuschüsse nur zu einem Teil (in einigen Bundesländern bis zu 45 Prozent der förderfähigen Investitionskosten) zur Finanzierung der Investitionen beitragen, ist von der Hausbank eine so genannte Durchfinanzierungsbestätigung zu erbringen. Dies bedeutet, dass die Gesamtfinanzierung des Vorhabens gewährleistet sein muss, bevor der Antrag auf Zuschuss bewilligt werden kann. Im Rahmen dieser Gesamtfinanzierung können auch die Förderdarlehen des Bundes beziehungsweise der Bundesländer beantragt werden. Die Bemessungsgrundlage zur Ermittlung der Darlehenshöhe verringert sich um die gewährten Zuschüsse.

Nicht nur Investitionskosten können durch die Gewährung von Zuschüssen gefördert werden, sondern auch Betriebsmittel, die an einen bestimmten Verwendungszweck gebunden sind. So können im Rahmen der Förderung von Forschungs- und Entwicklungsprojekten Betriebsmittel, die in unmittelbarem Zusammenhang mit dem Projekt stehen, vom Bund oder dem betreffenden Bundesland anteilig durch die Gewährung von Zuschüssen gefördert werden. Die förderfähigen Kosten umfassen unter anderem Personalkosten, anteilig auch die Abschreibungen eines für das Projekt angeschafften Wirtschaftsguts des Anlagevermögens sowie Kosten für Fremdleistungen.

Zusätzlich zum allgemein erforderlichen Unternehmenskonzept inklusive Anlagen wie beispielsweise eine Rentabilitätsvorschau muss das Forschungs- und Entwicklungsprojekt (F&E-Projekt) als neuartig und vermarktungsfähig dargestellt werden. Hierbei ist die Grenze zwischen »neuartig und trotzdem marktfähig« und »marktfähig, aber noch nicht marktreif« zu ziehen. Jedes Projekt, das bereits zur Marktreife gelangt ist, ist im Sinne der Technologieförderung nicht mehr förderfähig. Daher ist es wichtig, bereits bei den ersten Gedanken über ein neues Produkt beziehungsweise Projekt die mögliche Inanspruchnahme von Zuschussprogrammen zu prüfen, denn grundsätzlich gilt bei der Beantragung von Fördermitteln, dass vor einer Antragsstellung mit dem Projekt (oder dem Investitionsvorhaben) noch nicht begonnen werden darf.

Ergänzend zu den Zuschussmöglichkeiten für F&E-Projekte stellt auch der Bund Darlehensprogramme für Technologieprojekte zur Verfügung. Das ERP-Innovationsprogramm bietet zinsgünstige Darlehen mit tilgungsfreien Anlaufjahren und teilweiser Haftungsfreistellung für die durchleitende Bank. Das

Programm fördert sowohl die Phase der F&E-Tätigkeit als auch die Markteinführungsphase. Finanzierungsanteile sowie förderfähige Kostenpositionen sowie Konditionen sind in Abbildung 37 aufgeführt.

Abbildung 37: Das ERP-Innovationsprogramm im Überblick

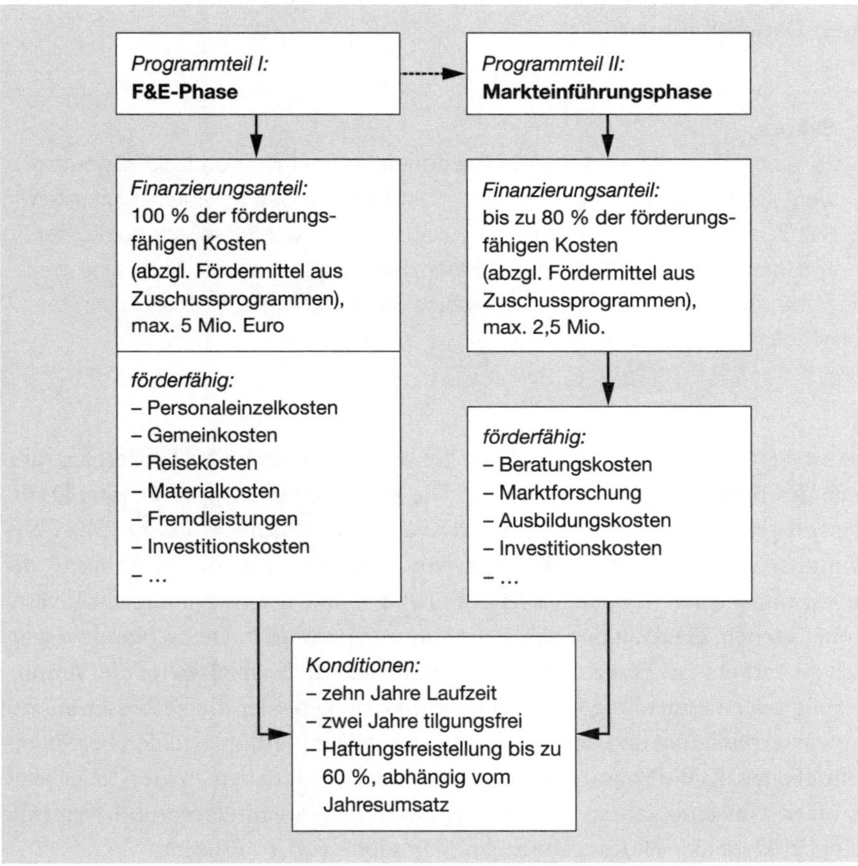

Ein in den vergangenen Jahren zunehmend wichtiger gewordenes Thema ist die Umwelt- und Energiepolitik, die auch in der Förderpolitik nicht unberücksichtigt geblieben ist. Bund und Länder haben Förderinstrumente geschaffen, die Investitionen mit umweltschützenden und energiesparenden Auswirkungen durch die Bereitstellung von Zuschüssen und Darlehen unterstützen.

In diesem Bereich haben die Bundesländer eigene Förderprogramme entwickelt, die den umweltpolitischen Zielen des eigenen Landes entsprechen. So hat beispielsweise Nordrhein-Westfalen mit seinem Förderprogramm *Initiative ökologische und nachhaltige Wasserwirtschaft in NRW* ein Instrument geschaffen, das den produktionsintegrierten Umweltschutz (Zurückhaltung von Stoffen, die in öffentlichen Kläranlagen nicht oder nicht ausreichend behandelt werden, Schließung von Wasserkreisläufen, Abwasservermeidung oder Abwassereinsparung) anhand von Zuschüssen oder besonders zinsgünstigen Darlehen fördert.

Exkurs
Es gibt Förderprogramme, die besonders ausgefallen und die allgemein wenig bekannt sind. In Nordrhein-Westfalen wurden in einem konkreten Fall Zuschüsse in Höhe von bis zu 50 Prozent der Anschaffungskosten von maximal 100 000 Euro zur Finanzierung einer neuen Maschine gewährt, die deutlich weniger Kühlwasser als herkömmliche Maschinen benötigt.

Selbstverständlich kann auch dieses Programm mit weiteren Förderprogrammen des Bundes kombiniert werden. Die KfW-Bankengruppe hat zwei Darlehensprogramme kreiert, die umweltrelevante Investitionen fördern. Das *ERP-Umwelt- und Energieeinsparprogramm* finanziert bis zu 75 Prozent der Investitionskosten (maximal 1 Mio. Euro), die im Zusammenhang mit Investitionen stehen, die dazu beitragen, die Umweltsituation in Deutschland wesentlich zu verbessern. Hierzu zählen Maßnahmen wie beispielsweise die Verminderung oder Vermeidung von Luftverschmutzungen oder die Verbesserung der Abwasserreinigung und der Trinkwasserversorgung. Analog zu den bereits beschriebenen KfW-Programmen hat dieses Förderdarlehen in der Regel eine Laufzeit von zehn Jahren bei zwei tilgungsfreien Anlaufjahren und bietet die Möglichkeit einer Haftungsfreistellung in Höhe von 50 Prozent.

Zusätzlich kann das *KfW-Umweltprogramm* in die Finanzierung eingebunden werden, das ebenfalls bis zu 75 Prozent der Investitionskosten (max. 5 Mio. Euro) langfristig finanziert. Auch in diesem Programm wird dem Unternehmen die Möglichkeit einer 50-prozentigen Haftungsfreistellung eingeräumt.

Um festzustellen, ob ein Investitionsvorhaben umweltrelevant ist, sollten Sie prüfen, ob Ihr Projekt in die folgende Liste umweltrelevanter Maßnahmen fällt:

- Maßnahmen zur Verringerung oder Vermeidung von Luftverschmutzungen einschließlich Geruchsemissionen, Lärm und Erschütterungen.

- Die Anschaffung von biogas- und erdgasbetriebenen Fahrzeugen und Gaszapfsäulen.
- Maßnahmen zur Beseitigung von bestehenden Boden- und Gewässerverunreinigungen.
- Maßnahmen zur Verbesserung der Abwasserreinigung und Trinkwasserversorgung.
- Maßnahmen zur Abwasserverminderung und -vermeidung.
- Maßnahmen zur Abfallvermeidung und -behandlung.
- Maßnahmen zur effizienten Energieerzeugung und -verwendung.
- Maßnahmen zum Einsatz regenerativer Energiequellen.
- Maßnahmen zum Boden- und Grundwasserschutz.
- Die Erstellung eines Öko-Audits, sofern sie im Zusammenhang mit anderen förderungswürdigen Umweltschutzinvestitionen steht.
- Maßnahmen zur betrieblichen Altlastensanierung, sofern sie als Voraussetzung weiterer betrieblicher Investitionen durchgeführt werden.

Bürgschaften

Nehmen Sie einmal an, Ihr Unternehmen habe in den vergangenen Jahren Darlehen der Bank und auch der Förderinstitutionen in Anspruch genommen und alle verfügbaren Sicherheiten seien zwecks Finanzierung den Finanzierungs- und Förderinstitutionen übertragen worden. Aber um neue Marktchancen zu nutzen, um eine neue Maschine anzuschaffen, die Ihre Produktionskapazitäten erweitert oder um durch Rationalisierungseffekte die Ertragslage zu verbessern, benötigen Sie weitere Finanzmittel. Eine Lösung für diesen Finanzierungsengpass könnte im Bereich des Fremdkapitals eine Bürgschaft des Bundeslandes sein.

Die Bürgschaftsbanken der Bundesländer ersetzen fehlende Sicherheiten, indem sie Bürgschaften für das Unternehmen gegenüber der kreditgebenden Bank abgeben. Die Bürgschaftsbank trägt das Ausfallrisiko der Rückzahlung eines Kredites für das Kreditinstitut in der Regel bis zu einer Höhe von 80 Prozent. Das Kreditinstitut selbst muss einen 20-prozentigen Eigenanteil akzeptieren. Der Umfang der für ein Unternehmen übernommenen Bürgschaften darf ein Gesamtengagement von 750000 Euro nicht überschreiten. Die Laufzeit einer Bürgschaft richtet sich in der Regel nach der Laufzeit des Darlehens des Kreditinstitutes, umfasst somit in der Regel einen Zeitraum von zehn Jahren. Sofern die Bürgschaftsbank vom Kreditinstitut in Anspruch genommen wird – das heißt zum Beispiel, wenn das Unternehmen seinen Tilgungsverpflichtungen nicht nachkommt –, findet ein Gläubigeraustausch statt, das heißt, gegenüber dem Unternehmen tritt nun die Bürgschaftsbank als Gläubiger auf. Mit der Bürgschaftsbank wird man nun im Rahmen seiner Möglichkeiten nach der regelmäßig vorangegangenen Unternehmensaufgabe Rückzahlungsvereinbarungen treffen.

Wie bereits mehrfach erwähnt, ist auch für die Antragstellung einer Landesbürgschaft ein umfangreiches und aussagekräftiges Unternehmenskonzept mit sämtlichen Berechnungen erforderlich. Speziell für die Beantragung einer Bürgschaft werden auch weitere Dokumente wie beispielsweise eine Auskunft in Steuersachen des zuständigen Finanzamtes angefordert.

Ein Bürgschaftsantrag will, wie alle anderen oben erwähnten Anträge auf Fördermittel, gut und detailliert vorbereitet sein. Beginnen Sie deshalb mit der Erstellung der antragsrelevanten Unterlagen frühzeitig vor dem geplanten Starttermin Ihres Vorhabens. Denken Sie daran: Nach seiner Einreichung durchläuft Ihr Antrag mehrere Gremien bei Ihrer Hausbank und bei der Bürgschaftsbank. Manche Bürgschaftsbanken lassen ihren Bürgschaftsausschuss, der über Ihren Antrag entscheiden soll, einmal pro Woche zusammentreffen, andere aber nur einmal pro Monat. Einen zeitlichen Vorlauf von ein paar Wochen vor Beginn Ihres Projektes sollten Sie daher immer fest einplanen.

Internationale Projekte und Fördermittel

Nehmen Sie an, Ihr Unternehmen habe sich in den vergangenen Jahren erfolgreich auch außerhalb Deutschlands platziert, Sie konnten Geschäftsverbindungen mit Unternehmen in anderen EU-Mitgliedstaaten knüpfen, und Ihre Lieferanten und Kunden haben ihren Geschäftssitz beispielsweise in Frankreich, Spanien, Lettland oder Ungarn. Viele Finanzierungsinstitute in Deutschland stoßen bei der Begleitung Ihrer Projekte im Ausland nun an ihre Grenzen. Aber müssen Ihre Projekte deshalb auch an Grenzen stoßen?

Vielfach werden die Förderinstrumente internationaler Institutionen vom deutschen Mittelstand außer Acht gelassen. Die Hausbank hat Sie immer gut beraten, und wenn sie jetzt nicht mehr weiter weiß, rät sie häufig von »risikoreichen« Gemeinschaftsprojekten im Ausland ab. Aber Ihre Bank kennt Ihren Geschäftspartner nicht. Sie selber können am besten beurteilen, ob sich ein gemeinsames Projekt, wie beispielsweise die Entwicklung eines neuen Verfahrens oder eines neuen Produktes, mit Ihrem ausländischen Partner realisieren lässt.

Die Europäische Kommission unterstützt Projekte, die von mehr als zwei Unternehmen aus mehreren EU-Mitgliedstaaten durchgeführt werden, mit Zuschüssen und zinsgünstigen Darlehen. In den meisten Fällen liegt der Zuschuss zu den Kosten eines F&E-Projekts bei 50 Prozent. Die verbleibenden 50 Prozent der Kosten können durch langfristige Darlehen der Europäischen Investitionsbank (EIB) finanziert werden.

Sicherlich stellt die Beantragung von Fördermitteln bei der Europäischen Kommission besondere Anforderungen an die beteiligten Partner, und seien es nur die sprachlichen. Grundsätzlich dürfen Sie natürlich Ihren Antrag in Ihrer Landessprache einreichen, aber eine Antragstellung in englischer Sprache (oder gegebenenfalls in Französisch) dürfte die Erfolgsaussichten Ihres Antrags enorm erhöhen. Wenn Sie sich für ein derartiges Projekt entschieden haben, sollten Sie entweder einen qualifizierten Mitarbeiter mit dem Weg durch das Brüssler Antragsverfahren betrauen oder einen qualifizierten Berater für diejenigen Aufgaben heranziehen, die nicht im eigenen Unternehmen erledigt werden können.

Die Bereiche, die von der Europäischen Kommission im Rahmen ihrer Zuschussprogramme gefördert werden, sind sehr vielfältig und reichen von der F&E über Projekte im Energiebereich und im Umweltbereich bis hin zu Bildungsprojekten, internationalem Akademikeraustausch und zur Erschließung von Auslandsmärkten.

Aber auch ohne Beteiligung von Partnern aus anderen EU-Mitgliedstaaten kann ein deutsches Unternehmen für sein Projekt in Deutschland oder im europäischen Ausland Fördermittel erhalten. Bei diesen Fördermitteln handelt es sich jedoch nicht um Zuschüsse, sondern um zinsgünstige, langfristige Darlehen der EIB mit tilgungsfreien Anlaufjahren. Voraussetzung für die Einbindung dieser Mittel ist, dass das Projekt in wirtschaftlich benachteiligten Regionen der EU durchgeführt wird. Zu diesen Regionen gehören in Deutschland beispielsweise die neuen Bundesländer, aber auch Teile der alten Bundesländer. Die EIB hat mit den durchleitenden Finanzierungsinstituten (Geschäftsbanken) Förderbereiche vereinbart, für die Finanzierungsmittel der EIB eingesetzt werden dürfen. Hierzu gehört der für mittelständische Unternehmen wesentliche Bereich Wachstum und Umwelt, im Rahmen dessen Neuinvestitionen gefördert werden können.

Der Finanzierungsanteil der EIB an einem Gesamtengagement beträgt in der Regel bis zu 50 Prozent des Finanzierungsbedarfs. Projekte bis zu einem Gesamtvolumen in Höhe von 50 Millionen Euro werden im Rahmen von so genannten Globaldarlehen über die in Deutschland ansässigen Geschäftsbanken beantragt. Globaldarlehen sind Darlehen, die eine Geschäftsbank bei der EIB zu günstigen Zinskonditionen aufgenommen hat und im günstigsten Fall am internationalen Kapitalmarkt wieder mit einem Zinsvorteil angelegt hat. Der erzielte Zinsgewinn wird an den Kreditnehmer weitergegeben, sodass sich für das Unternehmen eine günstige Finanzierung darstellen lässt. Eine Kombination mit weiteren Förderprogrammen in Deutschland ist grundsätzlich möglich.

Für alle Fördermittel der europäischen Institutionen wie beispielsweise der Europäischen Kommission, der Europäischen Investitionsbank und des Europäischen Investitionsfonds gilt, dass sie für Projekte in allen Mitgliedstaaten der Europäischen Union beantragt werden können. Das bedeutet für Sie, dass Sie für Ihr Projekt in Spanien ebenfalls Mittel der EIB beantragen und selbstverständlich auch die nationalen, spanischen Förderprogramme in eine Gesamtfinanzierung einbinden können. Ähnlich wie in Deutschland bieten auch die anderen Mitgliedstaaten der Europäischen Union den mittelständischen Unternehmen Investitionsanreize in Form von Zuschüssen, zinsgünstigen Darlehen und Bürgschaften an.

Auf Ihrem Weg ins Ausland haben Sie in den vergangenen Monaten oder Jahren die seit dem 1. Mai 2004 neu der Europäischen Union beigetretenen Mitgliedstaaten entdeckt? Sicherlich haben Sie in diesem Zusammenhang auch die umfangreichen Fördermöglichkeiten des Bundes (*Projektstudienfonds Ausland* zur Finanzierung der Markterschließung), Ihres Bundeslandes (Zuschuss bis zu 75 Prozent der Länderstudie/Marktstudie) oder der Europäischen Kommission (Zuschuss bis zu 50 Prozent der Kosten einer Machbarkeitsstudie, Zuschuss zu den Projektentwicklungskosten) in Anspruch genommen. Wenn Sie Ihre unternehmerischen Aktivitäten auf die neuen EU-Mitglieder Bulgarien und Rumänien ausweiten wollen, sollten Sie frühzeitig prüfen, ob Sie die oben genannten Fördermittel auf Ihren Weg in Richtung Osten mitnehmen können.

In den Ländern des ehemaligen Ostblocks hat sich nach dem Fall der deutsch-deutschen Mauer und dem Zerfall der Sowjetunion die Europäische Bank für Wiederaufbau und Entwicklung (EBWE) etabliert. Sie widmet sich der Finanzierung von Projekten zum Aufbau privater Unternehmen und einer funktionierenden Infrastruktur (zum Beispiel in den Bereichen Verkehr, Energie und Umwelt). Die EBWE stellt in Bulgarien und Rumänien auch heute noch einen großen Teil der Finanzierungsmittel zur Verfügung. Dabei übernimmt sie in Kooperation mit anderen Finanzierungs- und Förderinstitutionen auch Risiken, sofern das geplante Projekt eine ausreichende Rentabilität erwarten lässt. Dies wiederum setzt ein aussagekräftiges Unternehmenskonzept voraus. So bietet die EBWE den Unternehmen auch Nachrangdarlehen, Schuldverschreibungen und Vorzugsaktien an. Die Übernahme von Risiken lässt sie sich dem Erfolg des Projektes entsprechend vergüten (Mezzanine-Kapital). Der Finanzierungsanteil der EBWE ist auf 35 Prozent der Projektkosten begrenzt, die Laufzeit eines Engagements umfasst in der Regel bis zu zehn Jahre. Die Vereinbarung von tilgungsfreien Anlaufjahren ist ebenfalls möglich. Ein wichtiger Aspekt ist im Rahmen einer Fremdkapitalfinanzierung die Besicherung der EBWE-Mittel. Die EBWE akzeptiert als Besicherung ihres Engagements auch das im Investitionsland vorhandene Anlagevermögen.

Auch die Europäische Kommission hat für Bulgarien und Rumänien besondere Förderprogramme aufgelegt. Die Beantragung von Zuschüssen (beispielsweise zu den Investitionskosten, den Personalkosten sowie Qualifizierungskosten), die nicht in Brüssel erfolgt, sondern direkt bei den entsprechenden Stellen im Zielland, wird von der EBWE als positives Kriterium bei der Prüfung Ihres Antrags gewertet. Eine Verknüpfung mehrerer Förderinstrumente ist demzufolge von der EBWE ausdrücklich erwünscht.

An dieser Stelle möchten wir das Thema Fördermittel abschließen. Zusammenfassend lässt sich das Resümee ziehen, dass für fast jedes Projekt und fast jede Investition Fördermittel angeboten werden. Auch wenn der erste Schritt, das heißt, die erstmalige Einbindung von Fördermitteln, aufwändig ist, wird die Verbesserung Ihrer Bilanzsituation durch den Erhalt von Zuschüssen oder von Mezzanine-Kapital als Beleg Ihrer Anstrengungen dienen. Natürlich gilt: Förderdarlehen werden in Ihrer Bilanz als langfristige Verbindlichkeiten ausgewiesen. Doch der Hebel der Haftungsfreistellung und die durch ihn gesicherte Finanzierbarkeit ihres Projektes haben schon viele Unternehmen auf ihrem Weg nach vorn unterstützt.

Ratingverfahren

Die Vorgaben des Baseler Ausschusses für Bankenaufsicht werden von jeder Bank spezifisch umgesetzt. Die im Folgenden dargestellten Bestandteile eines Ratingverfahrens basieren auf einer Informationsmappe über das Ratingverfahren der Landesbank Baden-Württemberg (LBBW).

Ratingverfahren sind je nach Größenklasse der Unternehmen unterschiedlich detailliert. Der Mittelstand wird beispielsweise bei der LBBW von 2,5 bis 500 Millionen Euro Umsatz in einer Klasse zusammengefasst. Im Rahmen des Ratingverfahrens wird die quantitative Entwicklung (Finanzrating) analysiert. Darüber hinaus werden qualitative Einschätzungen des Unternehmens herangezogen. Weiterhin werden Warnsignale, wie beispielsweise Kontoüberziehungen und die Zugehörigkeit zu Haftungsverbünden, berücksichtigt.

Unternehmensentwicklung

Die Unternehmensentwicklung wird durch die Analyse der letzten Jahresabschlüsse (Bilanzen und Gewinn-und-Verlust-Rechnungen) beurteilt. Dabei werden alle in den letzten Abschnitten behandelten Kennzahlen zur Ertrags-, Finanz- und Vermögenslage herangezogen. Die Relevanz dieser Kennzahlen schwankt je nach der Art der Geschäftstätigkeit des Unternehmens und je nach der Höhe der Umsätze. Durch eine entsprechende Gewichtung der einzelnen Faktoren wird sichergestellt, dass Besonderheiten bei Handels-, Produktions- und Dienstleistungsunternehmen berücksichtigt werden.

Der vergangenheitsbezogene Teil dieses Finanzratings wirft meist keine großen Probleme auf, da die handels- und steuerrechtlichen Bestimmungen die Erstellung von Jahresabschlüssen zwingend vorschreiben. Allerdings sind auch zukunftsgerichtete Aspekte zu berücksichtigen. Zur Erstellung eines Ratings sind im Allgemeinen die folgenden Unterlagen notwendig:

- Jahresabschlüsse der letzten drei Jahre,
- aktuelle betriebswirtschaftliche Auswertung,
- Planzahlen der kommenden drei Jahre (Umsatz, Ertrag und Kosten),
- Liquiditätsvorschau,
- Gesellschafterverträge und Handelsregisterauszug,
- Aufstellung über den aktuellen Stand der Verbindlichkeiten,
- Investitionspläne (sofern Investitionen anstehen).

Die in den vergangenen Abschnitten besprochenen Maßnahmen zur Gestaltung der Einzelpositionen von Bilanz und GuV wirken sich natürlich erheblich auf die Beurteilung der Ertrags-, Finanz- und Vermögenslage Ihres Unternehmens aus. Sie sollten gemeinsam mit Wirtschaftsprüfern und Steuerberatern gezielt diejenigen Kriterien und Kennzahlen steuern, die zu einer günstigeren Einstufung führen.

Bei der Unternehmenseinschätzung haben die Kundenberater der Banken auch in der Vergangenheit qualitative Kriterien berücksichtigt und im persönlichen Gespräch geklärt. Eine systematische Evaluation basiert allerdings in der Regel auf schriftlichen Dokumentationen. Für die Beurteilung der Bereiche Unternehmensführung, Planung und Steuerung, Markt und Produkt sowie Wertschöpfungskette[33], die den qualitativen Teil des Ratingverfahrens bilden, führen wir im folgenden exemplarische Fragestellungen auf, die Sie zur Vorbereitung auf die Kommunikation zwischen Geschäftsführung und Bank nutzen können.

In Unternehmen, die nicht auf Erfahrungen mit der schriftlichen Dokumentation von Strategie, Unternehmenspolitik und Prozessen – beispielsweise innerhalb eines Zertifizierungsprozesses nach der Qualitätsnorm EN/ISO 9000 – aufbauen können, kann die Beantwortung der folgenden Fragen und deren Niederschrift durchaus aufwändig sein und längere Diskussionen anstoßen. Für einige der zu Beginn dieses Kapitels skizzierten Geschäftsführertypen stellt dieser Prozess aber auch eine große Chance dar, beispielsweise über Fragen der Strategie und Entscheidungsbefugnisse innerhalb des Managements Klarheit zu schaffen.

Unternehmensführung

Die Fragen zur Unternehmensführung gliedern sich in die Gebiete Unternehmensstrategie, Management und Personal. Zu Unternehmensstrategie und Strategiemanagement sind folgende Fragen denkbar:[34]

- Existiert eine auf die Bedürfnisse und Rahmenbedingungen Ihres Unternehmens angepasste Unternehmensstrategie und können Sie diese in ihren wesentlichen Grundzügen erläutern?
- Wie wird diese Strategie in Ihrem Unternehmen kommuniziert und umgesetzt?
- Werden wesentliche Aspekte der Markt- und Branchenentwicklung einbezogen? Wie wird die Strategie diesen Aspekten gemäß angepasst?

Auf dem Gebiet des Managements werden zwei Gesichtspunkte analysiert – die persönliche und fachliche Qualifikation der ersten und zweiten Führungsebene und die Zusammenarbeit und Kommunikation innerhalb der Entscheidungsträger. Fragen hierzu sind:[35]

- Können Sie erläutern, wer die Entscheidungen in Ihrem Unternehmen trifft?
- Besteht eine Vertretungs- und Nachfolgeregelung?
- Besteht die Gefahr der einseitigen Fokussierung auf einen Teilbereich des Unternehmens?

Im Themenbereich Personal werden das Personalmanagement, die Personalzufriedenheit, die Arbeitsmarktsituation sowie spezifische personelle Risiken unter die Lupe genommen. Im Einzelnen wird gefragt:[36]

- Welche Ausbildung beziehungsweise Erfahrung im betriebswirtschaftlichen und technischen Bereich bringen die Geschäftsführer mit?
- In welcher Art und Weise sind branchenspezifische Qualifikationen vorhanden?
- Bestehen Abhängigkeiten von Schlüsselqualifikationen und/oder -persönlichkeiten, mit deren Ausfall ein Risiko verbunden ist?

Planung und Steuerung

Die Fragen zur Planung und Steuerung beziehen sich auf die im Unternehmen etablierten Prozesse zur Planung, Steuerung und Kontrolle sowie auf die Informationspolitik gegenüber der Bank. Es liegt auf der Hand, dass die Bank es als ein positives Zeichen wertet, wenn die benötigten Auskünfte vom Unternehmen zeitgerecht und umfassend zur Verfügung gestellt werden, die Unterlagen eine hohe Aussagekraft besitzen, gelungen gestaltet sind und den Eindruck vermitteln, dass sie im Instrumentarium eines professionellen Managements einen festen Bestandteil bilden. Zur Planung der Bereiche Investitionen, Finanzen und Liquidität sowie zur GuV- und Bilanzplanung können im Einzelnen folgende Fragen gestellt werden:[37]

- Inwieweit fließen Informationen aus dem Controlling in den Prozess der Entscheidungsfindung mit ein?
- In welcher Form werden notwendige Einzelinformationen zur Bestimmung von Kennzahlen bereitgestellt? Sind die errechneten Kennzahlen mit denen der Vorjahre vergleichbar?
- In welchem Umfang sind die Führungskräfte und Bereichsverantwortlichen in die Planung eingebunden?

Das Controlling hat seit seinem Einzug in die Unternehmen in den siebziger Jahren spätestens mit den Themen Shareholder Value und Internationalisierung der Kapitalmärkte noch an Bedeutung gewonnen. Für mittelständische Unternehmen sind die Ratingverfahren der Banken mit verschärften Anforderungen an ein etabliertes Controlling verbunden. Bezogen auf die Einzelthemen Unternehmenssteuerungs-Konzept, Kostenrechnung, unterjähriges Berichtswesen, Liquiditätsmanagement und Risikofrüherkennungs-Konzept, können beispielsweise folgende Fragen gestellt werden:[38]

- In welcher Regelmäßigkeit werden Soll-Ist-Vergleiche vorgenommen?
- Ist eine zeitnahe Erfassung der Geschäftsvorfälle gewährleistet? Stehen die entsprechenden Daten in elektronischer Form für weitere Analysen zur Verfügung?
- Ist man sich spezieller Risiken bewusst, und ist das Unternehmen gegen diese Risiken entsprechend ihrer Bedeutung abgesichert?

Gerade im teils stark vom Export geprägten deutschen Mittelstand kann beispielsweise das professionelle Management von Währungsrisiken für den Erfolg oder gar die Zukunft eines Unternehmens entscheidend sein.

Exkurs
In den einzelnen Branchen war man auf einen Dollarkurs von über 1,30 Euro im Dezember 2004 sehr unterschiedlich vorbereitet. Der Autohersteller Porsche zählt zu den positiven Beispielen. Die Financial Times Deutschland schreibt dazu:

»Porsche ist zwar mit einem Gewinn vor Steuern von über 1 Milliarde Euro bei einem Umsatz von zuletzt 6,35 Milliarden Euro der profitabelste

Autohersteller der Welt. Doch ein Großteil des Gewinns – Analysten schätzen rund 700 Millionen Euro – geht auf das Konto von Währungstermingeschäften, so genanntem Hedging. Damit sichert Porsche das Währungsrisiko seiner Exporte in den Dollar-Raum ab, die rund die Hälfte des Umsatzes ausmachen.«
Financial Times Deutschland, 20. Oktober 2004

Markt und Produkt

Die Fragen zu den Themen Markt und Produkt setzen einen professionellen Umgang mit dem Instrumentarium des Strategischen Managements voraus, welches in Kapitel 3 vorgestellt wurde. Bezüglich der Produkt- und/oder Dienstleistungssortimente sowie deren Qualität können im Einzelnen folgende Fragen gestellt werden:[39]

- Welches sind die umsatz- und deckungsbeitragsstärksten Produkte/Dienstleistungen?
- Wie sind die Produkte/Dienstleistungen in Eigenschaft und Qualität an dem Bedarf und den Erwartungen der Kunden ausgerichtet?
- Beschreiben Sie die Kundenorientierung bei der Entwicklung der Produkte/Dienstleistungen.
- Werden Kundenbefragungen durchgeführt oder werden Reklamationen beziehungsweise Serviceanfragen von Kunden in Bezug auf Qualität und Funktionalität ausgewertet?

Hier zeigt sich sowohl eine überraschend zukunftsorientierte Kundenfokussierung bei der Beurteilung der Produkte als auch eine Anlehnung an die Qualitätsmanagement-Elemente der EN/ISO 9000 ff.

Die Marktstellung des Unternehmens bezüglich Marktposition, Konkurrenzsituation und Stabilität des Wettbewerbs kann anhand der folgenden Fragestellungen beleuchtet werden:[40]

- Wie sind die Entwicklungsaussichten und die geltenden Wettbewerbsbedingungen im Vergleich zur Branche?
- In welchem Umfang sind hierbei konjunkturelle Zyklen zu berücksichtigen?
- Wie schnell kann das Unternehmen beim Markteintritt eines neuen Wettbewerbers oder bei Einführung eines Konkurrenz- oder Substitutionsprodukts reagieren beziehungsweise seine Strategie anpassen?

Um Aussagen zur allgemeinen Branchenentwicklung bezüglich Marktwachstum, Branchenrentabilität, Innovationsgeschwindigkeit und Marktschwankungen treffen zu können, müssen unternehmensübergreifende Daten beispielsweise von Kammern und Verbänden herangezogen werden. Fragen hierzu basieren auf dem Fünf-Kräfte-Modell von Michael Porter[41] (Abbildung 14, S. 54) und können wie folgt lauten:[42]

- Sind Ihnen die wesentlichen, charakteristischen Eckdaten Ihrer Branche bekannt?
- Sind Ihnen die Wachstumsaussichten und neuen Marktpotenziale (Chancen und Risiken) Ihrer Branche bekannt und inwieweit werden sie in die Planung integriert?
- Benennen Sie Stärken und Schwächen im Vergleich zu Ihren Wettbewerbern.
- Wie erkennen und reagieren Sie zeitnah auf Veränderungen der Wettbewerbsstruktur?
- Gibt es in Ihrer Branche wirksame Eintrittsbarrieren für neue Wettbewerber? Wenn ja, welche?
- Wie bedeutend ist der technologische Fortschritt in Ihrer Branche und somit die Forschungs- und Entwicklungstätigkeiten Ihres Unternehmens?

Der Absatzmarkt wird im Hinblick auf den aktuellem Auftragsbestand und die zukünftige Kapazitätsauslastung, die Kundenstruktur im Hinblick auf die Bonität der Kunden und den Grad der Abhängigkeit von einzelnen Kunden oder Kundengruppen beurteilt. Hier können Fragen zur Professionalität des Kundenmanagements gestellt werden:[43]

- Können Sie Aussagen zu Ihrer Kundenstruktur treffen?
- Können Sie eine Aussage über den Grad der Abhängigkeit von Ihren Kunden treffen?
- Wie würde sich der Verlust eines oder mehrerer Kunden für Sie auswirken?
- Wie stark sind Ihre Kunden im Vergleich zu den Kunden anderer Unternehmen der Branche von der konjunkturellen Entwicklung beeinflusst?

Wertschöpfungskette

Detaillierte Fragen zur Wertschöpfungskette werden erst ab einer gewissen Unternehmensgröße gestellt. Das in Abbildung 38 dargestellte Wertkettenprinzip von Michael Porter liegt dem Frageraster im Ratingverfahren zugrunde. Die primären Aktivitäten vom Einkauf bis zum Vertrieb werden in einer Kette von links nach rechts dargestellt, zusätzlich werden unterstützende Aktivitäten wie Organisation sowie Forschung und Entwicklung betrachtet.

Abbildung 38: Das Wertkettenprinzip nach Michael Porter

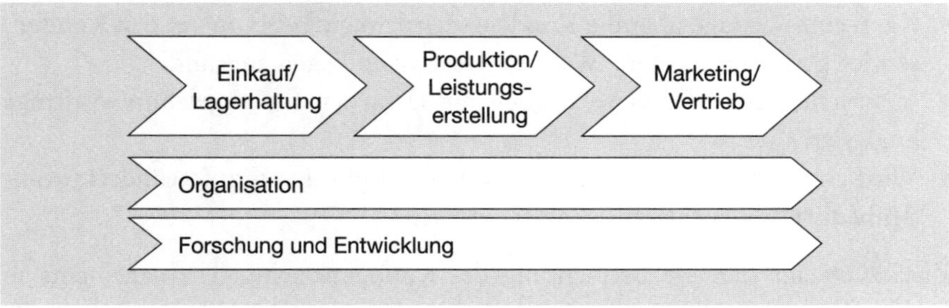

Im Bereich Einkauf werden Einkaufskonditionen, die Qualität der Lieferanten und die Abhängigkeit von Lieferanten beurteilt. Zudem wird die Professionalität des Lagermanagements überprüft. Für die Wertschöpfungsstufe Einkauf/Lagerhaltung sind folgende Fragen denkbar:[44]

- Wie zuverlässig sind Ihre Lieferanten? Sind sie so leistungsfähig, wie es den Erfordernissen Ihres Unternehmens entspricht?
- Sind die Konditionen der Qualität der Lieferantenleistung angemessen?
- Wer sind Ihre umsatzstärksten Lieferanten und wie hoch ist deren jeweiliger relativer Anteil am Beschaffungsvolumen?
- Bestehen im Fall von Lieferanten strategisch wichtiger Materialien alternative Bezugsquellen?

Die Wertschöpfungsstufe Produktion/Leistungserstellung als Herzstück vieler Mittelständler wird in den Standardfragen zum Ratingverfahren stiefmütterlich behandelt. Die Beurteilung der vorhandenen und geplanten Produktionsanlagen und des Leistungserstellungsprozesses sind für die Banker sicherlich am schwersten »greifbar«. Umso mehr Wert sollten Sie darauf legen, die gesamte Produktionskette nachvollziehbar darzustellen und durch Qualitäts- und Prozessinnovationsmanagement sicherzustellen, dass Schwachstellen erkannt und rasch abgestellt werden.

An dieser Stelle möchten wir darauf hinweisen, wie wichtig eine effiziente Aufbau- und Ablauforganisation ist, die durch ein »schlankes« Qualitätsmanagementsystem unterstützt wird.

In der Wertschöpfungsstufe Marketing/Vertrieb kommt es darauf an, ein Marketingkonzept zu erkennen und die Steuerung des Vertriebs nachzuvollziehen. Die Beurteilung der Qualität von Marketing und Vertrieb orientiert sich wiederum eng an den Qualitätsmanagement-Elementen der EN/ISO 9000.

Im Einzelnen können folgende Fragen gestellt werden:[45]

- In welcher Form ist eine konsequente Betreuung vorhandener Kunden sichergestellt?
- Kann eine Aussage über die Kundenzufriedenheit in Bezug auf den Kundenservice getroffen werden? Welche Messgrößen liegen zugrunde?
- In welcher Art und Weise werden die Ursachen für abgelehnte Aufträge analysiert?
- Wird eine aktive Absatzsteuerung betrieben und kann auf geänderte Kundenbedürfnisse rechtzeitig reagiert werden?

Zusätzlich hat sich die Betrachtung des Kundenbeziehungsmanagements in den verschiedenen Phasen des Lebenszyklus bewährt. Abbildung 39 zeigt die

Abbildung 39: Kundenlebenszyklus-Modell nach Rensmann

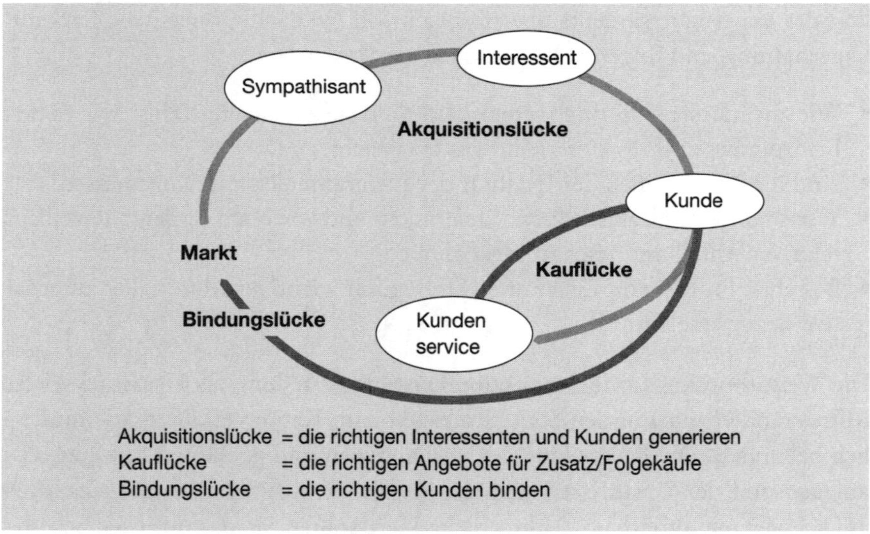

Quelle: Rensmann, F.-J. (2003): »Konzentration auf den Kunden«, in: Dallmer (Hg.): *Handbuch Direktmarketing*, Stuttgart, Gabler, S. 55

Phasen, die ein Kunde durchläuft, wenn er auf die Leistungen und Produkte eines Unternehmens aufmerksam wird und sich zu Kauf und Nutzung entschließt.

Im Mobilfunkmarkt ist beispielsweise die Durchdringung so weit fortgeschritten, dass sich nur noch wenige Kunden neu entschließen, ein Handy zu

erwerben. Mobilfunkunternehmen müssen ihre Zukunftsfähigkeit nun eher dadurch beweisen, bestehende Kunden zufrieden zu machen und »im Loop« zu halten. Dasjenige Unternehmen wird am erfolgreichsten sein, dem es gelingt, die profitabelsten Kunden zu halten und zu entwickeln und dabei die Kündigungsrate so gering wie möglich zu halten.
Sicherlich werden auch die Ratingverfahren die hier üblichen Kennziffern wie ARPU und »churn rate« als Maßstab von Kundengüte und Kundenzufriedenheit bald in ihren Fragenkatalog aufnehmen. ARPU steht für »average revenue per user« (das heißt, den durchschnittlichen Ertrag pro Nutzer oder Kunde). Die »churn rate« (Kundenverlustrate) ist der Quotient aus Kundenverlusten (pro Jahr) und Gesamtkundenbestand.

Kapitel 6

Die Königsaufgabe des Geschäftsführers: Führung und Kommunikation

In diesem Kapitel erfahren Sie, ...

1. ... wie Sie Ihre Mitarbeiter wirkungsvoll führen und motivieren.
2. ... wie Sie bei der Personalauswahl die richtigen Entscheidungen treffen.
3. ... worauf es bei der Personalentwicklung ankommt.
4. ... wie Sie aus Ihrer Führungsmannschaft ein Team machen.
5. ... wie Sie das Topmanagement effektiv organisieren.
6. ... wie Sie Key-Players und Netzwerke im Unternehmen identifizieren.
7. ... welche Kommunikationsinstrumente es gibt.
8. ... wie Sie geschickt Verhandlungen führen.
9. ... wie Sie Konflikte effizient lösen.
10. ... wie Sie öffentliche Auftritte meistern.

Alles, was Sie über Mitarbeiterführung wissen müssen

»Der Abt bedenke immer, was er ist, bedenke, was sein Name sagt, und wisse, wem er anvertraut ist, dem wird auch mehr abgefordert. Er halte sich gegenwärtig, wie schwierig und dornenvoll die Aufgabe ist, die er übernommen hat, Seelen zu leiten und der Eigenart vieler gerecht zu werden. Auf den einen wirke er mit Güte, auf den anderen mit Tadel, auf einen Dritten mit Zureden ein. Nach Veranlagung und Fassungskraft eines jeden passe und schmiege er sich allen so an, dass er nicht nur keinen Verlust erleide an der ihm anvertrauten Herde, sondern sich auch am Wachstum der guten Herde erfreuen könne.«

So lesen wir in den Mönchsregeln des heiligen Benedikt aus dem sechsten Jahrhundert. Schon damals zählte die Menschenführung zu einer der großen Herausforderungen für Führungskräfte. 1500 Jahre später sieht dies nicht anders aus; die Anforderungen an Führungskräfte haben eher zu- als abgenommen.

Sie werden bereits aus früheren Positionen mit zahlreichen Aspekten der Mitarbeiterführung vertraut sein. Da für Sie als Geschäftsführer jedoch weitere Aufgaben hinzukommen und Sie in der Ausgestaltung Ihrer Führungsrolle ein Vorbild für Ihre Managementkollegen sind, möchten wir Ihnen in diesem Kapitel eine kurze Auffrischung in Sachen Mitarbeiterführung geben.

Als Führungskraft haben Sie im Wesentlichen drei Aufgaben: *Bewegung*, *Richtung* und *Zusammenhalt*. Wir müssen Menschen und Prozesse bewegen, um Stillstand und »Verfettung« vorzubeugen. Wir alle bewegen uns gerne in unserer Komfortzone. Sie sind das Instrument dagegen. Dies ist von besonderer Wichtigkeit, wenn Ihr Unternehmen einer besonderen Umfelddynamik ausgesetzt ist. Doch Bewegung alleine garantiert noch keinen Erfolg. Damit sich Menschen und Prozesse nicht im Kreis bewegen, müssen Führungskräfte die gewünschte Richtung definieren. Und schließlich gilt es, die Mannschaft geschlossen hinter sich zu bringen und zu halten.

Wie Sie Ihre Mitarbeiter und Managementkollegen wirklich motivieren

Ihre Mitarbeiter und Managementkollegen werden sich fragen, warum sie Ihnen als Führungskraft folgen sollen. Sie sollten ihnen auf diese Frage gute Antworten liefern, wenn Sie aus den Ihnen anvertrauten Personen ein Gefolge machen wollen. Mit anderen Worten: Ihre zentrale Aufgabe als Führungskraft ist es, für Ihre Mitarbeiter Sinn zu stiften. Nur wenn Ihnen dies gelingt, werden Ihre Mitarbeiter bereit sein, ihre Selbstbestimmung zugunsten einer Fremdbestimmung einzuschränken.

Mitarbeitermotivation: Die zehn wichtigsten Faktoren
Was steigert das Engagement von Mitarbeitern?

1. Die Unternehmensführung zeigt Interesse am Wohlergehen der Mitarbeiter.
2. Die beruflichen Fähigkeiten der Mitarbeiter werden vom Unternehmen gefördert.
3. Die Unternehmensführung agiert als Vorbild im Sinne der Unternehmenswerte.

4. Die Mitarbeiter haben ausreichend Entscheidungsfreiheit, um gute Arbeitsergebnisse zu liefern.
5. Das Unternehmen hat als Arbeitgeber einen exzellenten Ruf.
6. Das Aufgabenspektrum der Mitarbeiter ist anspruchsvoll.
7. Die Arbeitsgruppe arbeitet als Team.
8. Das Unternehmen ist auf seine Kunden ausgerichtet.
9. Es herrscht ein gutes Arbeitsklima.
10. Die Mitarbeiter können die Festlegung ihres Lohns/Gehalts nachvollziehen.

Talent Report, Towers Perrin, 2004

Bei der Motivation Ihrer Mitarbeiter sollten Sie den folgenden sechs Grundregeln Beachtung schenken:

- Erwarten Sie wenig von anderen und viel von sich selbst, dann bleibt Ihnen mancher Ärger erspart.
- Das Einzige, was letztlich motiviert, ist die Aufgabe als solche.
- Mitarbeiter wollen für Gewinner arbeiten: Dafür bedürfen sie der Anerkennung, und sie benötigen Informationen, um das Gesamtbild zu verstehen.
- Wichtiger als Motivation ist die Vermeidung von Demotivation.
- Sie dürfen alles, können aber nicht alles machen. Vergessen Sie nicht: Sie sind Geschäftsführer und nicht Sachbearbeiter.
- Mitarbeiter erwarten Fachkompetenz, aber motiviert werden sie durch Führungskompetenz.

Jenseits dieser Grundregeln der Mitarbeitermotivation ist es wichtig, dass Sie erkennen, welche Bedürfnisse und Motive Ihre Mitarbeiter haben, damit Sie Ihren Führungsstil entsprechend wirkungsvoll anpassen können. Dafür möchten wir Ihnen das Modell der drei Motivationstypen vorstellen, das sich in unserer Unternehmenspraxis als sehr hilfreich herausgestellt hat.

Es sind drei Motivationstypen voneinander zu unterscheiden: der *Anschlussmotivierte*, der *Leistungsmotivierte* und der *Machtmotivierte*. Der anschluss- oder zugehörigkeitsmotivierte Mitarbeiter ist in Unternehmen sehr häufig anzutreffen – allerdings meist weniger in den Reihen der Führungskräfte als vielmehr auf Mitarbeiterebene. Er würde der folgenden Aussage zustimmen: »Es ist nicht so entscheidend, was das Team macht. Es ist wichtiger, wie die Teammitglieder miteinander umgehen und dass ich selbst Bestandteil des Teams bin.«

Das soziale Gefüge im Unternehmen ist den Anschlussorientierten somit häufig wichtiger als die erarbeiteten Ergebnisse. Mit ihrer integrativen Haltung wirken sie als »Klebstoff«, der das Team zusammenhält. Sie gelten jedoch auch als eher konfliktscheu und harmoniebedürftig.

Der zweite Motivationstyp ist der leistungsmotivierte Mitarbeiter. Er ist im Unternehmen schon deutlich seltener vertreten. Unserer Erfahrung nach sind weniger als 30 Prozent der Mitarbeiter im Unternehmen primär leistungsmotiviert. Die Vertreter des zweiten Typs würden von sich sagen: »Ich will etwas besonders Gutes schaffen.«

Mitarbeiter, die leistungsmotiviert sind, lieben es, sich mit Kollegen zu messen und im Wettbewerb zu stehen. Sie sind neugierig, lernen gerne etwas Neues und suchen nach spannenden Herausforderungen. Ihr Antrieb resultiert aus der Leistung selbst, weniger aus der Anerkennung durch andere.

Bei dieser Art von Mitarbeitern besteht die Gefahr, dass sie das übergeordnete Ziel aus den Augen verlieren und zu stark auf ihren eigenen Aufgabenbereich fokussiert sind. Darüber hinaus leidet bisweilen die Arbeitsatmosphäre unter ihrer starken Leistungsorientierung.

Der machtmotivierte Mitarbeiter würde die folgende Position vertreten: »Für mich ist es nicht so wichtig, was und wie wir etwas machen. Hauptsache, wir folgen dabei meinen Regeln.« Den machtmotivierten Mitarbeiter treibt primär die Möglichkeit an, Einfluss zu nehmen und das System zu gestalten, anstatt nur in ihm zu arbeiten. Weitere Faktoren sind Status und Prestige.

Bei dieser Art von Mitarbeitern besteht die Gefahr, dass sie sich in manipulatorischen oder gelegentlich auch anderen blockierenden Verhaltensweisen ergehen. Der machtorientierte Motivationstyp ist häufig in den Reihen von Führungskräften anzutreffen, im Unternehmen insgesamt aber nach unserer Erfahrung mit weniger als 10 Prozent aller Mitarbeiter am seltensten vertreten.

Nachdem Sie nun mit den grundlegenden Motivationstypen vertraut sind, möchten wir Ihnen im Folgenden verraten, wie Sie anschluss-, leistungs- und machtmotivierte Mitarbeiter oder Führungskräfte wirkungsvoll führen. Grundsätzlich gilt es, die primäre Motivation der Mitarbeiter zu (er)kennen und zu befriedigen:

Anschlussmotivierte Mitarbeiter benötigen Zeit für den Austausch mit Ihnen und klare Regeln für die Art und Weise der Zusammenarbeit. Da sie sich sehr an Ihrem Verhalten als Führungskraft ausrichten werden, ist es wichtig, dass Sie Ihre Vorbildrolle bewusst wahrnehmen. Geben Sie Ihren zugehörigkeitsmotivierten Mitarbeitern zudem die Möglichkeit, als Coach, Mentor oder Ausbilder zu fungieren.

Leistungsmotivierte Mitarbeiter benötigen herausfordernde Aufgaben mit Lernpotenzial, um zufrieden zu sein. Sie helfen ihnen sehr, wenn Sie ihnen eine feste Struktur vorgeben und gemeinsam mit ihnen die Aufgabe in Teilschritte gliedern. Um zu vermeiden, dass Ihre Mitarbeiter das Gesamtbild aus den Augen verlieren, sollten Sie mit ihnen klare Ziele vereinbaren. Zudem sollten die Erfolge messbar gemacht werden. Ein gut angelegtes Projekt stellt die ideale Arbeitsform für leistungsorientierte Mitarbeiter dar.

Machtmotivierten Mitarbeitern sollten Sie Verantwortung übertragen. Es ist zu empfehlen, sie in Führungsaufgaben einzubeziehen und ihnen genügend Freiraum zu gewähren, um gestalterisch tätig zu sein. Es ist wichtig, machtmotivierten Mitarbeitern Perspektiven für die weitere Entwicklung aufzuzeigen und ihnen die Möglichkeit zu geben, aus der Masse herauszuragen. Gleichzeitig sollten Sie dem Handeln der machtmotivierten Mitarbeiter klare Grenzen setzen, damit sie in ihrem Streben nach Prestige und Status nicht die Angemessenheit ihres Handelns aus den Augen verlieren.

Wie Sie durch Zielvereinbarungen führen

Jeder Ihrer Mitarbeiter denkt grundsätzlich »unternehmerisch«. Nur hat er dabei zumeist sein eigenes Unternehmen vor Augen, sprich seine eigene Arbeitskraft und seinen persönlichen Nutzen. Ihre Aufgabe als Führungskraft ist es, die individuellen Ziele Ihrer Mitarbeiter und die kollektiven Ziele der Unternehmung miteinander in Einklang zu bringen.

Eine Lösung für dieses Führungsproblem ist das *Führen durch Zielvereinbarungen* oder *Management by Objectives (MbO)*. Sicher haben Sie die Regeln zum MbO schon einmal kennen gelernt. Der Realisierungsgrad dieses rund 50 Jahre alten Führungsinstruments im Unternehmen ist im Durchschnitt aber immer noch sehr gering. Dabei ist dieses Konzept auch für den Einsatz anderer Managementinstrumente wichtig: Der Versuch, komplexe Instrumente wie eine Balanced Scorecard einzuführen, wird nicht weit führen, wenn das Thema Führen mit Zielen nicht eingeübte und gelebte Praxis ist. Hierfür werden Unternehmensziele auf Abteilungsziele und schließlich auf individuelle Ziele für jeden Mitarbeiter heruntergebrochen, auf die sich die Führungskraft und der Mitarbeiter im Rahmen eines oftmals jährlich stattfindenden Zielvereinbarungsgesprächs einigen (Abbildung 40).

Abbildung 40: **Kaskadenmodell der Zielableitung**

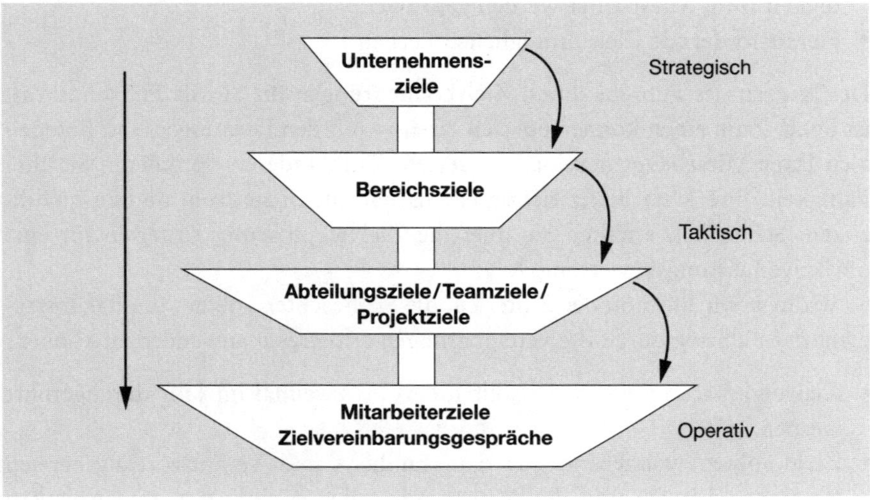

Natürlich können Sie auch über Zielvorgaben führen. Dies setzt jedoch voraus, dass Sie die Zielvorgabe gemeinsam mit einem Manager festlegen, das heißt, mit jemandem, der Ressourcen entsprechend der ihm vorgegebenen Ziele einsetzen und ausrichten kann. Wenn der Mitarbeiter nur sich selbst entsprechend ausrichten und orientieren kann, verzichten Sie besser auf die Zielvorgabe und gehen zum Zieldialog über.

Zielvereinbarungen setzen einen offenen Dialog voraus, in dem die Gesprächspartner ihre Interessen, Bedürfnisse und Zielvorstellungen miteinander austauschen.

Im Unterschied zur simplen Zielvorgabe bietet die Zielvereinbarung zahlreiche Vorteile:

- Ihr Mitarbeiter ist an der Zielvereinbarung aktiv beteiligt.
- Die freiwillige Selbstverpflichtung ist der Kern der Motivation.
- Zielvereinbarungen richten, wenn gut gemacht, das Handeln Ihres Mitarbeiters an den Unternehmenszielen aus und machen es sinnvoll.
- Die gemeinsame Verwirklichung der Ziele stärkt den Zusammenhalt und die gegenseitige Verantwortung. Das setzt aber voraus, dass die Ziele auch lateral, das heißt zwischen Kollegen, und nicht nur vertikal, das heißt zwischen dem Mitarbeiter und seinem Vorgesetzten, diskutiert werden.
- Erreichte Ziele sind Erfolgserlebnisse, welche die Motivation steigern.
- Der Austausch über Ziele erweitert das Verständnis der Mitarbeiter für die Komplexität von Unternehmensprozessen.

- Ergebnisorientiertes Denken, Verantwortungsbereitschaft und Selbstständigkeit Ihrer Mitarbeiter werden gefördert.
- Herausfordernde Ziele ermöglichen Lernen.

Der Nutzen des Führens durch Zielvereinbarungen für Sie als Führungskraft ist hoch. Zum einen können Sie sich intensiv mit den Leistungen und Potenzialen Ihrer Mitarbeiter auseinander setzen. Zum anderen optimieren Sie Ihre Fähigkeit, Ihre Mitarbeiter richtig einzuschätzen, einzusetzen und zu qualifizieren. Schließlich erhalten Sie über die Zielvereinbarung Kriterien für eine objektive Leistungsbewertung.

Widmen wir uns nun den Kriterien, die Sie beachten sollten, um das Instrument der Führung durch Zielvereinbarungen erfolgreich anwenden zu können:

- Zielvereinbarungsgespräche sollten ein- bis zweimal im Jahr durchgeführt werden.
- Ziele sollten weitgehend aus dem Einfluss- und Verantwortungsbereich stammen, den Sie und der Mitarbeiter selbst beeinflussen und gestalten können.
- Ziele sollten flexibel gestaltet, das heißt nicht zu stark an operativen Größen ausgerichtet werden, damit die Zielerreichung nicht zu stark von den Schwankungen des Tagesgeschäfts abhängt.
- Vereinbaren Sie pro Mitarbeiter nicht mehr, aber auch nicht weniger als vier bis fünf Ziele.
- Definieren Sie bereits im Zielvereinbarungsgespräch, wann ein Ziel übererfüllt, erfüllt, knapp erreicht oder verfehlt ist.
- Einigen Sie sich nicht nur auf die Ziele, sondern auch auf die benötigten Mittel, Ressourcen und Rahmenbedingungen.
- Führen Sie Zwischengespräche und legen Sie dafür Termine fest.
- Unterschreiben Sie den Zieldialog gemeinsam mit Ihrem Mitarbeiter und händigen Sie ihm eine Kopie aus.

Der Erfolg der Führung durch Zielvereinbarungen steht und fällt mit der Qualität der Ziele, auf die sich die Führungskraft und ihr Mitarbeiter einigen. Die Ziele sollten fünf Anforderungen erfüllen, um verwendbar zu sein (Abbildung 41).

Abbildung 41: **Anforderungen an Ziele und Zielformulierungen**

S	**Spezifisch**	Worum genau geht es?
M	**Messbar**	Was genau soll erreicht werden? Auch qualitative Ziele sollten messbar gemacht werden.
A	**Attraktiv**	Der Mitarbeiter erreicht das Ziel aus eigener Kraft, er ist motiviert, sich dafür einzusetzen, da es eine positive Herausforderung für ihn darstellt.
R	**Realistisch**	Zeitraum, Umfang, Ressourcen und Bedingungen sind so gewählt, dass das Ziel erreicht werden kann.
T	**Terminiert**	Der Zeitpunkt der Zielerfüllung ist genau definiert.

Gestatten Sie uns zuletzt noch ein Wort der Warnung. Sollten Sie in Ihrem Unternehmen noch keine langjährigen Erfahrungen im Umgang mit Zielvereinbarungen vorweisen können, sehen Sie besser im ersten Schritt von einer Koppelung der Vergütung Ihrer Mitarbeiter an die Zielerreichung ab. Dies könnte Sie leicht überfordern.

Personalauswahl mit System: Wie Sie Stellen mit den richtigen Mitarbeitern besetzen

»Jede Geschäftsführung bekommt die Mitarbeiter,
die sie verdient.«

Tom Peters

Tom Peters' Feststellung gilt in besonderem Maße für die Personalauswahl, die in einer erschreckend großen Zahl von Unternehmen zufällig, unsystematisch und unprofessionell verläuft. Viele Führungskräfte halten sich selbst für gute Menschenkenner und sind deshalb der Ansicht, auf Auswahlinstrumente wie das strukturierte Interview oder das Assessment-Center gänzlich verzichten zu können. Viele Leute in den Personalabteilungen wissen nicht, was in der aktuell zu besetzenden Position eigentlich gebraucht wird. Dass ein vermeintlich glückliches Händchen für Personalentscheidungen nicht ausreicht, erkennen sie vielfach erst dann, wenn es bereits zu spät ist und Positionen fehl- oder gar nicht besetzt sind.

Um Ihr Unternehmen vor den hohen Folgekosten einer Fehlbesetzung zu bewahren, sollten Sie einige Regeln beachten:

Niemand ist ein Menschenkenner. Aus diesem Grund sollten Sie jeden Bewerber (intern wie auch extern) einer genauen Prüfung unterziehen. Der größte Fehler, den Sie machen können, besteht darin, überhastet vorzugehen und die erforderliche Sorgfalt außer Acht zu lassen.

Personalauswahl ist Chefsache. Dies gilt nicht nur für Ihre direkten Mitarbeiter, sondern für alle erfolgskritischen Positionen im Unternehmen. Delegation verschafft Ihnen hier richtig viel Arbeit, weil Sie später viel Zeit brauchen, um die Folgen einer Fehlbesetzung wieder auszubügeln.

Arbeiten Sie lieber mit guten Leuten. Nehmen Sie dabei das Risiko in Kauf, dass diese nach zwei oder drei Jahren wieder gehen. Begnügen sie sich nicht mit dem Mittelmaß. Das bleibt immer.

Verbessern Sie das Ergebnis immer durch Messwiederholung. Führen Sie und lassen Sie mit einem Bewerber mehrere Auswahlgespräche mit unterschiedlichen Interviewern durchführen.

Vorsicht vor dem zu starken Einbezug aller möglichen Beteiligten. (»Er/Sie soll doch auch ins Team passen.«) Denken Sie daran: A-Performers hire B-Performers; B-Performers hire C-Performers …

Gehen Sie nach einem Menschenmodell vor. Erinnern Sie sich beispielsweise an das zuvor diskutierte Modell der drei verschiedenen Motivationstypen. Sie sollten wissen: Wir engagieren Mitarbeiter fast immer wegen ihrer (vermuteten) Kompetenz, wenn Probleme auftauchen, geht es aber fast immer um Verhaltens- oder Persönlichkeitsthematiken. Regel: »We hire them for their competency; we fire them for their personality.«

Stellen Sie sich auf den Kontext des Bewerbers ein. Ein Bewerber wird sich lediglich zu Erfahrungen äußern können, die er während seiner bisherigen beruflichen Laufbahn gesammelt hat, nicht jedoch zu Einzelheiten des Jobs, für den er sich bewirbt.

Leiten Sie den Bewerber weg vom »Episodischen« hin zum »Selbstreflektorischen«. Lassen Sie ihn zunächst kurz von sich und seinen Erfahrungen erzählen, um ihn anschließend dafür zu gewinnen, sich ausführlich zu seinen Beweggründen zu äußern. Hier liegt der größere Informationswert verborgen.

Lassen Sie den Bewerber nicht nur reden, sondern auch etwas zeigen. Führen Sie beispielsweise Rollenspiele durch, lassen Sie ihn Fallstudien bearbeiten oder bitten Sie ihn darum, Ihnen etwas zu präsentieren. Sie werden sehen: Der Informationsgewinn ist enorm.

Diese Grundregeln erfolgreicher Personalauswahl helfen Ihnen, wirkungsvollere Auswahlgespräche zu führen. Doch bevor Sie sich gedanklich mit dem Interview auseinander setzen, sollten Sie für die zu besetzende Stelle ein klares Anforderungsprofil aufstellen lassen (Tabelle 46). Denn wer nicht weiß, was er sucht, wird alles Mögliche oder auch gar nichts finden.

Bei der Erstellung des Anforderungsprofils empfiehlt es sich, in drei Schritten vorzugehen:

Schritt 1 – Identifizieren Sie die Ziele, die durch die Position verfolgt werden sollen. Wichtig ist, dass Sie sich dabei auf wertschöpfende Ziele beschränken. Für die Position »Leiter Rechnungswesen und Controlling« könnte ein Positionsziel beispielsweise die Konzeption und Implementierung eines einheitlichen Reportingsystems für die Unternehmensgruppe mit in- und ausländischen Töchtern sein.

Schritt 2 – Legen Sie je Positionsziel vier bis sechs Kernaufgaben fest. Kernaufgaben sind wesentliche, zur Ausübung der Tätigkeit notwendige Aufgaben, die jemand gut erfüllen muss, um das betreffende Positionsziel zu erreichen. Für unseren »Leiter Rechnungswesen und Controlling« könnte eine solche Kernaufgabe die Abstimmung der Reportingfrequenz und des Reportingumfangs mit den Tochtergesellschaften darstellen.

Schritt 3 – Leiten Sie Anforderungen ab. Stecken Sie Punkte ab, die der Bewerber können und/oder wollen muss, um die definierten Aufgaben gut zu erfüllen und damit die Positionsziele sicher zu erreichen. Als Beispiel könnten wir uns hier die Anforderung vorstellen »Positionsinhaber muss serviceorientiert arbeiten«.

Ihnen mag die Erstellung des Anforderungsprofils für eine neu zu besetzende Stelle recht aufwändig erscheinen. Doch wir versichern Ihnen, dass dieser Eindruck täuscht. Selbst bei anspruchsvollen Positionen beträgt der Zeitaufwand für die drei Schritte der Erstellung des Anforderungsprofils

Tabelle 46: **Anforderungsanalyse**

Positionsziel 1	Kernaufgaben zum Positionsziel	Anforderungen »Wollen und Können«
Konzeption und Implementierung eines einheitlichen Reportingsystems für die Auslandstochtergesellschaften	• Abstimmung von Reportingumfang und -frequenz mit den Tochtergesellschaften • Auswählen, Prüfen und Bewerten geeigneter Reporting-Systeme • ...	• Sehr gute Englischkenntnisse • Erfahrung mit Reportingsystemen • Analytisch, konzeptionelles Denken • Hohe Detailorientierung • Selbstbewusstsein und persönliches Standing • Überzeugungskraft und Akzeptanz im Auftreten gegenüber den Geschäftsführern und Controllingverantwortlichen der Auslandsgesellschaften • Serviceorientiertes Arbeiten und Verhalten • ...

nicht mehr als ein bis anderthalb Stunden. Zudem bietet es Ihnen einige Vorteile, die Sie nicht unterschätzen sollten:

- Die Personalabteilung erhält ein genaues Bild darüber, welche Anforderungen an den Positionsinhaber beziehungsweise an den Bewerber gestellt werden.
- Sie gewinnen Flexibilität, um Kompromisse einzugehen. Sie können genau festlegen, an welcher Stelle Sie bereit sind, Kompromisse einzugehen, unter der Bedingung, dass Sie später mit gezielten Qualifizierungsmaßnahmen gegensteuern, um Defizite abzubauen.
- Sie können Synergieeffekte nutzen: Das einmal erstellte Anforderungsprofil – das selbstverständlich hin und wieder sich verändernden Rahmenbedingungen angepasst werden muss – kann sowohl für die Personalauswahl und für Einarbeitungszwecke als auch für Karriereentwicklungspläne verwendet werden.
- Auf der Grundlage des Anforderungsprofils lässt sich leicht ein Gesprächsleitfaden erstellen, der Ihnen hilft, das Interview strukturiert und unabhängig von Ihrer Tagesform durchzuführen.

Neben dem Interview als Auswahlmethode gibt es ein weiteres gängiges Verfahren, das zwar bessere Ergebnisse im Sinne von genaueren Verhaltensvorhersagen liefert, jedoch auch deutlich aufwändiger in der Vorbereitung und Durchführung ist: das Assessment-Center (AC).

Das AC bedient sich einer Kombination aus unterschiedlichen Übungen, in denen die Teilnehmer von verschiedenen Beobachtern anhand von definierten Kriterien eingeschätzt werden. Es ist insbesondere dann von Wert, wenn es darum geht, die Potenziale von Bewerbern zu bestimmen. Darüber hinaus liefert es bei weitem mehr Informationen über die Bewerber als ein Einstellungsinterview.

So betreiben Sie eine kompetente Personalentwicklung

Vor wenigen Jahren brachte die Unternehmensberatung McKinsey den Begriff *War for Talent* ins Spiel, der den Kampf von Unternehmen um qualifizierte Arbeitskräfte griffig umschrieb. Dieser »Krieg« fängt gerade erst an. Aufgrund der demografischen Entwicklung werden qualifizierte Arbeitskräfte in Zukunft immer knapper werden. Aus diesem Grund müssen Unternehmen verstärkt auf die unternehmensinterne Entwicklung von Talenten setzen, um über einen ausreichend großen Pool an (Führungs-)Nachwuchskräften zu verfügen und um ihren Mitarbeitern eine Perspektive zu bieten.

Abbildung 42: Ist-Situation der Humanressourcen

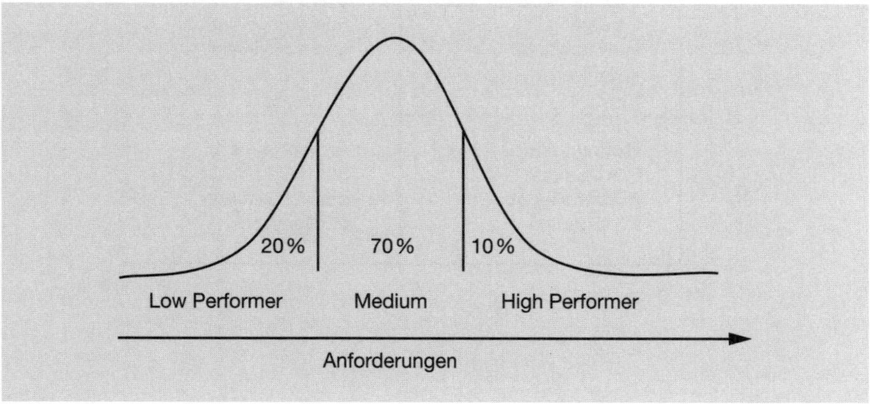

Personalentwicklung ist keine Aufgabe der Personalabteilung, wie häufig fälschlich angenommen, sondern eine originäre Führungsaufgabe. Ihre erste Aufgabe als Geschäftsführer besteht darin, alle ihre Führungskräfte von diesem Gedanken zu überzeugen. Die richtigen Leute an den richtigen Stellen einzusetzen, ist Führungsaufgabe. Wie wir weiter oben bei der Darstellung von

Wachstumsstrategien sahen, fehlt es immer an kompetenten Stars. Auch ihr Unternehmen wird durch eine Situation gekennzeichnet sein, die der in Abbildung 42 dargestellten ähnelt.

Das Problem sind die kontinuierlich steigenden Anforderungen. Die Personalabteilung kann und darf lediglich als Sparringspartner fungieren, indem sie den Führungskräften mit methodischem Know-how zur Seite steht. Um Ihre Mitarbeiter zielgerichtet zu entwickeln, bedarf es der Aufstellung von Anforderungsprofilen für die einzelnen Stellen – wie vorher bereits beschrieben – und der Einschätzung der Leistung und Potenziale eines jeden Mitarbeiters.

Die Leistungsbeurteilung und Potenzialeinschätzung gelingen am besten im Rahmen von Personalentwicklungsgesprächen, in denen die Qualifizierung und Weiterbildung Ihrer Mitarbeiter zum Thema gemacht wird, oder – in speziellen Fällen – in Assessment-Centern (AC), in denen das Potenzial Ihrer Mitarbeiter systematisch bewertet wird. Personalentwicklungsgespräche wie auch das AC geben Auskunft über den Entwicklungsbedarf Ihrer Mitarbeiter. Abbildung 43 zeigt eine grobe Kategorisierung verschiedener Mitarbeiterprofile und die aus den verschiedenen Kategorien resultierenden spezifischen Entwicklungsbedarfe.

Abbildung 43: Personalportfolio

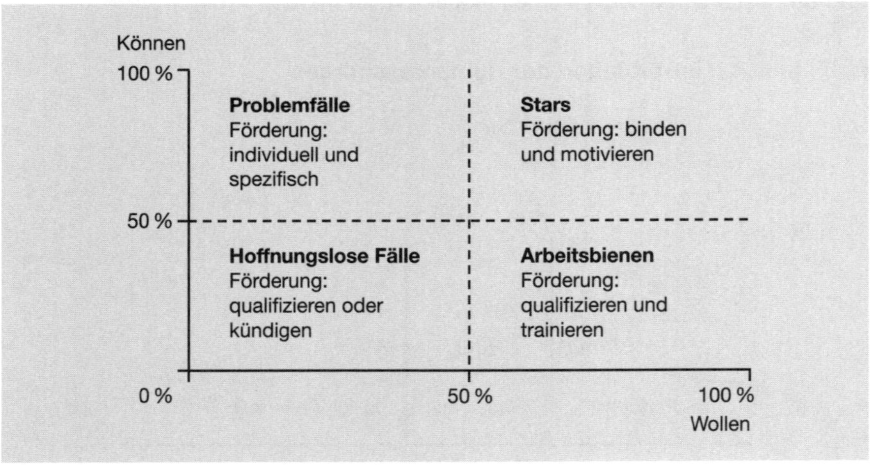

- *Stars – Sie können und wollen.* Diese Mitarbeiter sind besonders zu motivieren und an Ihr Unternehmen zu binden, damit sie bleiben und weiterhin ihre Leistung erbringen. Ganz wichtig: Bei dieser Gruppe ist mit der Vermeidung von Demotivation schon viel erreicht.
- *Arbeitsbienen – Sie wollen zwar, können aber nicht.* Arbeitsbienen gilt es zu qualifizieren, damit sie neue Kompetenzen erlangen.

- *Hoffnungslose Fälle – Sie können und wollen nicht.* Ist keine Besserung in Sicht, sollten Sie sich von diesen Mitarbeitern trennen. Ist eine Trennung nicht möglich, sollten sie neu positioniert werden, um (besser passende) Aufgaben richtig und umfassend wahrnehmen zu können.
- *Problemfälle – Sie können zwar, wollen aber nicht.* Bei dieser Mitarbeitergruppe steht die fehlende Motivation im Vordergrund. Als Führungskraft müssen Sie hier selektiv und individuell vorgehen. Ermitteln Sie, ob das Motivationsproblem auf eine Unterforderung oder eher auf eine Überforderung zurückzuführen ist, ob der Mitarbeiter berufliche oder gar private Schwierigkeiten hat. Nur wenn Sie die Ursache seines Mangels an Motivation kennen, können Sie wirkungsvoll Abhilfe schaffen. Das Ziel ist es, diese Gruppe wieder in das Feld der Stars zurückzuführen.

Vor dem Hintergrund der steigenden Anforderungen verschiebt sich das Koordinatensystem immer nach rechts oben, das heißt, die Stars von heute sind die hoffnungslosen Fälle von morgen.

Eine weitere Mitarbeitergruppe, der Sie im Rahmen der Personalentwicklung besondere Aufmerksamkeit schenken sollten, sind die so genannten High Potentials, das heißt junge, motivierte und qualifizierte Nachwuchskräfte. Deren Entwicklung sollte grundsätzlich aus der Komfortzone hinaus in den Grenzbereich erfolgen, da nur so schnelle Lernerfolge möglich sind (Abbildung 44). Dies bedeutet, dass sie in regelmäßigen Abständen vor neue Herausforderungen gestellt werden sollten, anstatt sie ausschließlich mit Aufgaben zu betrauen, die sie bereits beherrschen.

Die strategische Vorgabe lautet hier, bildlich gesprochen: Lassen Sie Ihre Mitarbeiter auch einmal Wasser schlucken! Führen Sie sie in gezielt gestalteten Situationen aus ihrer Komfortzone in den Grenzbereich hinaus, ohne sie zu stark zu überfordern.

Abbildung 44: **Entwicklung von High Potentials**

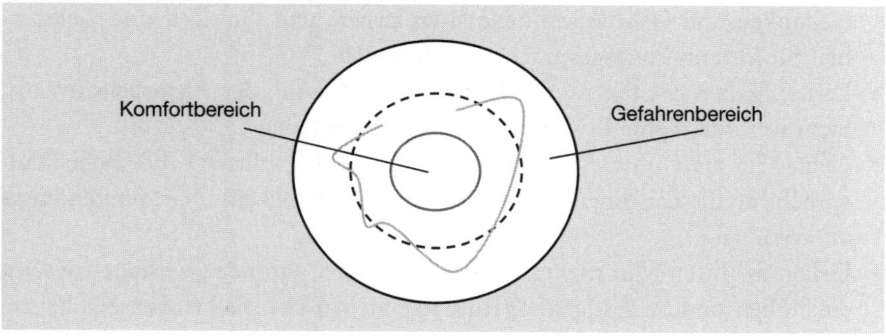

Des Weiteren sollten Sie Ihre High Potentials zwei Erfahrungen machen lassen, die beide für ihre Entwicklung wichtig sind.

Die erste Erfahrung besteht darin, dass Sie ihnen eine Aufgabe übertragen, die mindestens eine Nummer zu groß für sie ist. Helfen Sie ihnen in letzter Minute, ohne dass sie es merken. Das aus der erfolgreichen Bewältigung der Herausforderung resultierende Glücksgefühl hebt das Selbstbewusstsein und den Stolz Ihrer Nachwuchskraft.

Die zweite Erfahrung ist eine Umkehrung der ersten. Diesmal helfen Sie Ihrem Mitarbeiter nicht, sodass er mit großer Wahrscheinlichkeit scheitern wird. Durch diese Erfahrung des Scheiterns trainiert Ihr High Potential den Umgang mit Misserfolgen. Des Weiteren fördert sie seine Loyalität und Bindung und verhindert, dass er die Bodenhaftung verliert.

Abschließend möchten wir Ihnen noch ein paar generelle Regeln mitgeben:

- Wählen Sie immer die wirkungsvollste, nicht die einfachste oder billigste Variante. Je nach Inhalt und Ziel bieten sich andere Methoden für die Personalentwicklung an. Dies können Trainings oder Seminare, Selbststudium, Projektarbeit oder auch Coaching sein.
- Lern- und Personalentwicklungsvereinbarungen ohne Erfolgskontrolle sind wirkungslos. Es sollten jedoch nicht nur die Lernfortschritte Ihrer Mitarbeiter dokumentiert, sondern auch die Qualität der Entwicklungsmaßnahmen bewertet werden.
- Vermischen Sie nicht materielle Leistungsanreize und Personalentwicklung, indem Sie das Gehalt an Entwicklungsziele koppeln.
- Lassen Sie Kollegen am Wissenserwerb Ihres Mitarbeiters teilhaben, indem er zum Beispiel im Anschluss an den Besuch eines Trainings von den Inhalten berichtet.
- Personalentwicklung geschieht immer und überall. Oft reicht es, Ihren Mitarbeiter wiederholt einen Tag lang neben sich zu setzen oder ihm die Möglichkeit zu geben, Ihnen bei der Arbeit über die Schulter zu schauen, Ihre Gedanken und Sichtweisen kennen zu lernen, und ihm Zeit und Gelegenheit für Orientierungsgespräche einzuräumen.
- Lernaufgaben entstehen auch durch die Anhebung des Anspruchsniveaus, nicht nur durch eine Erweiterung des Aufgabenfelds.
- Gehen Sie nie vom Gas. Kommunizieren Sie fortwährend Ihre hohen Ansprüche an die Leistungen Ihrer Mitarbeiter, sodass keine Missverständnisse aufkommen.
- Geben Sie Ihren Mitarbeitern ausreichend Zeit, um neue Verhaltensweisen einzuüben und zu festigen. Lernerfolge stellen sich nicht über Nacht ein. Stattdessen gilt: Wachstum braucht Krisen und Konsolidierung.

Personalentwicklung ist eine sehr herausfordernde Aufgabe. Bieten Sie Ihren Mitarbeitern attraktive Entwicklungsperspektiven, und sorgen Sie dafür, dass Ihr Unternehmen über einen ausreichend großen Pool an talentierten Nachwuchskräften verfügt. Sonst könnte es schnell passieren, dass sich bei der Besetzung zentraler Positionen Ihre Wahl ausschließlich auf Kandidaten beschränkt, die von außen kommen. Wir empfehlen dringend, die Personalentwicklung zur Chefsache zu erklären und selber mit gutem Beispiel vorangehen.

Wie Sie mit schwierigen Mitarbeitern umgehen

Johann Wolfgang von Goethe vertrat die Ansicht, die beiden größten menschlichen Fehler seien es, Dinge zu versäumen und übereilt zu handeln. Dies gilt wohl auch und in besonderem Maße für den Umgang mit Sanktionen.

Viele Führungskräfte versäumen es, das Fehlverhalten von Mitarbeitern adäquat zu sanktionieren – oftmals aus Angst vor Konsequenzen oder aus falsch verstandenem Mitleid. Wieder andere handeln vorschnell, gewähren ihren Mitarbeitern keine zweite Chance und schaffen so eine Unternehmenskultur, die geprägt ist durch Angst und die Scheu vor Risiken. Dabei ist der Umgang mit Sanktionen gar nicht so schwierig, wenn man nur einige Dinge berücksichtigt.

Seien Sie darauf bedacht, Ihre Sanktionsentscheidung auf eine möglichst objektive Informationsbasis zu stützen. Dazu sollten Sie die Gefahr reduzieren, verzerrten Wahrnehmungen aufzusitzen. In einem ersten Schritt *beobachten* Sie lediglich die Leistung und das Verhalten Ihres Mitarbeiters. Im zweiten Schritt beschreiben Sie, was sie zuvor beobachtet haben. Achten Sie darauf, dass sie das Verhalten Ihres Mitarbeiters mit neutralen Begriffen beschreiben. Erst im letzten Schritt erfolgt die *Bewertung* der Leistung durch Abgleich mit den Anforderungen. Es gibt eine gute Bundeswehr-Grundregel, die lautet: »Erst mal eine Nacht darüber schlafen.« Dadurch entgehen Sie der Gefahr, sich zu sehr von Ihren Gefühlen leiten zu lassen und dementsprechend unangemessen zu handeln.

Liegen Ihnen Informationen zum Fehlverhalten eines Ihrer Mitarbeiter vor, so ist es an der Zeit, eine adäquate Sanktion zu wählen. Die Wahl der Sanktion sollten Sie vom Grundmotiv des Mitarbeiters abhängig machen, damit sie möglichst wirkungsvoll ist:

Handelt es sich um einen *anschlussmotivierten Mitarbeiter*, so sind eine vorübergehende Desintegration aus der Gemeinschaft (Versetzung oder Einzelaufgabe) und eine zeitweise Interesselosigkeit an der Person besonders wirkungsvoll.

Ist der betreffende Mitarbeiter stark leistungsmotiviert, so versagen Sie ihm die Anerkennung für das Geleistete oder die Teilnahme an betrieblichen Wettbewerben. Verkleinern Sie die »Bastelecke« oder drohen Sie Routineaufgaben an.

Im Fall eines machtmotivierten Mitarbeiters sollten Sie den Einfluss- und Verantwortungsbereich der Person verringern oder gewährte Privilegien einschränken.

Jenseits der Wahl von passenden Sanktionen sollten Sie bei der Sanktionierung selbst die folgenden Regeln beachten:

- Häufig reicht es schon aus, Sanktionen lediglich anzudrohen.
- Sorgen Sie dafür, dass die bestehenden Regeln bekannt und nachvollziehbar sind und dass Klarheit darüber herrscht, was mit den Regeln bewirkt werden soll.
- Sanktionen sind nur bei Wollen-, nicht bei Können-Defiziten hilfreich. Kann ein Mitarbeiter eine gewisse Leistung nicht erbringen, weil es ihm an den dazu erforderlichen Fähigkeiten mangelt, so müssen Sie ihm Zeit und Ressourcen für den Erwerb dieser Fähigkeiten gewähren, oder Sie müssen ihn austauschen.
- Sanktionen müssen zeitlich direkt mit dem Fehlverhalten gekoppelt sein, damit dem Mitarbeiter einleuchtet, warum und wofür er sanktioniert wird.
- Sanktionen müssen zeitlich begrenzt sein. Wenn das Verhalten und die Leistung Ihres Mitarbeiters wieder einwandfrei sind, beenden Sie die Sanktion umgehend.
- Knicken Sie nicht ein; bei falschem Mitleid sind Sanktionen wirkungslos.
- In besonderen Fällen dürfen Sie durchaus einmal Gnade vor Recht ergehen lassen. Dies bedarf jedoch spezieller Gründe. Beachten Sie aber immer die Abstufungen, die auch der Gesetzgeber für Strafen vorsieht: leichte Fahrlässigkeit (»Ups, Hirn nicht eingeschaltet«), grobe Fahrlässigkeit (»Hirn war wider besseren Wissens nicht eingeschaltet, was zu schwerwiegenden Folgen geführt hat/hätte«) und Vorsatz.
- Hören Sie nicht auf »Volkes Stimme«. Sie ist in Bezug auf Sanktionen nicht objektiv genug, da sie häufig von Neid, Missgunst, persönlichen Vorlieben oder ähnlichen Beweggründen bestimmt ist.
- Wenn Ihr Mitarbeiter sein Verhalten auch aufgrund der Sanktion nicht ändern will, denken Sie darüber nach, die Sanktion öffentlich sichtbar zu machen.
- Im Notfall trennen Sie sich. Wenn Ihr Mitarbeiter wiederholt gegen Regeln verstößt, ohne dass Sie handeln, verlieren Sie an Glaubwürdigkeit.

Auch wenn Sie diese Regeln befolgen, wird es noch immer keine sehr angenehme Aufgabe für Sie sein, Sanktionen zu verhängen. Es macht einfach keinen Spaß, jemanden zu bestrafen. Dennoch müssen Sie bei Fehlverhalten und Regelverstößen handeln.

Kommunizieren Sie Ihre Erwartungen und Leistungsstandards kontinuierlich. Machen Sie die in Ihrem Unternehmen geltenden Regeln transparent und wenden Sie diese an – unabhängig davon, ob es sich bei der zu rügenden Person um eine Führungskraft oder einen Praktikanten handelt. Auf diese Weise werden Ihre Mitarbeiter genau wissen, woran sie sind, und eine Sanktion von Fehlverhalten oder zu geringer Leistung als fair empfinden.

Erfolgreiches Teambuilding an der Unternehmensspitze

Wenn Führungskräfte von der Bedeutung von Teams sprechen, beziehen sie sich dabei oftmals auf die unteren Hierarchieebenen. In der Produktentwicklung, im Qualitätsmanagement oder im Kundenservice halten sie Teams für ausgesprochen sinnvoll. An der Unternehmensspitze trifft man jedoch selten ein »echtes« Team an.

Selbst wenn vom »Führungsteam« oder »Topmanagementteam« die Rede ist, handelt es sich de facto oft lediglich um eine Ansammlung von Führungskräften, die mehr oder weniger unabhängig voneinander relativ unterschiedliche Aufgaben wahrnehmen. Die Voraussetzungen eines »echten« Teams erfüllen sie hingegen nicht. Dafür müssten sie nach der nützlichen Definition von Jon R. Katzenbach[46] aus einer kleinen Zahl von Leuten mit einander ergänzenden Fähigkeiten bestehen, die sich für eine gemeinsame Aufgabe und gemeinsame Leistungsziele engagieren und sich einer Vorgehensweise bedienen, für die sie sich gemeinsam verantwortlich fühlen.

Warum Teambuilding an der Unternehmensspitze oft scheitert

Während es bereits schwierig ist, echte Teams auf den unteren Ebenen im Unternehmen zu bilden, stellt die Teambildung an der Unternehmensspitze eine Herausforderung der besonderen Art dar. Dies kann mehrere Ursachen haben:

- Es fehlt oft eine bedeutungsvolle Aufgabe für ein Team an der Spitze. Topmanager beschäftigen sich entweder mit Zielen, die zu speziell oder abstrakt sind, um im Team bearbeitet zu werden, oder erledigen die Aufgaben lieber vollständig alleine.

- Es fehlt Klarheit darüber, dass in fast allen Unternehmen die Durchläufe schlecht synchronisiert sind und dass die Ursachen für dieses Problem weniger in einzelnen Bereichen oder Abteilungen zu suchen sind. Problematisch ist meistens das »Lagerdenken« der Abteilungen: Vertrieb kann mit Marketing nicht, Marketing kommt mit F&E nicht klar, alle zusammen hauen auf IT ein. Das ist in vielen Unternehmen der Normalzustand.
- Es gibt keine adäquate Mischung von Fähigkeiten im Topmanagementteam. Dies ist darauf zurückzuführen, dass die Mitglieder des Topmanagements auf der Basis ihrer formalen Position ins Führungsteam berufen wurden und nicht vor dem Hintergrund der benötigten Fähigkeiten.
- Die Unternehmensleitung hat kein ausreichendes Interesse an einer effektiven Teamentwicklung. Dies ist die häufigste Ursache.
- Das Naturell der Führungskräfte erschwert ein effektives Teambuilding. Topmanager sind häufig Einzelkämpfer, die Karriere gemacht haben, weil sie sich gegenüber anderen durchsetzen konnten. Ihnen fällt es schwer, sich in ein Team zu integrieren. So ist es tatsächlich wahr, dass viele wirklich große Leistungen auf die monomanische Anstrengung eines Einzelnen zurückzuführen sind. Denken sie beispielsweise an Martin Luther, Mahatma Gandhi oder Nelson Mandela. Im Unternehmen gibt es jedoch so viele kleine Aufgaben, an denen alle Manager beteiligt sind.
- Das Anreiz- und Vergütungssystem ist einer Teamformation abträglich, da es primär die individuelle Leistung einer Führungskraft belohnt, anstatt sie in Abhängigkeit von der Leistung des Unternehmens im Ganzen zu beurteilen.

Der Weg zum Dream-Team – Effektive Teamentwicklung an der Unternehmensspitze

Unternehmen müssen sich heutzutage immer schneller an veränderte Rahmenbedingungen ihres Umfelds anpassen. Dies wird ihnen umso besser gelingen, je homogener und geschlossener das Führungsteam an der Unternehmensspitze agiert.

Wir möchten Ihnen in diesem Abschnitt einen kurzen Überblick über die vier Phasen der Teamentwicklung verschaffen (Abbildung 45) und aufzeigen, wie sich aus Ihrer Führungsmannschaft ein Hochleistungsteam machen lässt.

Die vier Phasen der Teamentwicklung

Die Testphase Mit Ihrer Beförderung zum Geschäftsführer erhält das Führungsteam ein neues Mitglied. In der ersten Phase des Teamentwicklungsprozesses stehen somit das gegenseitige Kennenlernen und der Aufbau von Kontakten im Vordergrund. Fragen wie »Wer kann hier was?«, »Was kann ich von wem erwarten?« und »Welche Position nehme ich in dieser Gruppe ein?« müssen beantwortet werden. Dafür müssen Sie relativ viel Zeit einplanen. Die häufig erwähnten ersten hundert Tage reichen dafür selten aus. Während dieser ersten Phase ist das Team noch nicht leistungsfähig.

Die Nahkampfphase In der zweiten Phase der Teamentwicklung steht die Einigung auf gemeinsame Regeln im Vordergrund. Sie als neue Führungskraft werden genauestens unter die Lupe genommen. Hier ist es an der Zeit, dass Sie Ihre Position untermauern und Akzeptanz als Geschäftsführer gewinnen. Achten Sie darauf, dass Fragen bezüglich der die Zusammenarbeit betreffenden Regeln geklärt sind, damit nicht in späteren Phasen der Teamentwicklung Zeit für diese grundsätzlichen Diskussionen von Rollen, Regeln und Verhaltensweisen aufgewendet werden muss.

Abbildung 45: **Phasen der Teamentwicklung**

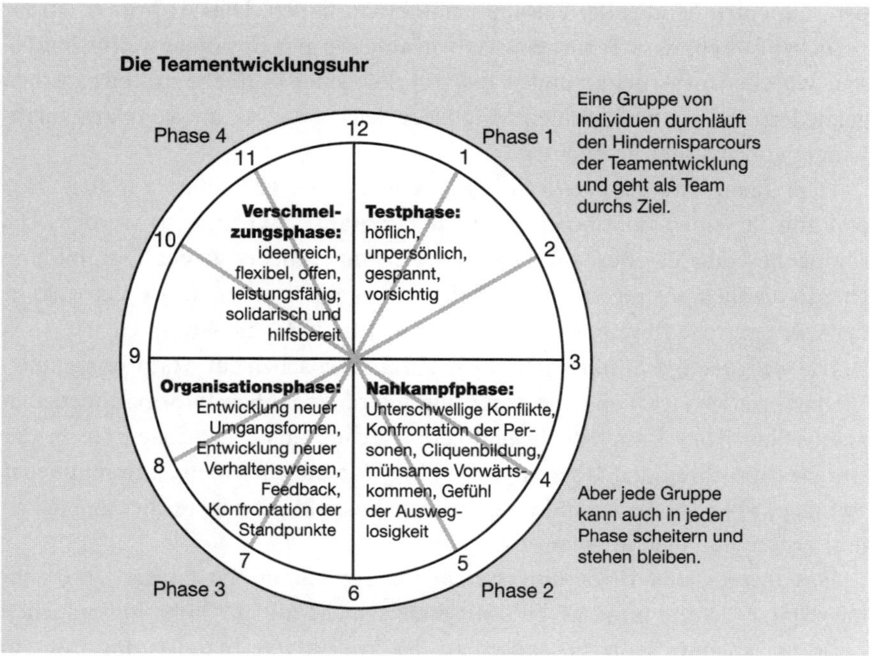

Die Organisationsphase In dieser Phase lassen sich bereits die ersten Merkmale eines »echten Teams« beobachten. Es bestehen der Wille, miteinander zu arbeiten, und das Interesse, die Gruppe leistungsfähig zu machen. Die Lernaufgaben des Teams bestehen darin, flexible, kreative und effektive Problemlösungsstrategien zu entwickeln, Arbeitsabläufe zu optimieren und die verfügbaren Mittel und Ressourcen effizient zu nutzen.

Die Verschmelzungsphase Die vierte und letzte Phase der Teamentwicklung ist durch einen vertrauten Umgang unter den Teammitgliedern gekennzeichnet. Die Gruppe ist zu einem Hochleistungsteam herangereift, in dem Positionen und Rollen klar verteilt sind. Das Team versteht sich in dieser Phase als geschlossene Einheit.

Positive Rahmenbedingungen für ein Hochleistungsteam an der Unternehmensspitze

Durch eine bewusste Gestaltung der Rahmenbedingungen können Sie die Entwicklung eines Teamgeists unter Ihren Managementkollegen positiv beeinflussen. Die Faktoren sind im Einzelnen:

Es steht genügend *Zeit* für eine effektive Teamentwicklung zur Verfügung. Teams benötigen gerade in der Startphase sehr viel mehr Zeit als Arbeitsgruppen, um einen Modus der Zusammenarbeit zu finden. Dies ist primär darauf zurückzuführen, dass Teams eine Arbeitsaufgabe gemeinsam bewältigen müssen, während in Arbeitsgruppen die zu erledigende Aufgabe in Teilaufgaben gegliedert und an die einzelnen Mitglieder delegiert wird, die sie relativ unabhängig voneinander bearbeiten.

Dem Team wird genügend *Raum* gegeben, sich regelmäßig zu treffen. Nur so kann für einen kontinuierlichen Meinungsaustausch gesorgt werden. Die räumliche Nähe der Büros der einzelnen Teammitglieder ist der Teambildung ebenso dienlich wie regelmäßige Treffen in ungezwungener Atmosphäre, sei es der wöchentliche Restaurantbesuch oder das gemeinsame Golfspiel.

Die *Aufgabengestaltung* macht die Zusammenarbeit im Team notwendig. Vielfach treffen sich Führungsteams nur, um oberflächlich Informationen auszutauschen. Dies lässt jedoch kein echtes Team entstehen. Sehen Sie in der Aufgabenbeschreibung Überlappungen vor, die die einzelnen Teammitglieder zwingen, über den Tellerrand ihres eigenen Zuständigkeitsbereiches zu blicken und Entscheidungen im Team zu treffen.

Das *Anreiz- und Belohnungssystem* fördert Teamarbeit an der Unternehmensspitze. Dafür muss es Führungskräfte nicht nur an ihrer individuellen Leistung, sondern ganz besonders an der kollektiven Teamleistung messen.

Nur so werden Ihre Managementkollegen bereit sein, sich in das Führungsteam zu integrieren und aktiv mitzuarbeiten.

Teammitglieder werden auch auf Basis ihrer *Fähigkeiten* ausgesucht. Die meisten Mitglieder des Führungsteams sind aufgrund ihrer formalen Position im Topmanagementteam. Das werden Sie nicht so ohne weiteres ändern können. Wenn jedoch im Führungsteam zentrale Fähigkeiten für eine Aufgabe fehlen, sollten Sie darüber nachdenken, eine weitere Person mit den benötigten Fähigkeiten in das Team zu integrieren.

Ihr *Verhalten* als Geschäftsführer prägt in großem Maße die Teamfähigkeit der Führungscrew. Sie sind gerade in der Anfangsphase der Teamentwicklung wichtig, um dem Prozess die nötige Struktur zu geben. Zusätzlich benötigen Sie die Fähigkeit, zwischen den Teammitgliedern ausgleichend zu wirken und neuen Ansichten Gehör zu verschaffen. Außerdem müssen Sie lernen, sich in Diskussionen zurückzunehmen und dann, wenn es angebracht ist, die Führungsrolle vorübergehend anderen Teammitgliedern zu überlassen.

Kennzeichen eines »echten« Teams an der Unternehmensspitze

Wenn Ihr Führungsteam alle vier Entwicklungsstufen erfolgreich durchlaufen hat, können Sie dies an folgenden Merkmalen festmachen:

- Gegenseitiges Interesse und Wertschätzung,
- Pflege von Kommunikation und Interaktion,
- gegenseitige Unterstützung,
- harmonisches Arbeitsklima,
- kollektive Arbeitsergebnisse,
- überdurchschnittliches Engagement,
- eindeutige Zielsetzung,
- Identifikation mit gemeinsamen Zielen,
- gemeinsame Verantwortung aller Teammitglieder,
- ausgeprägtes Wir-Gefühl,
- konstruktives Konfliktmanagement,
- Wechsel der Führungsrolle je nach Aufgabe.

Nicht alles muss im Team gemacht werden

Nicht immer ist ein Team die optimale Organisationsform, um Aufgaben effektiv zu bearbeiten. Es ist einer Arbeitsgruppe nicht per se überlegen. Deshalb sollten Sie immer nur vor dem Hintergrund der zu bearbeitenden Aufgabe entscheiden, welcher Arbeitsform Sie den Zuschlag erteilen.

Während es bei der Strategieentwicklung sinnvoll ist, als Team zu agieren, um möglichst viele Informationsquellen anzuzapfen und Perspektiven zu integrieren, lassen sich zum Alltagsgeschäft zählende Routinetätigkeiten meistens effektiver erledigen, wenn sie vollständig an einzelne Teammitglieder delegiert werden. Ihre Aufgabe als Topmanager besteht darin, sich stets für diejenige Arbeitsform zu entscheiden, die den größten Erfolg verspricht, und die beiden alternativen Führungsmethoden – strikte Führung durch einen Einzelnen und Führung durch ein Team – miteinander zu verbinden.

Zusammenarbeit innerhalb des Unternehmens

Mit Ihrer Position als Geschäftsführer übernehmen Sie gleichzeitig die Funktion des obersten Koordinators in Ihrem Unternehmen. Damit obliegt es Ihnen, die Zusammenarbeit aller Mitarbeiter und Führungskräfte über Abteilungs- und Bereichsgrenzen hinweg zu koordinieren.

Doch nicht nur die Zusammenarbeit der Mitarbeiter und Führungskräfte bedarf Ihrer Aufmerksamkeit. Auch die Zusammenarbeit mit den Gesellschaftern und dem Aufsichtsrat – so Sie denn einen haben – muss bewusst ausgestaltet werden. Diese Zusammenarbeit läuft in vielen Fällen nicht auf das zuvor beschriebene Teambuilding hinaus. Stattdessen beschränkt es sich häufig auf den reibungslosen Informations- und Leistungsaustausch sowie die Koordination von Aufgaben, die zwar getrennt und teilweise von verschiedenen Personen oder gar Abteilungen bearbeitet werden, jedoch einen gemeinsamen Zweck erfüllen müssen.

Wir möchten uns nun zunächst der Zusammenarbeit innerhalb Ihres Unternehmens widmen, um Ihnen anschließend Tipps für die Zusammenarbeit mit den Gesellschaftern und dem Aufsichtsrat zu geben.

Vergessen Sie nicht: Das Wissen um das Wollen des anderen ist der Schlüssel zu Ihrer Managementfähigkeit.

Zusammenarbeit in der Geschäftsleitung

Das Topmanagement Ihres Unternehmens ist in den seltensten Fällen eine »One Man Show«. Im Regelfall setzt sich die Unternehmensspitze aus mehreren Führungskräften zusammen. Erfahrene Topmanager sind meistens starke

Persönlichkeiten mit einem ausgeprägten Selbstbewusstsein, weshalb es kein Kinderspiel ist, sie auf eine gemeinsame Linie einzuschwören und sie dazu zu bringen, ihre persönlichen Interessen den Unternehmensinteressen unterzuordnen.

Damit Sie auf diese Herausforderung gut vorbereitet sind, möchten wir Ihnen an dieser Stelle die drei Voraussetzungen und sechs Regeln für eine gute Zusammenarbeit im Führungsteam vorstellen, die das Ergebnis der langjährigen Beratungstätigkeit des Sankt-Gallener Managementprofessors Fredmund Malik sind.

Als die drei wesentlichen Bedingungen für eine gute Zusammenarbeit an der Unternehmensspitze sieht Malik:

1. äußerste Disziplin.
2. Persönliche Beziehungen müssen Nebensache sein.
3. Die »Chemie« darf keine Rolle spielen.

Äußerste Disziplin ist für das Topmanagementteam ebenso notwendig wie für jedes andere Team auch. Nur mit Disziplin lässt sich die für die Produktivität und Ergebnisorientierung hinderliche Dynamik neu zusammengesetzter Gruppen überwinden. Da die Arbeitsweise des Führungsteams erhebliche Auswirkungen auf den Erfolg des gesamten Unternehmens hat, ist eine genaue und disziplinierte Vorgehensweise von großer Bedeutung.

Persönliche Beziehungen müssen Nebensache sein. Dies bedeutet nicht, dass Sie mit Ihren Managementkollegen keinen Kontakt außerhalb des Arbeitsplatzes pflegen dürfen. Sie sollten nur darauf achten, dass sich Ihre freundschaftliche Beziehung nicht auf die Arbeitsbeziehungen auswirkt, beispielsweise indem Sie ein Auge zudrücken, wenn Ihr Freund und Managementkollege einen Fehler begeht, den es zu korrigieren gälte. Eine solche Verhaltensweise schadet Ihrem Ruf als Geschäftsführer und hat negative Konsequenzen für das gesamte Unternehmen.

Die »Chemie« darf keine Rolle spielen. Die Arbeit der Unternehmensleitung muss reibungslos funktionieren – also unabhängig davon, ob die Mitglieder der Führungsriege an der Spitze des Unternehmens Sympathie füreinander empfinden oder nicht. Es ist eine Frage der Professionalität als Führungskraft, mit Menschen zusammenarbeiten zu können, mit denen sie nicht auf einer Wellenlänge liegt.

Die sechs folgenden Regeln, die Malik anführt, sind zwar keine Erfolgsfaktoren; bei ihrer Missachtung führen sie jedoch häufig zum Scheitern des Topmanagementteams:

- *Regel 1* – Jeder Manager hat in seinem Verantwortungsbereich das letzte Wort. Das bedeutet, dass er jeweils stellvertretend für das gesamte Team spricht und dieses durch seine Entscheidungen und sein Handeln verpflichtet.
- *Regel 2* – Keiner trifft Entscheidungen in einem anderen Entscheidungsbereich. Regel 2 fungiert somit als Spiegelbild zur ersten Regel und beugt Kompetenzgerangel und einer unklaren Verteilung von Zuständigkeiten vor.
- *Regel 3* – Außerhalb des Teams gibt es keinerlei Wertungen des Verhaltens irgendeines anderen Teammitgliedes. Kollegen werden niemals öffentlich kritisiert. Stattdessen finden sämtliche Auseinandersetzungen ausschließlich teamintern statt.
- *Regel 4* – Jedes Team braucht einen Vorsitzenden mit Stichentscheidungsrecht. Grundsätzlich sollten Entscheidungen im Managementteam demokratisch und konsensorientiert gefällt werden. Um jedoch die Handlungsfähigkeit der Unternehmensleitung zu gewährleisten, ist es wichtig, dass einem Patt vorgebeugt wird.
- *Regel 5* – Bestimmte Entscheidungen muss das Team als Ganzes treffen. Dies dient als Korrektiv zu Alleinentscheidungen im Verantwortungsbereich der einzelnen Führungskraft und fungiert gleichzeitig als »Generalklausel«: Im Zweifel entscheidet das Team. Zu bedeutenden Entscheidungen, die im Team gefällt werden sollten, gehören beispielsweise Personalentscheidungen im Hinblick auf Schlüsselpositionen, große Akquisitionen oder Geschäftsschließungen.
- *Regel 6* – Jedes Mitglied ist verpflichtet, über seinen Verantwortungsbereich zu informieren. Nur so ist eine Abstimmung der einzelnen Tätigkeiten auf das Unternehmensziel hin möglich.

Diese sechs Regeln lassen sich auf unterschiedliche Weise in Unternehmen umsetzen. Je nach Formalisierungsgrad können sie als informelle Leitlinien vorliegen, die aber allen Topmanagern bekannt sind, oder im Geschäftsverteilungsplan beziehungsweise in der Geschäftsordnung niedergeschrieben sein.

Zusammenarbeit mit Ihren Führungskräften

Natürlich können Sie sich nicht darauf beschränken, die Zusammenarbeit im Topmanagementteam zu steuern. Auch die Zusammenarbeit mit den Führungskräften des mittleren Managements ist gezielt auszugestalten.

Laut einer Umfrage des Magazins *Focus* unter Mitarbeitern in einer Reihe von Unternehmen sind dies die häufigsten Kritikpunkte an Vorgesetzten:

- *56 Prozent der Vorgesetzten ändern zu häufig ihre Marschrichtung.* Bleiben Sie lieber konsequent und setzen Sie einen Rahmen mit Regeln, die Handlungsspielräume ermöglichen.
- *51 Prozent der Vorgesetzten motivieren zu wenig.* Selbst Ihre Führungskräfte möchten hin und wieder von Ihnen gelobt werden. Zudem sollte ihnen ein ausreichend großer Handlungs- und Entscheidungsspielraum gewährt werden, sodass sie relativ frei agieren können.
- *44 Prozent der Vorgesetzten erledigen zu viele Aufgaben in Eigenregie.* Ihre Aufgaben als Geschäftsführer sind die Strategieentwicklung sowie die Unternehmensrepräsentanz nach innen und außen. Entlasten Sie sich hingegen von operativen Tätigkeiten, indem Sie diese an andere Mitglieder Ihrer Organisation delegieren.
- *38 Prozent der Vorgesetzten weichen Konflikten aus.* Von Ihnen als Führungskraft erwartet man eine klare Position, Durchsetzungsvermögen und die Fähigkeit, in der Belegschaft für Zusammenhalt zu sorgen. Deshalb sind Sie besonders bei Konflikten gefragt, für die Sie eine schnelle und gute Lösung finden sollten.

Besonders in den ersten Monaten nach Ihrem Amtsantritt sollten Sie Ihren Führungskräften unablässig kommunizieren, was Sie von Ihnen erwarten. Stellen Sie eindeutige Regeln auf und machen Sie diese bekannt. Auf diese Weise wissen Ihre Führungskräfte, woran sie sind, und können ihr Tun nach Ihren Wünschen ausrichten.

Vermeiden Sie es, zu oft in den Verantwortungsbereich Ihrer Führungskräfte einzugreifen und ihren Handlungsspielraum durch zu starke Kontrolle zu verringern. Dies schadet nicht nur der Motivation Ihrer Führungskräfte, sondern es mindert darüber hinaus langfristig ihre Fähigkeit, eigenständig zu arbeiten.

Gremien, Interessengruppen und Schnittstellen

Wenn Sie die verschiedenen Gremien, Projektteams, Abteilungen, Funktionsträger und Individuen in Ihrem Unternehmen betrachten, wird Ihnen auffallen, dass diese häufig nicht dieselben Interessen vertreten. Auch wenn alle stetig beteuern, dass ihre individuellen Ziele mit den Unternehmenszielen in Einklang stehen, fällt dennoch auf, dass jeder Bereich im Unternehmen ein anderes Verständnis von den Unternehmenszielen hat. Eine EDV-Abteilung setzt andere Prioritäten als beispielsweise die Personalabteilung. Jeder dieser Bereiche hat andere Interessen, Vorstellungen und Ziele. Gerade in großen Unternehmen ist dieser Umstand häufig stark ausgeprägt.

Überall dort, wo verschiedene Abteilungen miteinander in Berührung kommen – an den so genannten Schnittstellen –, können sehr leicht Konflikte entstehen, die suboptimale Entscheidungen oder Ressourcenverteilungen nach sich ziehen können. Die Ursachen dieser Konflikte liegen primär in mangelnder Transparenz und zu großer Distanz. Den beteiligten Akteuren sind oftmals die Unternehmensprozesse nicht ausreichend bekannt. Oder sie kennen die Ziele und Arbeitsweisen außerhalb ihrer eigenen Abteilungen nicht. Eine zu große Distanz kann sowohl auf horizontaler Ebene, zum Beispiel zwischen der Marketing- und der Produktionsabteilung, als auch auf vertikaler Ebene, das heißt zwischen zwei Hierarchieebenen, bestehen. Sie ist nicht unbedingt räumlich zu verstehen, sondern kann sich vielmehr genauso gut auf die Kultur beziehen.

Wie können Sie Konflikten, die an unternehmensinternen Schnittstellen entstehen, wirksam begegnen? Ein vielversprechender Weg besteht darin, in Ihrem Unternehmen für eine interne Kundenorientierung zu sorgen. Wandeln Sie sämtliche abteilungsübergreifenden Prozesse in Ihrem Unternehmen in Kunden-Lieferanten-Beziehungen um. Auf diese Weise werden Gesetze und Regeln des Marktes »internalisiert«. Eine sinnvolle Vorbereitung auf dieses neue unternehmensinterne Dienstleistungsverständnis bietet Ihnen die Checkliste »Mein persönlicher Marketingplan« (Seite 264).

Die Beschäftigung mit den in dieser Checkliste zusammengestellten Fragen vermittelt den Führungskräften und Mitarbeitern einen ersten Impuls für einen Perspektivenwechsel, der die Basis für ein erfolgreiches Schnittstellenmanagement ist. Zukünftig sollte jeder an einer Schnittstelle entstehende Streitpunkt mithilfe der folgenden Fragen gelöst werden:

- Ist es für das Unternehmen wichtig und nützlich, was ich umsetzen oder erreichen will?
- Ist es für meinen Bereich wichtig und nützlich, was ich umsetzen oder erreichen will?
- Ist das Ziel realisierbar (hinsichtlich Kosten, Komplexität, Kompetenz)?

Es wird Ihnen nicht gelingen, vollständig zu verhindern, dass Ihre Mitarbeiter oder auch ganze Abteilungen (auch) nach ihren persönlichen Zielen streben. Über eine förderliche Unternehmenskultur und passende Managementsysteme können Sie jedoch gewährleisten, dass persönliche Ziele den Unternehmenszielen untergeordnet werden. Dieses Verhalten zu fördern und auch selber zu praktizieren, ist von zentraler Bedeutung.

Key Players in Ihrem Unternehmen

Bei der Durchsetzung von Entscheidungen – insbesondere von als unangenehm empfundenen – kommt es für Sie darauf an, starke Koalitionen zu bilden, um die Belegschaft von der Wichtigkeit der entsprechenden Maßnahmen zu überzeugen. Mit anderen Worten: Sie müssen die Zustimmung und Unterstützung von einflussreichen Personen in Ihrer Organisation gewinnen, um sie zu Multiplikatoren zu machen, welche die übrigen Mitarbeiter der Organisation zu Gefolgsleuten machen.

Die Meinungsbildner sitzen jedoch nicht immer in Führungspositionen. Oftmals sind sie über die Organisation verstreut und können nicht so ohne weiteres identifiziert werden. Umso wichtiger, dass Sie sich darauf verstehen, sie zu entdecken.

Sie können beispielsweise in einem ersten Schritt analysieren, wer mit wem wie häufig spricht. Kommt es zwischen mehreren Mitarbeitern zu einem häufigen Informationsaustausch, gilt es zu ermitteln, ob die Beziehung von allen Beteiligten als wichtig eingestuft wird. Ist dies der Fall, so deutet dies in der Regel auf ein Netzwerk hin.

Wenn Sie die in Ihrem Unternehmen bestehenden Netzwerke genauer betrachten, so werden Sie vielleicht feststellen, dass es zwei verschiedene Arten von Netzwerken gibt. Das *Beratungsnetzwerk* gibt den oder die Experten des Unternehmens zu erkennen. Diese Personen werden angesprochen und um Rat gefragt, wenn es um spezifische fachliche Problemstellungen geht. Das *Vertrauensnetzwerk* verweist hingegen auf diejenigen Personen, denen das Vertrauen geschenkt wird. Man vertraut darauf, dass sie die Interessen anderer wahrnehmen und integrieren.

Abbildung 46 illustriert die beiden angesprochenen Netzwerktypen.

Sie erkennen in dem gewählten Beispiel, dass Mitarbeiter wie Herr Arbter, Herr Jacobi und Frau Schwarz besonders häufig wegen ihres Fachwissens um Rat gefragt werden. Sofern es Ihr Anliegen ist, Rückhalt für eine fachliche Entscheidung zu finden, ist es sinnvoll, diese drei Mitarbeiter für Ihr Vorhaben zu gewinnen. Planen Sie jedoch, eine fachübergreifende Projektgruppe zu gründen, wäre es wenig empfehlenswert, Herrn Jacobi als Projektleiter einzusetzen. Er ist zwar eine fachliche Autorität, besitzt jedoch nicht das Vertrauen seiner Kollegen, fachfremde Interessen zu berücksichtigen und zu integrieren.

Abbildung 46: **Beratungs- und Vertrauensnetzwerke**

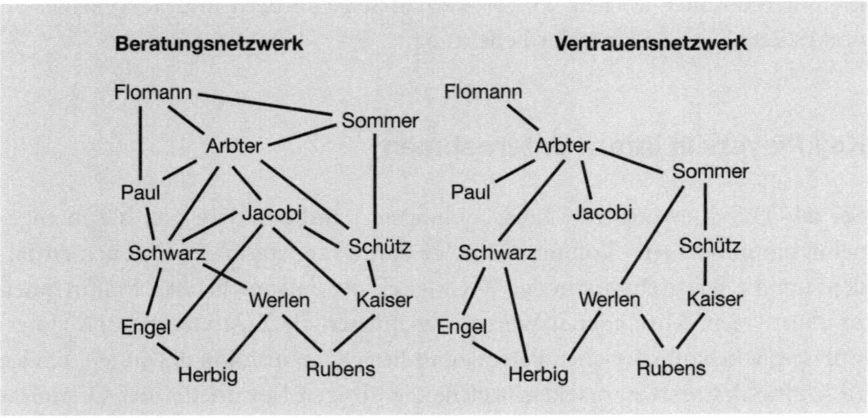

Um Probleme dieser Art zu vermeiden, würde es sich daher anbieten, Herrn Arbter zum Projektleiter zu machen, der sowohl als Fachmann geschätzt ist als auch das Vertrauen seiner Kollegen besitzt und deshalb eine Integration leichter herbeiführen kann.

Lassen Sie uns nun einige spezielle Strukturen von Netzwerken näher betrachten. Keine dieser Strukturen ist per se positiv oder negativ. Erst wenn sie in Konflikt mit den Unternehmenszielen treten, stellen sie eine Gefahr dar.

Isolierte Beziehungen Die Mitarbeiter einer Abteilung haben nur miteinander Kontakt, nicht jedoch mit Mitarbeitern anderer Abteilungen. Diese Isolation lässt sich durch abteilungsübergreifende Projekte oder Mentorenprogramme abbauen oder zumindest aufweichen. Tun Sie dies, wenn eine abteilungsübergreifende Zusammenarbeit für Ihr Unternehmen von Wichtigkeit ist, beispielsweise um kundenorientierte Prozesse zu gewährleisten.

Mangelhaftes Kommunikationsmuster Die Mitarbeiter haben innerhalb der Abteilung wenig Kontakt, dafür aber umso mehr Beziehungen zu Mitarbeitern anderer Unternehmensbereiche. Dies hat ein ungünstiges Kommunikationsklima zur Folge, das den Informationsfluss hemmt und interne Abstimmungen erschwert. Verstärktes Teambuilding und die Bereitstellung von Kommunikationsmöglichkeiten, zum Beispiel regelmäßige Meetings, Foren im Intranet oder gemeinsame Unternehmungen, leisten hier Abhilfe.

Einarmige Strukturen Die Kontakte innerhalb der Abteilung sind vielfältiger Natur. Jedoch bestehen ausschließlich Beziehungen zu einer weiteren Abteilung. Dies verhindert ein Denken in Gesamtzusammenhängen und erschwert die Durchführung bereichsübergreifender Projekte. Fördern Sie den Aufbau von Kontakten über Hierarchie- und Abteilungsgrenzen hinweg. Eine entsprechende Sitzordnung oder ein Vorstellen im informellen Rahmen bei der nächsten Betriebsfeier können bereits ein vielversprechender Anfang sein.

Löcher im Netz Dies sind Mitarbeiter, die kaum Kontakte zu anderen Mitarbeitern im Unternehmen haben. Geben Sie diesen Mitarbeitern die Möglichkeit, Kolleginnen und Kollegen kennen zu lernen, beispielsweise indem Sie ihnen eine Aufgabe übertragen, für deren Erledigung sie mit anderen Mitarbeitern zusammenarbeiten müssen.

Verknotung Mitarbeiter sind einseitig abhängig von einer anderen Person, die damit in eine starke Machtposition aufrückt. Dies kann erwünscht sein, schafft jedoch auch große Abhängigkeiten und kann im Extremfall dazu führen, dass die betreffende Person ihre Macht zur Durchsetzung eigener, den Unternehmenszielen gegenläufiger Interessen missbraucht.

Zusammenarbeit mit Gesellschaftern und Aufsichtsrat

Als Geschäftsführer müssen Sie zu allererst die Interessen der Eigentümer des Unternehmens vertreten und in Ihrem Handeln berücksichtigen. Diese haben Sie schließlich dazu legitimiert, das Unternehmen an ihrer Stelle zu führen. Die Zusammenarbeit mit den Gesellschaftern und dem Aufsichtsrat ist in vielen Bereichen gesetzlich geregelt. Diese Regelungen werden wir Ihnen in Kapitel 7 näher vorstellen. An dieser Stelle möchten wir einige Aspekte ansprechen, die Sie über die gesetzlichen Vorgaben hinaus beachten sollten.

Für größere Änderungen benötigen Sie in aller Regel die Zustimmung der Gesellschafter respektive des Aufsichtsrats. Pflegen Sie deshalb eine vertrauensvolle Beziehung zu den entsprechenden Gremien und kommunizieren Sie größere Vorhaben frühzeitig, damit die Gesellschafter oder der Aufsichtsrat ausreichend Zeit zur Bearbeitung und Stellungnahme haben. Ein Gesellschafter oder Aufsichtsrat, der aufgrund der Zeitknappheit keine Entscheidungsalternativen hat, wird Ihnen weniger wohl gesonnen sein und Ihr Vorhaben möglicherweise zu Fall bringen.

Werden Sie nicht zum Spielball. Gerade zwischen Gesellschaftern kann es zu persönlichen oder sachlichen Differenzen kommen. Vermeiden Sie es, sich vor den Karren eines der Gesellschafter spannen zu lassen. Versuchen Sie stattdessen, eine neutrale Position zu wahren. Fördern Sie nach Möglichkeit eine Einigung zwischen den Betroffenen.

Schützen Sie Ihre Mitarbeiter. Lassen Sie nicht zu, dass Mitarbeiter oder Gruppen von Mitarbeitern von Gesellschaftern ungerecht kritisiert werden. Nehmen Sie die Belegschaft wenn nötig in Schutz und verhindern Sie ungerechtfertigte Kritik oder Demütigungen.

Familienstränge sind überall. Gerade in familiengeführten Unternehmen besteht häufig die Tendenz, dass sich Gesellschafter stark in den betrieblichen Alltag einbringen und dass die Entscheidungsbefugnisse familienfremder Geschäftsführer stark eingeschränkt werden. Sollten Sie selbst als Geschäftsführer eines Familienunternehmens tätig sein, bemühen Sie sich um gute Beziehungen zu denjenigen Mitarbeitern im Unternehmen, die mit der Eigentümerfamilie in engem Kontakt stehen. Dies können Personen sein, die selbst zur Familie gehören oder die zu den langjährigen Weggefährten eines der Eigentümer zählen. Haben Sie deren Unterstützung nicht, so besteht die Gefahr, dass Sie sich ziemlich schnell auf verlorenem Posten wiederfinden.

Verhindern Sie eine Einmischung in Ihren eigenen Aufgabenbereich. Gewisse Aufgaben sind ureigene Aufgaben eines Geschäftsführers, die Sie zu verantworten haben und deshalb auch eigenständig erfüllen sollten. Besprechen Sie deshalb frühzeitig Ihre Rechte mit den Gesellschaftern oder dem Aufsichtsrat und diskutieren Sie Verhaltensweisen, die Sie als »Einmischung« empfinden.

Seien Sie sich der Interessen der Gesellschafter bewusst. Auch Gesellschafter verfolgen ihre eigenen Interessen. Um die Unterstützung der Gesellschafter für Ihre Entscheidungen und Vorhaben zu gewinnen, müssen Sie deren Interessen genau kennen. Trifft dies zu, so können Sie bereits im Vorhinein abschätzen, mit welchen Reaktionen Sie rechnen müssen.

Schaffen Sie klare Strukturen. Angesichts der großen Zahl an Bilanzfälschungen und ähnlichen Unternehmensskandalen in der jüngsten Vergangenheit ist der Ruf nach mehr und besserer Unternehmenskontrolle laut geworden. Sorgen Sie für eine ausreichende Kontrolle Ihrer Unternehmensaktivitäten, indem Sie sicherstellen, dass Verantwortlichkeiten und Zuständigkeiten zwischen der Geschäftsführung und dem Aufsichtsrat beziehungsweise der Gesellschafterversammlung klar geregelt sind.

Die Macht der Sprache: wirksame Business-Kommunikation

Es wäre ein Fehler, Kommunikation und Führung gleichzusetzen. Kommunikation ist lediglich *eine* Aufgabe der Führungskraft, wenn auch eine sehr wichtige. Sie ist das Instrument, mit dessen Hilfe Individuen und Gruppen beeinflusst werden können. Ob nun Ziele oder Entscheidungen bekannt gemacht oder mit einem neuen Lieferanten die Konditionen ausgehandelt werden sollen: Kommunikation spielt dabei immer eine zentrale Rolle.

Kommunikation kann sowohl verbal als auch nonverbal erfolgen. Während sich die verbale Kommunikation auf das gesprochene Wort – das Was – bezieht, umfasst die nonverbale Kommunikation das Wie, das heißt die Mimik, Gestik, Körpersprache und die Stimmlage des Senders.

Wirft man einen kritischen Blick auf die kommunikativen Fähigkeiten deutscher Führungskräfte, so wird schnell deutlich, dass hier so manches im Argen liegt. Viele Führungskräfte haben die für ihre Position erforderliche Kommunikation nie gelernt und wirken entsprechend unbeholfen. Oft verfügen sie über keine Strategie für den Umgang mit unterschiedlichen Gesprächssituationen. Stattdessen erfolgt die Kommunikation aus dem Bauch heraus. Dass ein derartiges Vorgehen alles andere als optimal ist, leuchtet ein.

Damit Sie den kommunikativen Anforderungen an Ihre Position als Geschäftsführer besser gerecht werden können, möchten wir Ihnen in den folgenden Abschnitten wichtige Tipps und Hinweise für eine erfolgreiche Kommunikation in so unterschiedlichen Situationen wie der Mitarbeiterinformation, der Überzeugungsrede, der Verhandlung und der Konfliktbewältigung geben.

Das Führungskommunikationsschema

Bevor wir Ihnen einen ersten Überblick über mögliche Wege und Instrumente der Kommunikation gewähren, stellen wir Ihnen das Führungskommunikationsschema vor. Wenn Sie sich an dieses Schema halten, stellen Sie sicher, dass Ihre Kommunikation den drei generischen Führungsaufgaben Bewegen, Ausrichten und Einbeziehen der Mitarbeiter dient.

- *Kommunizieren Sie immer integrativ*. Denken Sie an das Ganze, nicht nur an Teile. Grenzen Sie ferner niemanden aus und sprechen Sie nicht negativ über Personen, die nicht anwesend sind.
- *Kommunizieren Sie zukunftsorientiert* und halten Sie sich nicht zu lange mit der Vergangenheit auf. Ihre primäre Aufgabe ist es, Handlung und Bewegung zu ermöglichen.

- *Legen Sie den Schwerpunkt auf veränderbare Variablen*, die in Ihrem Einflussbereich oder dem des Gesprächspartners liegen.
- Ihre Kommunikation sollte *sowohl rationale als auch emotionale Anteile* enthalten. Vermitteln Sie Einsichten und Erkenntnisse, aber wecken Sie auch Bereitschaft und stoßen Sie Bewegung an.
- Beachten Sie, dass *Komplexitätsreduktion eine wesentliche Aufgabe der Kommunikation* ist. Beschränken Sie sich auf Weniges, dafür Wesentliches. Stellen Sie sicher, dass Ihre Ausführungen einem roten Faden folgen.
- *Seien Sie glaubwürdig.* Verwenden Sie Daten, Fakten und Beispiele, welche die Richtigkeit Ihrer Behauptungen belegen.

Ergänzend zu dem Führungskommunikationsschema, das eher grundsätzlicher Natur ist, möchten wir Ihnen nun noch einige ganz konkrete, direkt umsetzbare Tipps geben, die Ihnen helfen, Ihre Kommunikation so auszugestalten, dass sie Handlung oder Bewegung möglich macht.

- *Vermitteln Sie eine optimistische Sicht der Dinge.* Richten Sie Ihr Augenmerk auf Variablen, die sich direkt beeinflussen lassen.
- *Erhöhen Sie den Leidensdruck.* Machen Sie deutlich, welch negative Resultate das Verharren in der heutigen Situation mit sich bringen würde.
- *Nehmen Sie die positiven Resultate des angestrebten Zustands vorweg.* Dies motiviert und mobilisiert die Kräfte der Mitarbeiter, deren Unterstützung Sie benötigen.
- *Kommunizieren Sie Etappenziele und überwinden Sie Hindernisse.* Lenken Sie die Aufmerksamkeit immer auf den nächsten Schritt.
- *Halten Sie bereits Erreichtes fest.* Wenn Sie ihnen die Erfolgsbilanz vor Augen führen, sind Ihre Mitarbeiter eher bereit, Ihnen zu folgen.
- *Heilen Sie Wunden.* Schaffen Sie für auftretende Schwierigkeiten adäquate Gegengewichte. Suchen Sie nach Möglichkeiten, wie die negativen Folgen für jeden Einzelnen gelindert werden können und bemühen Sie sich um Lösungen.
- *Nehmen Sie Ihre Gefühle zurück.* Versuchen Sie, Abstand zum Thema zu bekommen, um glaubwürdig den Eindruck zu vermitteln, dass Sie einen Plan haben und den Weg kennen.

Wege und Instrumente der Kommunikation

Analysiert man die betriebliche Kommunikation vieler Unternehmen, so fällt auf, dass ein Großteil von ihr »*top down*« verläuft. Die Unternehmensspitze sendet in regelmäßigen oder unregelmäßigen Abständen Mitteilungen aus, während nur wenig von unten nach oben gelangt.

Gute Kommunikation ist jedoch immer beides: senden und empfangen. Da jeder Dialog grundsätzlich mehr vom Empfänger als vom Sender bestimmt wird – der Empfänger bestimmt, wie und ob eine Nachricht bei ihm ankommt –, besteht die Notwendigkeit, für eine Rückkopplung zu sorgen, um zu überprüfen, ob der Empfänger die Nachricht in der intendierten Weise aufgenommen hat.

Weitere wesentliche Bestandteile einer guten Kommunikation sind das Zuhören und das gezielte Fragen. Wer immer nur redet, läuft Gefahr, die Sachlage zu verkennen und sich zu Dingen zu äußern, die völlig irrelevant sind. Er wird weder erkennen, wie seine Nachricht beim Empfänger angekommen ist, noch wird er über genügend Informationen verfügen, um seine Kommunikation auf die Zielgruppe abzustimmen.

Instrumente direkter Kommunikation

Im Allgemeinen lassen sich Instrumente direkter und indirekter Kommunikation voneinander unterscheiden. Zu der direkten Kommunikation zählt beispielsweise das »*Management by walking around*«. Jede Führungskraft sollte sich pro Woche mindestens ein bis zwei Stunden für den persönlichen Kontakt zu ihren Mitarbeitern nehmen. Es ist wichtig, dass Ihre Mitarbeiter das Gefühl haben, dass Sie sich für sie und ihre Belange interessieren.

Planen Sie darüber hinaus feste Termine ein, an denen Sie sich mit einer Auswahl von Mitarbeitern treffen, um über aktuelle Themen dieser Gruppe zu sprechen. Auf diese Weise sichern Sie sich den direkten Kontakt zu Ihren Mitarbeitern und haben die Gelegenheit, im Austausch mit ihnen wertvolle Informationen zu erhalten.

Für diese Art der regelmäßig stattfindenden Meetings abschließend noch einige praktische Tipps:

- Auch wenn Sie verhindert sind, sollte das Meeting stattfinden. Ernennen Sie in diesem Fall einen Stellvertreter.
- Gehen Sie bei großen Gruppen differenziert vor und laden Sie nicht immer alle betreffenden Mitarbeiter ein. Sorgen Sie jedoch dafür, dass auch die Abwesenden zügig und ausreichend über die Ergebnisse der Zusammenkunft informiert werden.
- Die Frequenz sollte sich nach der Veränderungsdynamik der diskutierten Themen richten: Als Richtschnur können zwei- bis vierwöchige Treffen dienen.
- Bereits vor dem Meeting ist ein Zeitrahmen aufzustellen, der allen bekannt und der einzuhalten ist.

Instrumente indirekter Kommunikation

Im Rahmen der indirekten Kommunikation steht eine Reihe von Instrumenten zur Wahl, auf die wir gleich kurz eingehen werden. Grundsätzlich ist bei der indirekten Kommunikation darauf zu achten, dass sie knapp und präzise ist, das heißt, die wichtigsten Fakten enthält. Durch das Bemühen, auch komplexe Sachverhalte in kurzer Form darzustellen, wächst die Notwendigkeit der inhaltlichen Auseinandersetzung mit dem Thema. Stellen Sie dabei fest, dass sich das Thema aufgrund seiner Komplexität nicht für die schriftliche Kommunikation eignet, wählen Sie lieber eine Form der direkten Kommunikation.

Des Weiteren müssen Sie bei der indirekten Kommunikation genau prüfen, wer in den Verteilerkreis eines Mediums aufgenommen werden soll. Diese Entscheidung ist nicht ganz leicht, da Sie sich auf einem schmalen Grat bewegen. Einerseits wollen und sollten Ihre Adressaten nicht mit Nachrichten überschüttet werden, andererseits herrscht die latente Angst, etwas Wichtiges zu verpassen. Gehen Sie am besten differenziert vor, indem Sie die Adressatenkreise nach Themen und Hierarchieebene zusammenstellen. Einmal im Jahr sollten Sie alle Verteilerkreise auf ihre Aktualität hin überprüfen und entsprechend bereinigen. Dabei sollten weder Status- noch Prestigegründe für den Verbleib im Verteilerkreis ausschlaggebend sein, sondern ausschließlich der inhaltliche Bezug zum Thema.

Betrachten wir im Folgenden die wichtigsten Instrumente der indirekten Kommunikation:

Schwarzes Brett Dieses Instrument ist bereits ziemlich alt, aber durchaus relevant, da Informationen auf diese Weise über längere Zeit hinweg sichtbar gemacht werden können.

Persönliches Schreiben Das persönliche Schreiben des Geschäftsführers eignet sich speziell für die Kommunikation bei Themen von besonderer Tragweite. Sie müssen entscheiden, welches Medium Sie einsetzen wollen, den gedruckten Brief oder die E-Mail. Während die elektronische Post eine zügigere Kommunikation erlaubt, wird ein gedruckter Brief von den Mitarbeitern in der Regel als bedeutsamer wahrgenommen.

Kummerkasten Der Kummerkasten dient als Feedback-Instrument für die Mitarbeiter. Unserer Erfahrung nach ist er jedoch ein Instrument, das in der Praxis nur selten funktioniert, sei es, weil die Mitarbeiter Angst vor zu geringer Anonymität haben oder weil der Eindruck vorherrscht, dass Beschwerden und Verbesserungsvorschlägen nicht ausreichend nachgegangen wird.

Mitarbeiterbefragung Von diesem wirksamen Instrument sollten Sie etwa alle ein bis zwei Jahre Gebrauch machen. Wenn Sie es über mehrere Jahre hinweg anwenden, erhalten Sie wertvolle Erkenntnisse und einen Vergleichsmaßstab, anhand dessen Sie die Wirksamkeit bereits vorgenommener Veränderungen überprüfen können.

Mitarbeiter-/Kundenzeitung Dieses Instrument kann Ihre Mitarbeiter und Kunden mit relevanten Hintergrundinformationen versorgen und so für eine bessere Bindung sorgen. Wichtiger als die Form der Präsentation sind die Auswahl der Inhalte und die Integration von Feedback-Möglichkeiten.

Intranet Auch das Intranet ist ein praktisches Instrument indirekter Kommunikation. Da jedoch das Intranet Gefahr läuft, in der Informationsflut unterzugehen, ist es wichtig, dass Themen klar gegliedert sind und übersichtlich präsentiert werden und dass die Navigation leicht nachvollziehbar ist.

Betriebliches Vorschlagswesen Gerade Unternehmen, die aufgrund von Massenfertigung hohe Einsparpotenziale durch nur geringe Modifikationen am Produkt oder in der Herstellweise erzielen können, profitieren von diesem Instrument. Damit es wirksam funktioniert, ist der Prozess der Überprüfung der Vorschläge zu regeln und transparent zu machen. Darüber hinaus sollten Vorschläge belohnt werden, indem Mitarbeiter beispielsweise eine Prämie erhalten oder an den Einsparpotenzialen partizipieren dürfen. Die Geschäftsführung muss durch ihr Verhalten als Vorbild wirken, indem sie unablässig die Bedeutung der kontinuierlichen Verbesserung kommuniziert.

Kommunikation über die Führungskaskade Dies ist der für Sie wesentliche Kommunikationskanal, den Sie im Unternehmensalltag regelmäßig nutzen. Die Kommunikation über die Hierarchieebenen hinweg ist jedoch äußerst anfällig für das »Stille Post«-Spiel, in dem die kommunizierten Inhalte abgewandelt werden und demzufolge bei Ihren Mitarbeitern verfälscht ankommen. Um diesen Effekt zu vermeiden, ist es wichtig, dass Sie jenseits der Kommunikation über die Führungskaskade einen direkten Draht zu Ihren Mitarbeitern aufrechterhalten.

Persönliche Kompetenzen in der Kommunikation

Bereits in der Einleitung zu diesem Kapitel haben wir auf die Bedeutung kommunikativer Fähigkeiten für Ihren Erfolg in der Position des Geschäftsführers hingewiesen. Sie sind diejenige Person, die im Unternehmen Regeln aufstellt, die besagen, welche Formen von Kommunikation, Verhandlungen oder Konflikten akzeptabel, zulässig oder zu unterbinden sind. Ihre Aufgabe besteht folglich auch darin, entglittene Situationen wieder in den Normbereich zurückzuführen.

Zur Bewältigung dieser Situationen benötigen Sie geeignete Ablaufschemata. Anfänglich können Sie diese aus Büchern oder von guten Kollegen übernehmen. Sie sollten sie jedoch im Lauf der Zeit durch eigenes Erfahrungswissen anreichern.

Jeder Geschäftsführer sollte insbesondere über drei persönliche Kompetenzen in der Kommunikation verfügen. Dies ist zum einen die rhetorische Kompetenz, um in Überzeugungssituationen und zu anderen Anlässen Ihre Botschaft unmissverständlich zu vermitteln. Da es in Unternehmen keine Wahrheit gibt, sondern alles das Ergebnis von Übereinkünften ist, benötigen Sie überdies Kompetenzen in der Verhandlungsführung. Schließlich sollten Sie auch wissen, wie Sie vorgehen können, um Konflikte zu lösen.

Rhetorik oder die Macht der Sprache

Der Volksmund formuliert es treffend: Wem das Herz voll ist, dem geht der Mund über. Wir alle haben eine ähnliche Situation schon einmal erlebt: Mit einer ganzen Agenda von Dingen, die unbedingt angesprochen werden müssen, gehen wir zu einem Meeting und wissen überhaupt nicht, wo wir beginnen sollen. Wir werden zu einem kurzen Vortrag über unser Lieblingsthema eingeladen und missachten das Zeitlimit und die Vorkenntnisse der Zuhörer, da wir zu tief im Thema stecken, um dies zu merken.

Wichtig bei all diesen Anlässen ist, dass Sie sich zuvor Klarheit darüber verschaffen, was Sie eigentlich sagen wollen. Denn nur wenn Sie klare Ziele vor Augen haben, wird auch Ihre Botschaft entsprechend deutlich ausfallen können. Den folgenden fünf Fragen sollten Sie bei Ihrer Vorbereitung Beachtung schenken:

1. *Wie lautet das genaue Thema*, über das ich sprechen möchte?
2. *Was weiß ich über dieses Thema?* Hier können Ihnen ein Mind Map oder ähnliche Kreativitätstechniken helfen, Ihr Wissen zu visualisieren und zu systematisieren.
3. *Was ist meine Zielsetzung?*
4. *Wer ist meine Zielgruppe?*
5. *Welche organisatorischen Dinge muss ich klären?* (Zeitrahmen, Vorredner, Präsentationstechniken.)

Um Ihre Mitarbeiter, Führungskräfte und Gesellschafter für sich und Ihre Pläne zu gewinnen, müssen Sie überzeugen können. Das will gelernt sein. Folgendes Gliederungsschema kann Ihnen in einer Überzeugungssituation dienlich sein:

Zuallererst gilt es, die Sympathie der Anwesenden zu gewinnen. Dies können Sie beispielsweise durch Lob und Anerkennung oder eine gut platzierte, witzige Bemerkung erreichen. Anschließend sollten Sie die Ist-Situation beschreiben, um ein gemeinsames, für alle nachvollziehbares Verständnis der Ausgangslage zu gewährleisten. Nun gilt es, die Argumente der Gegenseite zu nennen, quasi als vorweggenommener Einwand. Erst danach sollten Sie Ihre eigenen Argumente vorstellen. Nennen Sie dabei das schwächste Argument zuerst, um mit dem schwerwiegendsten zu enden. Führen Sie Belege für Ihre Behauptungen an. Fassen Sie das Gesagte am Ende Ihrer Überzeugungsrede zusammen, bevor Sie mit einer Aufforderung zur Tat oder Aktion schließen.

Als Geschäftsführer werden Sie Ihre rhetorischen Fähigkeiten nicht nur in Überzeugungssituationen unter Beweis stellen müssen, sondern auch im Rahmen von anlassbezogenen Reden. Ein solcher Anlass für eine Rede könnte beispielsweise Ihr Antritt als neuer Geschäftsführer sein. In diesem Fall sollten Sie sich bemühen, integrierend zu wirken und Gemeinsames zu betonen, um die Mitarbeiter und Führungskräfte, die Ihnen gegenüber möglicherweise skeptisch eingestellt sind, für sich zu gewinnen.

Die größte Aufmerksamkeit bei der Vorbereitung Ihrer Rede sollten Sie dem Inhalt schenken, denn auch die beste Verpackung reicht nicht aus, um fehlenden Inhalt gänzlich zu kompensieren. Da wir Menschen jedoch einen Großteil der Informationen nonverbal aufnehmen, sollten Sie auch die Darstellung der Inhalte nicht zu kurz kommen lassen. Dazu zählen

- *eine adäquate Stimmlage und Atemtechnik:* Ihre Stimme ist tiefer und wirkt sicherer, wenn Sie aus dem Bauch heraus atmen. Wählen Sie eine passende Lautstärke; reden Sie zu leise, wirken Sie unsicher, sprechen Sie zu laut, mag man Ihnen nicht lange zuhören. Variieren Sie im Lauf der Rede Ihre Stimmlage und Geschwindigkeit. Dadurch erhöhen Sie die Aufmerksamkeit Ihrer Zuhörer.
- *eine passende Mimik und Gestik:* Beides sollte das von Ihnen Gesagte unterstreichen.
- *eine adäquate Körperhaltung:* Sprechen Sie, wenn möglich, immer im Stehen. Bewegen Sie sich; andernfalls wirken Sie unnötig steif.

Zusätzliche Wirksamkeit erzielen Sie durch

- *Kürze*: Sprechen Sie nicht länger als zwanzig Minuten.
- *Prägnanz*: Sorgen Sie für einen roten Faden und investieren Sie in eine intensive Vorbereitung.

- *Farbigkeit*: Machen Sie Gebrauch von Bildern, Metaphern, Anekdoten und Beispielen.
- *Authentizität*: Sprechen Sie möglichst nie von Dingen, von denen Sie selbst nicht überzeugt sind. Selbstverständlich müssen Sie als Geschäftsführer hin und wieder Ansichten und Entscheidungen vertreten, die Sie so nicht getroffen hätten. Umso wichtiger ist es in diesen Fällen, über ausreichende rhetorische Fähigkeiten zu verfügen, um überzeugend und glaubwürdig zu wirken und auf diese Weise negative Folgen für den Zusammenhalt unter den Mitarbeitern zu vermeiden.
- *Nachhaltigkeit*: Verwenden Sie Sinnsprüche und Merksätze, die Ihre Zuhörer leicht behalten können.

Verhandlungen geschickt führen

»Wenn du den Feind und dich selbst kennst, kannst du hundert Schlachten schlagen, ohne den Ausgang zu fürchten. Aber wenn du den Feind nicht kennst oder dich selbst nicht kennst, ist der Ausgang jeder Schlacht unsicher.«

Die Kunst des Krieges, Sun Tsi, 2500 v. Chr.

Was dieses chinesische Sprichwort über die Schlacht aussagt, lässt sich ebenso gut auf die Kunst der Verhandlungsführung übertragen. Jede Verhandlung hat das Ziel, eine Einigung zwischen widerstreitenden Interessen herbeizuführen – eine alltägliche Situation in Unternehmen.

Einen erfolgreichen Verhandlungsausgang erzielt jedoch nur der, der sowohl sich selbst und seine eigenen Ziele kennt als auch die Interessen des Verhandlungspartners versteht. Deshalb sollten Sie sich auf anstehende Verhandlungen intensiv vorbereiten, indem Sie sich klar vor Augen führen, was Sie in der Verhandlung erreichen wollen. Zudem sollten Sie sich bereits im Vorhinein intensiv mit Ihrem Verhandlungspartner auseinander setzen: Was sind seine Motive? Welche Interessen verfolgt er? Wird er zu Zugeständnissen bereit sein? Wenn Sie all dies bereits zu Beginn der Verhandlung wissen, können Sie leichter eine erfolgversprechende Strategie wählen. Es sinkt die Gefahr, dass unerwartete Wendungen auftreten oder dass die Fronten sich verhärten.

An dieser Stelle möchten wir Ihnen drei Tipps für erfolgreiches Verhandeln geben:

- *Personen und Rollen nicht miteinander vermischen.* Nur so ist die Situation frei von Emotionen, und es lassen sich genügend Ansatzpunkte für Kompromisse und Einigungen finden.

- *In Zielen und Interessen denken und handeln, nicht in Positionen.* Nur so umgehen Sie die Gefahr, dass sich Gräben oder festgefahrene Situationen bilden.
- *Wahlmöglichkeiten und Alternativen eröffnen.* Seien Sie geduldig und drängen Sie nicht vorschnell auf Lösungen. Die erstbeste Lösung ist in der Regel nicht die beste. Ermöglichen Sie dem Gegenüber unterschiedliche Wahlmöglichkeiten (eine S-, eine M-, eine XXL-Lösung).

Ist die Verhandlung beendet und ein Ergebnis erzielt, so ist damit noch nicht alles erledigt. Auch im Anschluss an die Verhandlung sollten Sie einige Dinge beachten:

Vorsicht vor der späten Reue. Üben Sie während der Verhandlung keinen zu starken Druck auf Ihren Verhandlungspartner aus, um zu verhindern, dass er ein Ergebnis annimmt, hinter dem er nicht voll und ganz steht. Legen Sie darüber hinaus fest, in welchen Fällen ein Verhandlungsergebnis rückgängig gemacht werden kann oder erneut Verhandlungen aufgenommen werden.

Behalten Sie sich das Recht der letzten Entscheidung vor. Es wird immer wieder zu Situationen kommen, in denen Sie als Geschäftsführer an Gesellschafterbeschlüsse oder Entscheidungen der gesamten Geschäftsführung gebunden sind. Suggerieren Sie Ihren Mitarbeitern oder Führungskräften in Verhandlungen, dass die Vertikalität aufgehoben ist und stellt es sich später heraus, dass Sie Verhandlungsergebnisse im Nachhinein revidieren müssen, so wird man ihr Verhalten als ungerecht empfinden.

Schränken Sie verhandelbare Themen im Mitarbeiterverhältnis ein. Sie können nicht alles und jedes mit Ihren Mitarbeitern verhandeln. Andernfalls verlieren Sie schnell Ihre Autorität. Machen Sie Ihrer Belegschaft deutlich, welche Themen verhandelbar sind und in welchen Fällen ausschließlich Sie entscheiden.

Ganz besonders sensibel müssen Sie in Verhandlungssituationen agieren, in denen Sie feststellen, dass Ihre Entscheidungen oder Ihre Anweisungen zum Gegenstand der Verhandlung geworden sind. Wann immer es möglich ist, versuchen Sie, sicherzustellen, dass Sie noch Handlungsmöglichkeiten haben, indem Sie sich »übergeordnet« positionieren.

Nehmen Sie an, Sie befinden sich in Verhandlungen mit Ihren Mitarbeitern. In diesem Fall sollte es Ihnen gelingen, auch im Kreis der Mitarbeiter Mitstreiter für Ihre Position zu finden, sodass Sie die integrative, übergeordnete Rolle einnehmen können und nicht in eine Situation geraten, in der Ihre Sichtweise derjenigen der gesammelten Mitarbeiterschaft gegenübersteht. Solch eine Verhandlungssituation kann Sie in erhebliche Schwierigkeiten bringen und ist oft nur noch mithilfe einer übergeordneten oder neutralen Instanz lösbar.

Konflikte effizient lösen

Immer wieder kann es passieren, dass in Verhandlungen Gefühle hochkochen oder dass sich Positionen verhärten. Es entsteht ein Widerspruch, der den beteiligten Personen nicht mehr auflösbar erscheint. Der Konflikt ist da.

Konflikte lassen sich nicht gänzlich vermeiden und können auch nicht immer unmittelbar gelöst werden. Wirkt sich ein Konflikt jedoch nachteilig auf das Arbeitsklima oder die Produktivität aus, ist also die aufgewendete Energie dem Konfliktgegenstand nicht mehr angemessen, so müssen Sie eingreifen und eine Lösung suchen. Dafür müssen die Konfliktparteien zur Vernunft gerufen werden, sodass der Konflikt in eine sachliche Verhandlungssituation zurückgeführt werden kann.

Überlassen Sie es, wenn möglich, den beteiligten Parteien selbst, ihren Konflikt zu lösen. Ist dies nicht sinnvoll, so bieten Sie Ihre Hilfe als Schlichter an. Beachten Sie dabei, dass Sie eine neutrale und faire Position einnehmen, um eine für beide Seiten akzeptable Lösung zu finden. Konflikte können auf vier verschiedenen Ebenen ablaufen (Abbildung 47).

Abbildung 47: Die vier Konfliktebenen

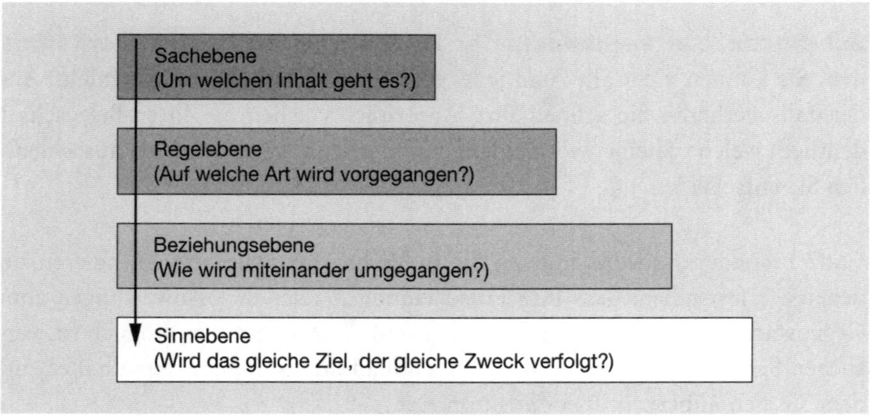

Um einen Konflikt adäquat lösen zu können, sollten Sie zuerst die betroffene Ebene identifizieren.

Die Sachebene Frühe Stadien der Konfliktentwicklung sind meistens auf der Sachebene angesiedelt. Die Konfliktparteien tauschen Argumente aus und stellen Meinungen einander gegenüber. Sie vergleichen und bewerten unterschiedliche Sichtweisen. Wenn sich ihre Positionen nicht vereinen lassen, gewinnt der Konflikt mit der Zeit an Schärfe. Um auf dieser Ebene eine Lösung für den Konflikt zu erzielen, sind die einzelnen Positionen, Meinungen und Argumente zu analysieren, um zu prüfen, ob nicht doch ein inhaltlicher Konsens gefunden werden kann. Wichtig ist, dass der Konfliktmoderator die beteiligten Parteien zur Vernunft aufruft und ermutigt, aktiv und zielorientiert nach Lösungen zu suchen. Lässt sich auf der Sachebene keine Lösung des Konflikts realisieren, ist die nächste Ebene zu betrachten.

Die Regelebene Auf dieser Ebene werden grundsätzlich geltende Regeln für den Umgang mit Konflikten thematisiert. Folgende Fragen sind zu beantworten: Was soll gut und richtig sein? Wie sollen wir uns verhalten? Wie gehen wir mit dieser Art von Konflikten zukünftig um? Es ist Ihre Aufgabe als Geschäftsführer, Regeln festzulegen und diese Regeln im Konfliktfall den betroffenen Parteien in Erinnerung zu rufen und durchzusetzen. Gelingt dies, so können Sie auf die Sachebene zurückkehren, um den Konfliktfall dort einer Lösung zuzuführen. Besteht nach wie vor Uneinigkeit in Bezug auf die geltenden Regeln, so müssen Sie sich der dritten Ebene zuwenden.

Die Beziehungsebene Diese Ebene thematisiert die Beziehungen zwischen den Konfliktparteien. Konflikte, die zwischen Mitarbeitern und Vorgesetzten entstehen, haben in aller Regel die Vertikalität zum Thema. Sie drehen sich also darum, was die Rollen, Aufgaben und Pflichten der Mitarbeiter sind und was in Relation dazu Rolle, Aufgaben und Pflichten der Führungskraft sind. Glücklicherweise spielt sich im betrieblichen Alltag ein Großteil der Konflikte zwischen Mitarbeitern und Vorgesetzten auf den ersten beiden Ebenen ab. Im Allgemeinen bewegen sich Mitarbeiter nur äußerst ungern bis auf die Beziehungsebene. Oft reicht es aus, ihnen anzudrohen, auf die dritte Ebene zu gehen, sodass sie bereit sind, eine Lösung auf einer der ersten beiden Ebenen zu finden. Lässt sich auch auf der dritten Ebene keine Lösung finden, so müssen Sie sich der vierten und letzten Ebene zuwenden.

Die Sinnebene Auf dieser Ebene stehen zwei grundlegende Fragen im Mittelpunkt: Fühlen wir uns noch gemeinsamen Interessen verpflichtet? Ist die Fortsetzung unserer Beziehung unter den gegebenen Umständen noch sinnvoll? Nur wenn diese Fragen positiv beantwortet werden können, können Sie auf die darüber liegenden Ebenen zurückkehren. Andernfalls sind die Fronten zu sehr verhärtet, die Positionen zu verschieden, als dass es noch realistisch erscheint, eine adäquate Lösung zu finden.

Wichtig ist es, dass Sie sich bei der Konfliktlösung nicht zu schnell über die Ebenen hinweg bewegen. Bemühen Sie sich, auf einer der beiden oberen Ebenen eine akzeptable Lösung zu realisieren.

Nach dieser Systematisierung des Vorgehens bei der Konfliktlösung möchten wir Ihnen nun abschließend fünf Tipps für eine erfolgreiche Konfliktmoderation mitgeben:

Legen Sie Konflikte offen. Oftmals sind Konflikte latenter Natur, das heißt, sie laufen verdeckt ab, ohne dass sie von den betroffenen Parteien in ihrer ganzen Tragweite wahrgenommen und verstanden werden. Erst wenn der Konfliktgegenstand verbalisiert, offen gelegt und somit den Parteien zugänglich gemacht wird, lässt sich auch eine Lösung erarbeiten.

Handeln Sie immer nur auf der Basis von Mandaten. Als Konfliktmoderator können Sie nur wirkungsvoll agieren, wenn Sie das Einverständnis und Vertrauen der Konfliktparteien haben. Lassen Sie sich also von ihnen offiziell das »Mandat« erteilen, als Schlichter tätig zu werden. Überprüfen Sie kontinuierlich, ob Sie das Einverständnis der Parteien für den nächsten Schritt besitzen. Wenn Sie als Geschäftsführer eingreifen müssen, sind Sie kaum mehr Moderator, sondern Beteiligter.

Drehen Sie an der Kostenschraube. Konflikte lassen sich nur dann beilegen, wenn die subjektiv empfundenen Kosten einer Aufrechterhaltung des Konflikts höher sind als diejenigen der Konfliktlösung. Schaffen Sie also einen Anreiz für einen Friedensschluss, indem Sie die subjektiven Kosten des Konflikts erhöhen. Dies können Sie dadurch tun, dass Sie die negativen Folgen des Konflikts herausstellen, mit Sanktionen drohen oder die Rahmenbedingungen verschlechtern, beispielsweise durch Beseitigung von Pausen während der Verhandlungen.

Seien Sie neutral gegenüber den Inhalten, aber parteiisch gegenüber dem Prozess. Um Ihrer Rolle als Konfliktmoderator gerecht zu werden, müssen Sie den Inhalten gegenüber, das heißt den Meinungen und Ansichten der Konfliktparteien, neutral eingestellt sein. Spüren Sie jedoch, dass eine der Parteien durch Sabotageakte oder Ähnliches den Lösungsprozess torpediert, so sollten Sie unverzüglich eingreifen, notfalls auch mit »harten« Mitteln.

Konfliktlösung ist Konsenssuche und -entwicklung. Konflikte gilt es zu lösen und nicht zu entscheiden. Eine Lösung basiert immer auf einem Konsens der betroffenen Parteien, zwischen denen Einigkeit hinsichtlich des Streitgegenstands bestehen muss. Nur dann kann eine Vereinbarung getroffen werden, die nachhaltig Bestand hat. Moderatoren müssen den Prozess der Konsenssuche aktiv anstoßen.

Öffentliche Auftritte meistern

Immer wieder sorgen misslungene Auftritte von Unternehmenslenkern in der Öffentlichkeit für Schlagzeilen. Denken Sie beispielsweise an die von Hilmar Kopper als »Peanuts« bezeichneten Millionenverluste der Deutschen Bank im Zusammenhang mit der Pleite des Baulöwen Jürgen Schneider oder den Fehlgriff des damaligen Vorstandssprechers Josef Ackermann mit dem Victory-Zeichen während des Mannesmann-Prozesses vor dem Düsseldorfer Landgericht.

Die erwähnten Fälle haben deutlich gemacht, dass das Image eines Unternehmens immer stärker durch das Ansehen seiner Manager in der Öffentlichkeit geprägt wird. Dies wird auch durch eine Studie der Kommunikationsagentur Burson-Marsteller bestätigt. Die Studie ergab, dass sich die Hälfte aller Aktienanleger beim Wertpapierkauf vom Image des CEO leiten lässt.

PR-Abteilungen von Unternehmen reagieren auf das gestiegene Interesse an Top-Führungskräften, indem sie diese immer häufiger in den Medien platzieren. Folglich werden Managern zusätzliche Fähigkeiten abverlangt, die über die reine Fachkenntnis – auf die sich die Deutschen im Unterschied zu den Angelsachsen allzu gerne verlassen – weit hinausgehen. Sie müssen auf der einen Seite rhetorisch gewandt sein, das heißt knapp, klar und allgemein verständlich reden können. Zum anderen müssen sie in der Lage sein, sich selbst und ihr Unternehmen angemessen zu präsentieren. Hier geht es darum, als sympathisch, vertrauenswürdig und kompetent wahrgenommen zu werden.

Nur wenigen Führungskräften wurden diese Fähigkeiten in die Wiege gelegt. Deshalb ist es erforderlich, dass sich Manager auf ihre Auftritte in der Öffentlichkeit intensiv vorbereiten. Dies kann beispielsweise im Rahmen von Seminaren und Trainings erfolgen. In manchen Fällen kann jedoch auch ein persönlicher Coach sehr hilfreich sein. Dies gilt insbesondere für neue, ungewohnte Situationen, die jedoch für das Unternehmen von großer Bedeutung sind. Als Beispiel lässt sich erneut der bereits oben angesprochene Mannesmann-Prozess heranziehen. Von Christopher Gent, dem ehemaligen Vodafone-Chef, ist bekannt, dass er seinen Auftritt vor Gericht am Tag vor der Anhörung mit einem persönlichen Trainer minutiös durchgespielt hatte. So ließ er sich auch nicht von den bohrenden Fragen der Richterin aus der Fassung bringen und lieferte alles in allem einen souveränen Auftritt.

Einige grundlegende Hinweise können Ihnen bei der Vorbereitung auf einen öffentlichen Auftritt helfen:

Das richtige Maß finden. Es ist wichtig, dass Sie sich bereits im Vorfeld mit den Anwesenden auseinander setzen, um Ihren Auftritt der Situation anzupassen. Wer wird anwesend sein? Was sind seine/ihre Erwartungen und Interessen? Was ist ihr Background? Machen Sie sich Gedanken darüber, welche Botschaft Sie Ihren Zuhörern vermitteln wollen. Beschränken Sie sich wie im Fall der Rede auf Weniges, dafür Wesentliches.

Das Bild ist die Botschaft. Erneut können wir auf die Überzeugungsrede verweisen. Auch bei Interviews oder Auftritten im Fernsehen ist es weitaus wirkungsvoller, prägnante Beispiele zu nennen oder persönliche Erfahrungen zu schildern, als eine Reihe von Zahlen als Beleg anzuführen. In vielen Fällen, insbesondere im Fernsehen, lassen sich Emotionen besser transportieren als Informationen.

Die eigene Ausstrahlung kennen. Ein realistisches Selbstbild zu besitzen, ist die Basis für einen gelungenen Auftritt in der Öffentlichkeit. Nur wenn Sie wissen, welchen Eindruck Sie beim Zuschauer durch die Art Ihres Auftretens, Ihre Sprache, Gestik und Mimik hinterlassen, können Sie die Wirkung Ihrer Auftritte gezielt verbessern. Es gibt verschiedene Möglichkeiten, um Ihre eigene Ausstrahlung besser kennen zu lernen. Beispielweise können Sie einen Auftritt von sich oder auch nur eine Simulation eines solchen Auftritts mit einer Kamera aufzeichnen und anschließend – möglichst unter professioneller Anleitung – analysieren. Eine weniger aufwändige Methode besteht darin, Ihnen vertraute Personen zu bitten, einem Auftritt von Ihnen beizuwohnen und Ihnen anschließend ein ehrliches Feedback zu geben.

Niemals Lügen gebrauchen. Lassen Sie sich möglichst nie zu Lügen verleiten. Abgesehen von moralischen Bedenken, kann es sehr negative Folgen haben, wenn Sie bei einer Lüge ertappt werden. In vielen Fällen dürfte Ihre Glaubwürdigkeit nachhaltig zerstört, das Image Ihres Unternehmens in Mitleidenschaft gezogen, wenn nicht gar ernsthaft beschädigt sein. Darüber hinaus würden Sie Ihren Wettbewerbern eine Steilvorlage liefern, die diese liebend gerne aufnähmen.

Auch Schweigen ist eine Antwort. Der Kommunikationspsychologe Paul Watzlawick hat einmal treffend formuliert: »Man kann nicht nicht kommunizieren.« Auch wenn Sie sich zu einem gewissen Vorfall nicht äußern, senden Sie eine unmissverständliche Botschaft. Dies gilt sowohl für Sie persönlich als auch für Ihr Unternehmen insgesamt.

Den passenden Anzug zur Botschaft. Es scheint nur ein kleines Detail zu sein, ist jedoch sehr wichtig. Auch die Wahl der Kleidung hat einen Einfluss auf die Wirkung des öffentlichen Auftritts. Tritt ein Geschäftsführer einer Modefirma im Goldknopf-Zweireiher vor die Öffentlichkeit, um die Einführung eines im Trend liegenden Hip-Hop-Labels bekannt zu geben, so macht er sich unglaubwürdig. Deshalb sollte der Anzug immer dem Anlass ebenso wie auch der Botschaft selbst entsprechen.

Auch bei den öffentlichen Auftritten ist eine gute Vorbereitung das A und O. Beobachten Sie andere Menschen während ihrer öffentlichen Auftritte. Auf diese Weise können Sie bereits viel lernen und müssen nicht alle Erfahrungen selber sammeln. Und dann heißt es: Üben, üben, üben. Bekanntlich macht ja Erfahrung den Meister.

Literaturtipps

Mitarbeiterführung und Personalentwicklung

Häusel, H.-G. (2005): *Think limbic. Die Macht des Unbewussten verstehen und nutzen für Motivation, Marketing, Management*, Freiburg (Breisgau), Haufe.

Hesselbein, F./Cohen, P. M. (1999): *Leader to Leader. Enduring Insights on Leadership from the Drucker Foundation's Award-winning Journal*, Jossey-Bass Publishers.

Kobjoll, K. (2004): *Motivaction – Begeisterung ist übertragbar*, Frankfurt/ Main, mvg.

Lorenz, M./Rohrschneider, U. (2009): *Erfolgreiche Personalauswahl. Sicher, schnell und durchdacht*, Wiesbaden, Gabler.

McCall, M. W. Jr. (1998): *High Flyers. Developing the Next Generation of Leaders*, Harvard Business School Press.

McNair, F. (2002): *Schick keine Enten in die Adlerschule. 119 erfrischende Tipps für smarte Manager*, München, Redline Wirtschaft bei Verlag Moderne Industrie.

Peter, L. J./Hull, R. (2001): *Das Peter-Prinzip oder Die Hierarchie der Unfähigen*, Reinbek bei Hamburg, Rowohlt-Taschenbuch-Verlag.

Walter, H./Cornelsen, C. (2005): *Handbuch Führung. Der Werkzeugkasten für Vorgesetzte*, Frankfurt/Main, Campus.
Lorenz, M./Rohrschneider, U. (2008): *Praxishandbuch Mitarbeiterführung*, Freiburg, Haufe.
Sprenger, R. K. (2007): *Das Prinzip Selbstverantwortung. Wege zur Motivation*, Frankfurt/Main, Campus.
Sprenger, R. K. (2007): *Vertrauen führt. Worauf es im Unternehmen wirklich ankommt*, Frankfurt/Main, Campus.
Ulrich, D./Zenger, J./Smallwood, N. (1999): *Results-based Leadership. How Leaders Build the Business and Improve the Bottom*, Harvard Business School Press.
Becker, M. (2009): *Personalentwicklung. Bildung, Förderung und Organisationsentwicklung in Theorie und Praxis*, Stuttgart, Schäffer-Poeschel.
Würth, R. (1999): *Erfolgsgeheimnis Führungskultur. Bilanz eines Unternehmers*, Künzelsau, Swiridoff.

Teams

Laufer, H. (2009): *Grundlagen erfolgreicher Mitarbeiterführung. Führungspersönlichkeit, Führungsmethoden, Führungsinstrumente*, Wiesbaden, Gabal.
Krüger, W. (2009): *Teams führen*, Planegg, Haufe.

Kommunikation

Gericke, C. (2009): *Rhetorik. Die Kunst zu überzeugen und sich durchzusetzen*, Berlin, Scriptor.
Lay, R. (2006): *Führen durch das Wort. Motivation, Kommunikation, praktische Führungsdialektik*, München, Econ.
Maess, T. (2002): *Die perfekte Rede. So überzeugen Sie Ihr Publikum* (mit CD-ROM), Planegg, Haufe.
Püttjer, C./ Schnierda, U. (2004): *Reden ohne Angst*, Frankfurt/Main, Campus.

Verhandlungen

Edmüller, A./Wilhelm, T. (2000): *Argumentieren – sicher, treffend, überzeugend*, Planegg, WRS-Verlag.
Fisher, R./Ury, W./Patton, B. (2009): *Das Harvard-Konzept. Der Klassiker der Verhandlungstechnik*, Frankfurt/New York, Campus.

Konfliktmanagement

Glasl, F. (2004): *Konfliktmanagement. Ein Handbuch für Führungskräfte und Berater*, Bern, Haupt.

Checklisten und Arbeitsblätter

Checkliste: **Ist Ihr Mitarbeiter leistungsmotiviert?**

Verhalten	ja	nein
Sie/Er zeigt Freude an der eigenen Leistung.		
Sie/Er möchte die Unternehmensleistung erhöhen.		
Sie/Er plant ihre/seine Vorgehensweise.		
Sie/Er möchte die eigene Leistung ständig optimieren.		
Sie/Er legt großen Wert auf die Qualität der Arbeitsergebnisse.		
Sie/Er misst sich gerne an anderen.		
Sie/Er lässt sich gerne herausfordern.		
Sie/Er ist zielorientiert.		
Sie/Er ist detailorientiert.		
Sie/Er hat Freude daran, etwas zu entwickeln.		
Sie/Er braucht genügend Raum, sich zu entfalten.		
Sie/Er ist konzentrationsfähig.		
Sie/Er übernimmt Verantwortung für die eigene Leistung.		
Sie/Er möchte mit der eigenen Leistung zufrieden sein können, ist es aber im Normalfall nicht.		
Sie/Er freut sich über gute Ergebnisse.		

Checkliste: **Ist Ihr Mitarbeiter machtmotiviert?**

Verhalten	ja	nein
Sie/Er legt Wert auf einen guten Ruf.		
Sie/Er regt Veränderungen an.		
Sie/Er ist pflichtbewusst.		

Sie/Er hat Freude daran, etwas zu bewegen.		
Sie/Er übernimmt bereitwillig Verantwortung.		
Sie/Er benötigt Statussymbole.		
Sie/Er legt großen Wert auf die Meinung anderer.		
Sie/Er genießt es, einen großen Freiraum zu haben.		
Sie/Er ist nutzenorientiert.		
Sie/Er versucht, andere zu überzeugen.		
Sie/Er bringt sich oft und gerne ein.		
Sie/Er hat ein hohes Durchhaltevermögen.		
Sie/Er braucht Perspektiven.		
Sie/Er geht ihren/seinen eigenen Weg.		
Sie/Er will »nach vorne« beziehungsweise »nach oben«.		

Checkliste: **Ist Ihr Mitarbeiter anschlussmotiviert?**

Verhalten	**ja**	**nein**
Sie/Er engagiert sich für andere.		
Sie/Er bezieht andere ein.		
Sie/Er übernimmt zwischenmenschliche Organisationsaufgaben (zum Beispiel Planung des nächsten Betriebsausflugs).		
Sie/Er kommuniziert offen.		
Sie/Er beklagt sich hin und wieder, »ständig für alle da sein zu müssen«.		
Sie/Er ist sympathisch und uneigennützig.		
Sie/Er ist sensibel.		
Sie/Er arbeitet gerne im Team.		
Sie/Er ist sicherheitsbedürftig.		

Sie/Er agiert hilfsbereit und lässt anderen Unterstützung zukommen.		
Sie/Er ist harmoniebedürftig.		
Sie/Er benötigt nach Konflikten eine offene Aussprache.		
Sie/Er freut sich über persönliche Ansprache.		
Sie/Er verfügt über einen ausgeprägten Gerechtigkeitssinn.		

Arbeitsblatt: Ordnen Sie Ihren Kollegen und Mitarbeitern Motive zu

Mitarbeiter/ Kollege	**Anschlussmotiv**	**Leistungsmotiv**	**Machtmotiv**

Checkliste: Wie Sie leistungsmotivierte Mitarbeiter optimal einbinden können

Was Sie tun können	**Wird es bereits getan?**	
	ja	nein
Ermöglichen Sie ihr/ihm Erfolgserlebisse.		
Übertragen Sie ihr/ihm fachliche Verantwortung.		
Übergeben Sie ihr/ihm strukturierte Projekte.		
Fördern Sie den positiven internen Wettbewerb unter den leistungsorientierten Mitarbeitern.		
Übertragen Sie ihr/ihm Aufgaben mit messbaren Ergebnissen.		
Bekunden Sie Ihr Interesse an ihrer/seiner geleisteten Arbeit.		
Bieten Sie ihr/ihm Herausforderungen an.		

Sprechen Sie Ihre Anerkennung (für ihre/seine Leistung) offen aus.		
Haben Sie ein offenes Ohr für Ideen Ihrer leistungsmotivierten Führungskräfte.		
Teilen Sie ihr/ihm neue und komplexe Aufgaben zu.		
Lassen Sie ihr/ihm Freiraum bei der Aufgabenrealisierung.		
Geben Sie klare Ziele vor oder vereinbaren Sie diese.		

Checkliste: **Wie Sie machtmotivierte Mitarbeiter optimal einbinden können**

Was Sie tun können	**Wird es bereits getan?**	
	ja	nein
Stellen Sie ihr/ihm selbst verantwortete Ressourcen zur Aufgabenerfüllung bereit.		
Übertragen Sie ihr/ihm Steuerungs- und Controllingaufgaben.		
Übertragen Sie ihr/ihm Stellvertretungen.		
Delegieren Sie ganze Aufgabenpakete an sie/ ihn.		
Übertragen Sie ihr/ihm Aufgaben mit erkennbarem Nutzen.		
Bieten Sie ihr/ihm die Möglichkeit, im »Rampenlicht der Öffentlichkeit« zu stehen.		
Steuern Sie sie/ihn weniger.		
Übertragen Sie ihr/ihm die Verantwortung für Ergebnisse.		
Ermöglichen Sie ihr/ihm Entscheidungsfreiheit.		
Fordern Sie Einsatzbereitschaft von ihr/ihm.		
Übertragen Sie ihr/ihm Aufgaben, die Überzeugungsarbeit benötigen.		
Zeigen Sie Vertrauen in ihre/seine vorhandenen Fähigkeiten.		

Checkliste: Wie Sie anschlussmotivierte Mitarbeiter optimal einbinden können

Was Sie tun können	Wird es bereits getan?	
	ja	nein
Übertragen Sie ihr/ihm integrative Aufgaben.		
Geben Sie ihr/ihm viel Anerkennung.		
Lassen Sie sie/ihn in einem Team arbeiten.		
Übertragen Sie ihr/ihm kommunikative Aufgaben.		
Bieten Sie ein gutes (harmonisches) Arbeitsklima.		
Übertragen Sie ihr/ihm die Verantwortung für gemeinsame Aktivitäten.		
Lassen Sie sie/ihn häufig mit anderen zusammenarbeiten.		
Übertragen Sie ihr/ihm Mentoren-, Ausbildungs- und Betreuungsaufgaben.		
Übertragen Sie ihr/ihm soziale Verantwortung in der Abteilung.		
Sprechen Sie sie/ihn häufiger an, suchen Sie das Gespräch und den regelmäßigen Austausch mit ihr/ihm.		

Checkliste: Wie muss ich leistungsmotivierte Mitarbeiter führen?

Führungsmittel	Notizen
Zeit, Instrumente und Methoden zur Aufgabenklärung bereitstellen	
Ziele vereinbaren	
Lob oder Belohnung im Anschluss an die Zielerreichung	
Erfolge des Handelns messbar machen	
Planung, Organisation und Gliederung der Aufgaben in Teilschritte	

Aufgaben mit Lernpotenzial übertragen	
Herausforderungen schaffen	
Gut angelegtes Projekt als ideale Arbeitsform	
Vergleiche schaffen, Wettbewerbe ermöglichen, Benchmarking	
Struktur geben, um so die Vorhersehbarkeit zu erhöhen	

Checkliste: **Wie muss ich machtmotivierte Mitarbeiter führen?**

Führungsmittel	**Notizen**
1. In Führungsaufgaben einbeziehen	
2. In die Pflicht nehmen	
3. Verantwortung übergeben	
4. Grenzen aufzeigen	
5. An den Resultaten ihres Handelns messen	
6. Freiraum gewähren	
7. Perspektiven aufzeigen	
8. Für Status und Prestige sorgen, sie aus der Masse herausheben	
9. Sie gestalten lassen	
10. Ihnen Nutzen bieten	

Checkliste: **Wie muss ich anschlussmotivierte Mitarbeiter führen?**

Führungsmittel	**Notizen**
1. Austausch und Meetings (regelmäßig und vorhersehbar)	
2. Funktionen in der und für die Gruppe übertragen	

3. Ihnen Zeit einräumen
4. Ansprache, Aussprache
5. Führungsverhalten: Authentizität, Gerechtigkeit, Vorbildwirkung
6. Ihnen Aufgaben als Coach, Mentor und Ausbilder übertragen
7. »Spielregeln« und verlässliche Regeln für die Zusammenarbeit
8. Betriebliche Feiern und gemeinsame Ausflüge veranstalten
9. Außerordentliche Treffen ermöglichen
10. Verantwortung für die Einarbeitung neuer Mitarbeiter übertragen

Arbeitsblatt: **Anforderungsanalyse – Das schnelle Drei-Schritt-System**

Positionsziele	**Aufgaben**	**Anforderungen Können**	**Anforderungen Wollen**
1.	1. 2. 3. 4.		
2.	1. 2. 3. 4.		
3.	1. 2. 3. 4.		

Arbeitsblatt: Welche Form der Kritik wende ich an?

Was	Notizen
Zeitnah: Wann erfolgt die Kritik?	
Zu welchem Anlass erfolgt die Kritik?	
Aus welchen Gründen erfolgt die Kritik?	
In welcher Form erfolgt die Kritik?	
Wie umfangreich erfolgt die Kritik?	
Von welchen Sanktionen wird Gebrauch gemacht?	

Arbeitsblatt: Mein persönlicher Marketingplan

Thema	erledigt	Bemerkungen
	Interne Kunden	
Wer sind meine wichtigsten internen Kunden?		
Was erwarten meine wichtigsten internen Kunden von mir?		
	Interne Lieferanten	
Wer sind meine wichtigsten Zulieferer?		
Habe ich meine Erwartungen an meine Lieferanten klar formuliert?		
	Das Produkt	
Kann ich in einem Satz auf den Punkt bringen, welchen (einzigartigen) Nutzen ich meinen internen Kunden bringe?		

Der Wettbewerb		
Wie setze ich mich von Kollegen mit einem vergleichbaren Angebot ab?		
Wie setze ich mich von externen Anbietern mit einem vergleichbaren Angebot an?		
Werden diese Unterschiede auch von anderen wahrgenommen?		
Das (konstruktive) Feedback		
Hole ich mir regelmäßig eine Kunden-Beurteilung ein?		
Gebe ich regelmäßig Feedback an meine Lieferanten?		
Spiegeln die Feedbacks alle Punkte wider (Positives und Negatives)?		
Die Effizienz		
Führt meine Arbeitsweise zum Ziel?		
Könnte ich das Ziel über einen kürzeren Weg schneller erreichen?		
Rege ich Veränderungen an, die den Ablauf im Unternehmen verbessern?		
Halte ich meine Termine ein?		
Bin ich erreichbar?		
Habe ich einen zuverlässigen Stellvertreter?		
Lerne ich aus Fehlern?		

Checkliste: Reflexion des eigenen Vortragsstils

Verbesserungspotenzial	ja	nein	Anmerkungen/Maßnahmen
Keine Monologe			
Weder gekünstelt, noch zu lässig			
Souverän, nicht affektiert			
Außerordentlich höflich			
Deutlich und laut			
Ruhiges Agieren			
Gelöst und nicht schwerfällig			
In Tonfall und Sprechtempo variierend			
Natürlich, authentisch			
Angemessene Gesten			
Keine Füllfloskeln (»nicht wahr ...«)			
Nicht belehrend, schulmeisterlich			
Wichtiges ausreichend betont			
Nicht arrogant, herablassend			
Den Blickkontakt mit den Zuhörern gesucht			
Qualitativ hochwertige Aussagen			
Angemessene Pausen			
Keine Füllwörter (»äh ...«)			
Farbig, gefühlsbetont			
Metaphern und Bilder verwendet			

Präsentationsstil gewechselt			
Zwischenrufe offen aufgenommen			
Bei Präsentationen: Blick nicht auf die Folien gerichtet			
Fremdwörter ausreichend erklärt			
Im Sprachstil an die Zuhörer angepasst			
Wichtiges durch Wiederholungen herausgestellt			
Interessante Fakten geliefert			
Zuhörer einbezogen, Fragen ausreichend aufgegriffen			

Checkliste: **Erfolgreiche Gesprächsführung**

To Dos	**erledigt**
Organisieren Sie einen ruhigen Raum.	
Stimmen Sie den Termin mit Ihrem Gesprächspartner ab.	
Stellen Sie sich auf Ihren Gesprächspartner ein.	
Legen Sie Ihre Ziele für das Gespräch fest.	
Vergegenwärtigen Sie sich die einzelnen Gesprächsphasen.	
Legen Sie klare Gesprächsregeln fest.	
Hören Sie aktiv zu und fragen Sie nach, wenn Sie etwas nicht verstehen.	
Führen Sie einen Dialog mit gleichverteilter Beteiligung.	
Vermeiden Sie Unterbrechungen oder ausgedehnte Monologe Ihres Gesprächspartners.	

Beziehen Sie Ihr Feedback nur auf Leistungen, arbeitsbezogenes Verhalten und auf das Arbeitsumfeld. Vermeiden Sie Angriffe auf die Persönlichkeit des anderen.	
Argumentieren Sie so, dass Ihr Gesprächspartner sich selbst überzeugen kann.	
Drücken Sie Wertschätzung und Anerkennung für den anderen aus.	
Nehmen Sie Denkanstöße, Wünsche und Vorschläge des anderen ernst.	
Sprechen Sie kritische Punkte klar und deutlich an und suchen Sie gemeinsam nach Lösungen.	
Sprechen Sie keine Vorwürfe und Schuldzuweisungen aus.	
Äußern Sie, was Sie sich für die Zukunft wünschen.	
Gestehen Sie, wenn erforderlich, eigene Fehler und Versäumnisse ein.	
Fassen Sie gemeinsam besprochene Ergebnisse zusammen und dokumentieren Sie diese.	
Reflektieren Sie das gesamte Gespräch und bereiten Sie es nach.	

Checkliste: Wann verwende ich welche Frageform?

Frageformen	Beispiele	Anwendungsgebiet
Offene Frage	»Was gedenken Sie zu unternehmen?«	– Gesprächsbeginn – Informationsgewinn – Fast immer einsetzbar
Motivierende Frage (offene Frage)	»Wie würden Sie als Experte die Erfolgschancen einschätzen?«	Atmosphäre schaffen
Informationsfrage (offene Frage)	»Welche Projekte haben Sie bereits als Projektleiter betreut?«	Informationssammlung zur Person/Sache

Geschlossene Frage	»Könnten Sie mich zum Kunden begleiten?«	– Steuerung des Themas – Gewünschte klare Positionierung, kurze Antwort – Gesprächsabschluss
Kontrollfrage	»Können Sie meine Gedanken nachvollziehen?«	– Verständniskontrolle – Gesprächsende
Alternativfrage	»Bevorzugen Sie nun ... oder würden Sie lieber ...?«	Entscheidungsfrage
Direkte Frage	»Haben Sie sich bereits mit der Personalabteilung in Verbindung gesetzt?«	– Beschleunigung – Information
Rhetorische Frage	»Sie haben doch sämtliche Alternativen einer genauen Prüfung unterzogen?«	Indirekte Erwartungshaltung
Angriffsfrage	»Können oder wollen Sie mich nicht verstehen?!«	Diskussion anregen, aus der Reserve locken (vorsichtig anwenden!)

Arbeitsblatt: Vorbereitung auf ein Verhandlungsgespräch

Wichtige Fragen zur Vorbereitung der Verhandlung	**Ihre Anmerkungen**
Welche Interessen verfolge ich?	
Welche Ziele möchte ich erreichen (minimal/maximal)?	
Welche Lösungen sind für mich akzeptabel?	
Wie kann ich meine Minimallösung erreichen?	
Wie kann ich meine Maximallösung realisieren?	
Welche Argumente sprechen für meine Position?	

Wie könnten mögliche Gegenargumente lauten?	
Wie kann ich diese Gegenargumente entkräften?	
Habe ich Experten um ihren Rat/ihre Einschätzung gebeten?	
In welcher Situation befindet sich mein Verhandlungspartner? Welche Abhängigkeiten/Zwänge gibt es für ihn?	
Was sind die Interessen und Ziele meines Verhandlungspartners?	
Wie lässt sich eine Win-win-Situation generieren, das heißt, eine Lösung erzielen, von der beide Verhandlungspartner profitieren?	
Habe ich den erforderlichen Wirkungsgrad einer Lösung hinterfragt (dauerhaft versus vorläufig, Wirtschaftlichkeit, …)?	

Checkliste: **Gesprächsführung in Verhandlungen**

Regeln	**Notizen**
Beginnen Sie keine Verhandlung, ohne die Themen klar zu definieren. Verlangen Sie von Ihrem Partner eindeutige Definitionen. Worum geht es hier?	
Beobachten Sie das verbale und nonverbale Verhalten Ihres Partners. Gibt es Widersprüche zwischen verbalen Äußerungen und nonverbalem Verhalten? Welche Erkenntnisse können Sie daraus gewinnen?	
Stellen Sie sich auf die Verhaltensweisen Ihres Partners ein. Die gleiche Wellenlänge erzeugt Sympathie.	

Pflegen Sie mit Ihrem Partner oder Ihren Partnern intensiven Blickkontakt.	
Seien Sie ein guter Zuhörer, vermitteln Sie Interesse und Lösungswillen.	
Kontrollieren Sie Ihr eigenes Verhalten, vor allem Ihre Emotionen.	
Gliedern Sie und behalten Sie den taktischen und strategischen Überblick über den Verlauf der Argumentation.	
Überprüfen Sie, bevor Sie etwas sagen, ob Ihre Aussagen weiterführenden Charakter haben.	
Sprechen Sie in kurzen Sätzen, damit Sie sichergehen, verstanden zu werden.	
Betrachten Sie auch Angriffe als nützliche und wertvolle Information. Schützen Sie sich vor emotionalen Retourkutschen.	
Führen Sie den Dialog mit Fragen. Wer fragt, der führt.	
Benutzen Sie Fragen auch, um – wenn nötig – von einem Thema zum nächsten zu wechseln.	
Stellen Sie sinnvolle und angemessene Vertiefungsfragen und auch Gegenfragen, um zusätzliche Informationen zu gewinnen.	
Notieren Sie die Motive, die Ihr Partner erkennen lässt, und argumentieren Sie auf das Motiv bezogen.	
Führen Sie dem Partner seinen Nutzen vor Augen, wenn er sich Ihren Argumenten annähert.	

Halten Sie Gemeinsamkeiten fest. Untermauern Sie die gemeinsam erarbeiteten Ergebnisse und gemeinsames Verständnis mit einer Bestätigungsfrage.	
Versichern Sie sich an Schlüsselpunkten des Gespräches, ob Ihr Partner Sie richtig verstanden hat.	
Planen Sie mehrere Züge im Voraus.	
Bringen Sie pro Satz nur ein Argument ein.	
Dokumentieren Sie die Gesprächsergebnisse.	

Arbeitsblatt: **Erfolgskontrolle nach der Verhandlung**

Fragestellung	**Beurteilung**
Konnte ich mein Ziel erreichen? (Falls nicht, warum nicht?)	
War meine Vorgehensweise richtig? (Falls nicht, warum nicht?)	
Was ist gut gelaufen?	
Was ist schief gelaufen?	
Habe ich meinem Gesprächspartner alle Vorteile meines Angebots aufzeigen können?	
Welche Vorteile waren es?	
Gelang es mir, Gegenargumente zu entkräften? (Falls nicht, warum nicht?)	
Welche Widerstände gab es? Welche Einwände wurden mir entgegengebracht?	

Waren es echte Einwände oder nur vorgeschobene?	
Welches waren meine überzeugenden Argumente?	
War ich ausreichend vorbereitet? (Falls nicht, was hätte ich besser machen können?)	
Habe ich Hilfsmittel eingesetzt (Präsentationen, Referenzen, Gutachten)?	
War mein Auftreten und Verhalten richtig?	
Habe ich zu schnell aufgegeben?	
Habe ich mit der richtigen Person (Entscheidungsträger) verhandelt?	
Was könnte ich anders machen, wenn ich die Verhandlung erneut führen würde?	

Arbeitsblatt: Diagnose von Konflikten

Diagnosegegenstand	**Problemstellung**	**Beobachtung**
Konfliktparteien	Sind es Individuen, Gruppen oder größere soziale Gebilde?	
	Sind die Konfliktparteien organisiert oder formlos?	
	Welches sind die Kernpersonen der Konfliktparteien?	
	Welchen inneren Zusammenhalt weisen die Konfliktparteien auf?	

Beziehungen der Parteien	Welche (formellen und informellen) Rollenverteilungen sind zu erkennen?	
	Von welchen Machtmitteln und Sanktionen machen die Parteien Gebrauch, um das von ihnen gewünschte Verhalten zu erwirken?	
	Was hat jede Partei bislang unternommen, um die bisherige Rollenverteilung zu kippen/aufzulösen?	
Einstellung zum Konflikt	Sehen die Parteien eine Möglichkeit zur Einigung oder finden sie die Konfrontation unvermeidbar?	
	Wie lautet die grundlegende Einstellung der Parteien Konflikten gegenüber?	
	Welches Ergebnis erhoffen sich die Parteien von der Auseinandersetzung?	
	Welche Einstellung haben die Parteien den bisherigen Lösungsversuchen gegenüber?	
	Welche Einstellung haben die Parteien den Konfliktregelungssystemen der Organisation gegenüber?	
Konfliktgegenstand	Welche Streitpunkte bringen die Parteien vor?	
	Inwieweit gibt es Gemeinsamkeiten zwischen den Positionen der Parteien?	

	Inwieweit kennen die Parteien die Streitpunkte/Position der Gegenseite?	
	Wie stark sind die Parteien inhaltlich auf die Streitpunkte fixiert?	
	Beziehen sich die Konfliktgegenstände auf die Sachebene oder auf die Personenebene?	
Konfliktverlauf	Was erleben die Konfliktparteien als »kritische Momente« im Konfliktverlauf?	
	Was sind typische, exemplarische Episoden?	
	Ist der Konflikt ausgedehnt worden?	
	Hat sich der Konflikt intensiviert?	
	Ist der Konflikt eher stabil oder labil?	
Lösungsansätze	Was wurde bislang von wem und wann unternommen?	
	Was waren die Auswirkungen dieser Lösungsversuche?	
	Wer hat die Lösungsversuche blockiert?	
	Wer war distanziert?	
Ressourcen	Sind die Parteien mit sachbezogener Verhandlung vertraut?	
	Können die Parteien zuhören und gemeinsam nach Lösungen suchen?	

Arbeitsblatt: **Sichtweisen in Konflikten**

Standpunkt ...	**Fragestellung**	**Einschätzung**
... des Betroffenen	Welche Gefühle habe ich (Angst, Wut)?	
	Habe ich mich unter Kontrolle, oder lasse ich mich provozieren?	
	Was möchte ich erreichen?	
	Welche Gefahren/Risiken erkenne ich?	
	Will ich meinen Konfliktpartner überzeugen oder manipulieren?	
... des Konfliktpartners	Was will er erreichen?	
	Was ist ihm wichtig?	
	Welche Gefühle hat er (Angst, Wut)?	
	Welche Risiken/Gefahren sieht er?	
... eines neutralen Beobachters	Wie würde ein neutraler Beobachter unsere Situation einschätzen?	
	Ist er der Ansicht, dass wir beide eine gemeinsame Lösung finden wollen?	
	Wie würde ein neutraler Beobachter unser Verhalten beschreiben?	
	Stehen unsere Ziele noch im Vordergrund der Diskussionen, oder geht es mittlerweile um ganz andere (verdeckte) Dinge?	

Arbeitsblatt: Konfliktpotenzial Ihrer Organisation

Struktur	Beobachtung	Maßnahmen
Welches Profil hat Ihre Organisation?		
Welche Werte prägen Ihr Unternehmen?		
Wie stehen die Mitarbeiter zur Unternehmenskultur?		
Stimmt das nach innen kommunizierte Profil Ihrer Organisation mit dem nach außen kommunizierten überein?		
Inwieweit identifizieren sich Ihre Mitarbeiter mit diesen Werten?		
Wie transparent ist Ihr Unternehmen aufgebaut?		
Stehen Aufgaben, Kompetenzen, Verantwortung und Vergütung in einem ausgewogenen Verhältnis zueinander?		
Inwieweit können die Mitarbeiter in ihrer Position gestalterisch tätig sein?		

Gibt es gegenseitige Abhängigkeiten, die aus der Kompetenz- und Aufgabenverteilung resultieren? Welche sind dies?		
Wie ist die allgemeine Akzeptanz der Verteilung von Aufgaben und Entscheidungskompetenzen?		
Inwiefern erkennen Ihre Mitarbeiter einen Bezug zwischen dem Organisationszweck und den eigenen Aufgaben?		
Identifizieren sich Ihre Mitarbeiter mit dem Unternehmenszweck?		

Kapitel 7

Juristische Aspekte der Tätigkeit des Geschäftsführers

In diesem Kapitel erfahren Sie, ...

1. ... warum ein Geschäftsführer rechtliches Basiswissen benötigt.
2. ... was eine Gesellschaft mit beschränkter Haftung ist.
3. ... welche rechtliche Stellung der Geschäftsführer einer GmbH einnimmt.
4. ... welche vertraglichen Grundlagen für die Stellung eines Geschäftsführers bestehen.
5. ... welche gesetzlichen Pflichten ein Geschäftsführer erfüllen muss.
6. ... inwieweit der Geschäftsführer einer GmbH haftbar gemacht werden kann.
7. ... welche Möglichkeiten der Haftungsbeschränkung und -freistellung es gibt.
8. ... dass die Haftungsrisiken einer Geschäftsführerstellung versicherbar sind.
9. ... welche Regeln Sie befolgen sollten, um das Haftungsrisiko in vermögens- und strafrechtlicher Hinsicht einzuschränken.

Die Befassung mit Rechtsfragen nimmt im Rahmen der Wahrnehmung von Geschäftsführungsaufgaben eine wachsende Bedeutung ein. Im Folgenden stellen wir die wichtigsten rechtlichen Gesichtspunkte dar, die für eine Tätigkeit als Geschäftsführer oder Mitgeschäftsführer einer Gesellschaft mit beschränkter Haftung (GmbH) relevant sind. Im Anhang finden Sie außerdem eine Aufstellung der wichtigsten Gesetzestexte.

Warum benötigt ein Geschäftsführer rechtliches Basiswissen?

Nicht nur die rechtliche Ausgestaltung von vertraglichen Beziehungen zwischen Kunden, Lieferanten, Behörden, Beratern oder anderen auf der einen und der von Ihnen geführten Gesellschaft auf der anderen Seite verlangt zunehmend die Beherrschung rechtlichen Basiswissens. Auch die Stellung des Geschäftsführers innerhalb der Gesellschaft, das heißt seine rechtlichen Beziehungen zu den Gesellschaftern, zu den Mitarbeitern wie auch gegebenenfalls zu seinen Geschäftsführerkollegen, genießt einen hohen Stellenwert. Darüber hinaus treten, insbesondere in wirtschaftlich schwierigen Zeiten, immer wieder Fragen zur Haftung eines Geschäftsführers für seine Gesellschaft auf. Bei wirtschaftlich angeschlagenen oder Not leidenden Gesellschaften versuchen Gläubiger oder Insolvenzverwalter, die Handlungen der Geschäftsführer im Hinblick auf gravierende Fehler zu durchleuchten, um so eine eigentlich nicht vorgesehene Haftung der Geschäftsführer für Gesellschaftsschulden zu begründen.

Damit Sie diesen im üblichen Tagesgeschäft zum Teil nur schwer erkennbaren Fallstricken mit einer gewissen Sensibilität begegnen können, möchten wir Ihnen im Folgenden einen groben Überblick über die wesentlichen juristischen Aspekte Ihrer Tätigkeit als Geschäftsführer einer GmbH vermitteln.

Was ist eine Gesellschaft mit beschränkter Haftung?

Die GmbH, also die Gesellschaft mit beschränkter Haftung, ist eine Personenvereinigung, die grundsätzlich zu jedem gesetzlich zulässigen Zweck gegründet werden kann. Die Mitglieder (Gesellschafter) der GmbH sind mit ihren Einlagen an der Gesellschaft beteiligt, ohne persönlich für die gegebenenfalls bestehenden Schulden der Gesellschaft zu haften. Die Gesellschaft wird durch den oder die Geschäftsführer vertreten. Die Ausrichtung der Gesellschaft wird von den Gesellschaftern bestimmt.

Die wichtigsten Merkmale der GmbH lassen sich wie folgt zusammenfassen:

- Sie ist eine eigene juristische Person, kann also als solche selbstständig Rechte und Pflichten begründen.
- Für die Schulden der Gesellschaft haftet grundsätzlich nur das Gesellschaftsvermögen.

- Die persönliche Haftung der Gesellschafter ist, soweit nicht eine unter sehr speziellen Voraussetzungen in Betracht kommende »Durchgriffshaftung« auf die Gesellschafter möglich ist, ausgeschlossen.
- Sie ist eine Kapitalgesellschaft und verfügt über ein festgelegtes Stammkapital, dessen Höhe im Gesellschaftsvertrag beziffert werden muss und das als Garantiesumme für die Gläubiger der Gesellschaft fungiert. Die Mindestkapitalsumme ist grundsätzlich nach § 5 des GmbH-Gesetzes (GmbHG mit 25 000 Euro) vorgegeben. Möglich ist jedoch auch die Gründung einer sog. Unternehmergesellschaft (haftungsbeschränkt), die mit einem Stammkapital von 1,00 EUR–24 999,99 EUR gegründet werden kann (§ 5a GmbHG).

Die GmbH ist nicht wie die Aktiengesellschaft (AG) als Publikumsgesellschaft ausgelegt. Sie dient in erster Linie als juristische Basis für kleinere und mittlere Unternehmen, die einen grundsätzlich geringeren Kapitalbedarf haben und nur von einer beschränkten Anzahl von Gesellschaftern getragen wird.

Die GmbH ist die in Deutschland am weitesten verbreitete Form der Kapitalgesellschaft. Die zunehmende Bedeutung dieser Rechtsform lässt sich bereits durch ihren Zuwachs in den letzten Jahrzehnten erkennen. Waren in Deutschland im Jahr 1974 noch 112063 GmbH eingetragen, so waren es 1995 bereits 650000. Ende 2002 waren rund 950000 GmbH mit einem gezeichneten Stammkapital von weit über 150 Milliarden Euro eingetragen.

Gerade die Konzeption der GmbH als Unternehmensgesellschaft macht sie als grundlegende Rechtsform für den Betrieb eines selbstständigen Gewerbes so interessant. GmbH werden von unterschiedlichen Typen von Gesellschaftern gegründet. Üblich ist sowohl die klassische Fortführung einer Familiengesellschaft in Form einer GmbH als auch die Umwandlung einer gewerbetreibenden Einzelperson in eine Ein-Mann-GmbH, das heißt in eine GmbH, die nur einen Gesellschafter hat. Darüber hinaus dient die GmbH in der Praxis oftmals auch als Basis einer rechtlich komplexen Unternehmensorganisation. Hier ist die Beteiligung einer GmbH, meist als einzige persönlich haftende Gesellschafterin, an einer Kommanditgesellschaft (KG) oder einer Kommanditgesellschaft auf Aktien (KGaA) besonders hervorzuheben. Die Nutzung der GmbH in dieser Form ergibt dann die weitläufig bekannte Rechtsform der so genannten GmbH & Co. KG.

Gründung der GmbH

Die Gründung einer GmbH lässt sich meist rasch und einfach vollziehen. In der Regel wird der Weg der Bargründung gewählt. Hierzu bedarf es zunächst des Abschlusses eines Gesellschaftsvertrages, auch Satzung genannt. Gründer können natürliche und juristische Personen wie auch Personenhandelsgesellschaften sein.

Der Gesellschaftsvertrag muss bestimmte Mindestinhalte umfassen: Angaben zum Sitz und der Firma (das heißt, dem Namen der Gesellschaft), zum Gegenstand des Unternehmens, zum Betrag des Stammkapitals sowie zu den von den einzelnen Gesellschaftern zu leistenden Stammeinlagen.

Wer kann Geschäftsführer einer GmbH werden?

Wenn nicht bereits bei der Gründung, das heißt im Gesellschaftsvertrag, ein Geschäftsführer bestellt wurde, hat die Bestellung durch einen Beschluss der Gesellschafter zu erfolgen. Geschäftsführer kann jede natürliche Person werden. Der Geschäftsführer muss nicht zugleich Gesellschafter sein. Für die GmbH gilt nämlich der Grundsatz der so genannten Fremdorganschaft.

Die Gesellschaft wird angemeldet

Wenn Sie bereits im Gründungsstadium der Gesellschaft zum Geschäftsführer ernannt werden, fällt Ihnen damit eine der ersten rechtlichen Grundpflichten als Geschäftsführer zu: Sie sind verpflichtet, die Gesellschaft zur Eintragung in das Handelsregister anzumelden. Hierfür ist Voraussetzung, dass jeder Gesellschafter ein Viertel des bar zu erbringenden Teils seiner Stammeinlage sowie der etwa vereinbarten Sacheinlagen leistet. Der Gesamtwert des durch Barzahlung oder Sacheinlagen erbrachten Stammkapitals muss – soweit an der GmbH mehrere Gesellschafter beteiligt sind – mindestens 12 500 Euro betragen. Handelt es sich um eine Einpersonengesellschaft, so ist der volle Stammkapitalmindestbetrag von 25 000 Euro zu erbringen.

In der Anmeldung, die in der Regel von dem beurkundenden Notar vorbereitet wird, haben Sie zu versichern, dass sich die Leistung, das heißt das eingezahlte Geld beziehungsweise die Sacheinlagen »endgültig in Ihrer freien Verfügung«, das heißt in Ihrer Verfügung als Geschäftsführer der GmbH befindet.

Der in der Praxis eher seltene Fall einer so genannten Sachgründung liegt vor, wenn zumindest einer der Gesellschafter die zu erbringende Stammeinlage nicht durch Zahlung von Geld leistet, sondern dadurch, dass er Vermögensgegenstände zur Verfügung stellt. Hier kommen dem Gesellschafter zustehende Rechte wie Patente, Warenzeichen oder Lizenzen in Betracht. Weitere Beispiele für Gegenstände sind Grundstücke, Produktionsanlagen, Rohmaterial oder

Forderungen gegen Dritte. Eine Sacheinlage muss im Hinblick auf ihre Angemessenheit bewertet werden. Zudem ist ein Sachgründungsbericht zu erstellen. Für die Richtigkeit der Angaben bezüglich der Werthaltigkeit der eingebrachten Sachen haften sowohl die Gesellschafter als auch Sie als Geschäftsführer.

Den Nachweis der Werthaltigkeit können Sie bei einer Bargründung durch eine Bankbestätigung, bei einer Sacheinlage zum Beispiel durch ein Wertgutachten führen. An diese Bestätigung werden strenge Anforderungen gestellt. Der Bundesgerichtshof hat in den letzten Jahren herausgearbeitet, dass es konkret darauf ankommt, dass das »zugesicherte Geld« beziehungsweise der Sachwert im Augenblick der Registereintragung der Gesellschaft unverbraucht zur Verfügung stehen muss. Sollte dies nicht der Fall sein, die Bestätigung sich folglich als unzutreffend erweisen, laufen Sie Gefahr, in Haftung genommen zu werden.

Der Gründungsvorgang wird vom zuständigen Registergericht, bei dem das Handelsregister geführt wird, überprüft. Soweit die Gesellschaft nicht ordnungsgemäß errichtet und angemeldet worden ist, wird die Eintragung ins Handelsregister durch das Registergericht abgelehnt. Erst durch den Eintrag im Handelsregister entsteht die GmbH als rechtsfähige Kapitalgesellschaft.

Wie bereits oben erwähnt, besteht, neben der Gründung einer »klassischen« GmbH, seit der Einführung des Gesetztes zur Modernisierung des GmbH-Rechts und zur Bekämpfung von Missbräuchen (MoMiG), welches zum 01. November 2008 in Kraft getreten ist, die Möglichkeit der Gründung einer sog. Unternehmergesellschaft gemäß § 5a GmbHG. Die Besonderheit einer solchen Unternehmergesellschaft ist, dass die Stammkapitaleinlagen lediglich zwischen 1,00 EUR und 24 999,99 EUR liegt. Im Rechtsverkehr darf die Unternehmergesellschaft nur mit dem Rechtsformzusatz »Unternehmergesellschaft (haftungsbeschränkt)« oder »UG (haftungsbeschränkt)« auftreten. Im Gegensatz zur »klassischen« GmbH sind keine Sacheinlagen zulässig, d.h. das Stammkapital muss sofort in der vom Gründer/den Gründern festgelegten Höhe (1,00 EUR–24 999,99 EUR) in bar eingezahlt werden (§ 5a Abs. 2 GmbHG). Zur weiteren Vereinfachung der Gründung der Unternehmergesellschaft hat der Gesetzgeber hierzu in der Anlage zum GmbHG zwei Musterprotokolle zur Verfügung gestellt – eines für die Ein-Personen-Gründung, das andere für Mehrpersonen-Gründungen. Die Übernahme dieser Musterprotokolle ohne Änderungen, welche auch den Gesellschaftsvertrag beinhalten, hat zur Folge, dass die not. Beurkundung des Gesellschaftsvertrags deutlich kostengünstiger sein kann, als mit einem individuell gestalteten Gesellschaftsvertrag. Nachteil des Musterprotokolls ist jedoch, dass wichtige und bei mehreren Gesellschaften unabdingbare Bestandteile einer Satzung wie z.B. Kündigungsklauseln, Regeln zu Abfindungen, Vinkulierungsklauseln, etc. fehlen, so dass trotz der höheren Kosten ein professionell erstellter Gesellschaftsvertrag unentbehrlich ist. Die Unternehmergesellschaft ist keine neue Rechtsform, sondern eine GmbH mit einem geringeren Mindestkapital gemäß § 5a GmbHG und bedarf daher einer be-sonderen Bezeichnung. Abgesehen davon wird die Unternehmergesellschaft, bis auf geringfügige Abweichungen, wie die klassische GmbH behandelt und wird daher im folgenden nicht gesondert behandelt, da dies den Rahmen der Darstellung sprengen würde.

Die Organisationsstruktur der GmbH

Die GmbH hat zwingend zwei Organe. Hierbei handelt es sich um die Gesellschafter und um Sie als Geschäftsführer. Sie vertreten die GmbH alleine, soweit nicht noch andere Geschäftsführer berufen wurden. Sind mehrere Geschäftsführer für eine GmbH verantwortlich, so gilt, soweit nicht gesondert etwas anderes geregelt ist, eine Gesamtvertretung. Das bedeutet, dass Sie und Ihr/e Geschäftsführerkollege/n den Willen der Gesellschaft einvernehmlich nach außen kundzutun haben.

Die Bestellung und Abberufung des Geschäftsführers erfolgt grundsätzlich durch die Gesellschafter im Rahmen eines Gesellschafterbeschlusses.

Rechtliche Stellung eines Geschäftsführers

Nachdem wir uns im vorangegangenen Abschnitt mit der Rechtsform und der Gründung der GmbH auseinander gesetzt haben, beleuchten wir nun die rechtliche Stellung eines GmbH-Geschäftsführers näher.

Geschäftsführerhaftung

Die zentrale Vorschrift, die sich mit den Pflichten und der Haftung des Geschäftsführers befasst, ist § 43 GmbHG.

§ 43 GmbHG – Haftung der Geschäftsführer

(1) Die Geschäftsführer haben in den Angelegenheiten der Gesellschaft die Sorgfalt eines ordentlichen Kaufmannes anzuwenden.

(2) Geschäftsführer, welche ihre Obliegenheiten verletzen, haften der Gesellschaft solidarisch für den entstandenen Schaden.

(3) Insbesondere sind sie zum Ersatze verpflichtet, wenn den Bestimmungen des § 30 zuwider Zahlungen aus dem zur Erhaltung des Stammkapitals erforderlichen Vermögen der Gesellschaft gemacht oder den Bestimmungen des § 33 zuwider eigene Geschäftsanteile der Gesellschaft erworben worden sind. Auf den Ersatzanspruch finden die Bestimmungen in § 9b Abs. 1 entsprechende Anwendung. Soweit der Ersatz zur Befriedigung der Gläubiger der Gesellschaft erforderlich ist, wird die Verpflichtung der Geschäftsführer dadurch nicht aufgehoben, dass dieselben in Befolgung eines Beschlusses der Gesellschafter gehandelt haben.
(4) Die Ansprüche aufgrund der vorstehenden Bestimmungen verjähren in fünf Jahren.

Dem Text des § 43 GmbHG können Sie bereits entnehmen, dass Sie gegenüber der Gesellschaft zur Sorgfalt eines ordentlichen Geschäftsmannes verpflichtet sind. Die Vorschrift regelt somit die Organhaftung des Geschäftsführers gegenüber der Gesellschaft. Im Einzelnen ist festzuhalten:

- § 43 Abs. 1 GmbHG konkretisiert den Pflichten- und Sorgfaltsmaßstab.
- § 43 Abs. 2 GmbHG stellt die Grundlage der Geschäftsführerhaftung für jeden Schaden dar, der durch Verletzung der Geschäftsführerpflichten der Gesellschaft schuldhaft zugefügt wurde.
- § 43 Abs. 3 GmbHG stellt die spezielle Haftung im Hinblick auf die die Gläubiger schützenden Bestimmungen der §§ 30, 33 GmbHG dar.
- § 43 Abs. 4 regelt, dass die Haftungen aus §§ 43 Abs. 2 und 3 erst nach fünf Jahren verjähren.

§ 30 GmbHG – Kapitalerhaltung

(1) Das zur Erhaltung des Stammkapitals erforderliche Vermögen der Gesellschaft darf an die Gesellschafter nicht ausgezahlt werden. Satz 2 gilt nicht bei Leistungen, die bei Bestehen eines Beherrschungs- oder Gewinnabführungsvertrags (§ 291 des Aktiengesetzes) erfolgen oder durch einen vollwertigen Gegenleistungs- oder Rückgewährsanspruch gegen den Gesellschafter gedeckt sind. Satz 1 ist zudem nicht anzuwenden auf die Rückgewähr eines Gesellschaftsdarlehens und Leistungen auf Forderungen aus Rechtshandlungen, die einem Gesellschaftsdarlehen wirtschaftlich entsprechen.
(2) Eingezahlte Nachschüsse können, soweit sie nicht zur Deckung eines Verlustes am Stammkapital erforderlich sind, an die Gesellschafter zurückgezahlt werden. Die Zurückzahlung darf nicht vor Ablauf von drei Monaten erfolgen, nachdem der Rückzahlungsbeschluss nach § 12 bekannt gemacht ist. Im Fall des § 28 Abs. 2 ist die Zurückzahlung von Nachschüssen vor der Volleinzahlung des

Stammkapitals unzulässig. Zurückgezahlte Nachschüsse gelten als nicht eingezogen.

§ 33 GmbHG – Erwerb eigener Geschäftsanteile

(1) Die Gesellschaft kann eigene Geschäftsanteile, auf welche die Einlagen noch nicht vollständig geleistet sind, nicht erwerben oder als Pfand nehmen.

(2) Eigene Geschäftsanteile, auf welche die Einlage vollständig geleistet ist, darf sie nur erwerben, sofern sie zum Zeitpunkt des Erwerbs eine Rücklage in Höhe der Aufwendungen für den Erwerb bilden könnte, ohne das Stammkapital oder eine nach dem Gesellschaftsvertrag zu bildende Rücklage zu mindern, die nicht zur Zahlung an die Gesellschafter verwandt werden darf. Als Pfand nehmen darf sie solche Geschäftsanteile nur, soweit der Gesamtbetrag der durch Inpfandnahme eigener Geschäftsanteile gesicherten Forderungen oder, wenn der Wert der als Pfand genommenen Geschäftsanteile niedriger ist, dieser Beitrag nicht höher ist als das über das Stammkapital hinaus vorhandene Vermögen. Ein Verstoß gegen die Sätze 1 und 2 macht den Erwerb oder die Inpfandnahme der Geschäftsanteile nicht unwirksam; jedoch ist das schuldrechtliche Geschäft über einen verbotswidrigen Erwerb oder eine verbotswidrige Inpfandnahme nichtig.

(3) Der Erwerb eigener Geschäftsanteile ist ferner zulässig zur Abfindung von Gesellschaftern nach §29 Abs. 1, §122i Abs. 1 Satz 2, §125 Satz 1 in Verbindung mit §29 Abs. 1 und §207 Abs.1 des Umwandlungsgesetzes, sofern der Erwerb binnen sechs Monaten nach dem Wirksamwerden der Umwandlungen oder nach der Rechtskraft der gerichtlichen Entscheidungen erfolgt und die Gesellschaft im Zeitpunkt des Erwerbs eine Rücklage in Höhe der Aufwendungen für den Erwerb bilden könnte, ohne das Stammkapital oder eine nach dem Gesellschaftsvertrag zu bildenden Rücklage zu mindern, die nicht zur Zahlung an die Gesellschafter verwandt werden darf.

§ 9 b Abs 1 GmbHG – Verzicht auf Ersatzansprüche

(1) Ein Verzicht der Gesellschaft auf Ersatzansprüche nach §9a oder ein Vergleich der Gesellschaft über diese Ansprüche ist unwirksam, soweit der Ersatz zur Befriedigung der Gläubiger der Gesellschaft erforderlich ist. Dies gilt nicht, wenn der Ersatzpflichtige zahlungsunfähig ist und sich zur Abwendung des Insolvenzverfahrens mit seinen Gläubigern vergleicht oder wenn die Ersatzpflicht in einem Insolvenzplan geregelt wird.

(2) Ersatzansprüche der Gesellschaft nach §9a verjähren in fünf Jahren. Die Verjährung beginnt mit der Eintragung der Gesellschaft in das Handelsregister oder, wenn die zum Ersatz verpflichtende Handlung später begangen worden ist, mit der Vornahme der Handlung.

Die zuvor aufgeführten gesetzlichen Regelungen (§ 43 i. V. mit §§ 30, 33 GmbHG) stellen die so genannte Organhaftung dar, der Sie im Rahmen Ihrer Geschäftsführerstellung ausgesetzt sind. Darüber hinaus ist nachfolgend noch gesondert die Außenhaftung zu betrachten. Zur Haftungsfrage insgesamt ist zu berücksichtigen: Ihr Haftungsrisiko wird nicht erst durch die Eintragung Ihrer Geschäftsführerstellung in das Handelsregister begründet, sondern bereits durch die Aufnahme Ihrer Tätigkeit.

Der zu berücksichtigende Pflichten- und Sorgfaltsmaßstab ergibt sich aus § 43 Abs. 1 GmbHG. Als Geschäftsführer unterwirft Sie der Gesetzgeber einem Bewertungsmaßstab, der mit der Formulierung »mit der Sorgfalt eines ordentlichen Geschäftsmannes« umschrieben wird. Dies bedeutet, dass die Sorgfalt eines selbstständigen, treuhändischen Verwalters fremder Vermögensinteressen in verantwortlich leitender Position anzuwenden ist.

Für den anzulegenden Maßstab bei der Bewertung der entsprechenden Sorgfalt und des gegebenen Pflichtbewusstseins spielen grundsätzlich die Größe sowie die Art des Unternehmens eine nicht unerhebliche Rolle. Hingegen sind Alter, fehlende geschäftliche Erfahrung oder andere in Ihrer Person liegende Kriterien im Hinblick auf die Bewertung des Geschäftsführerhandelns allenfalls von geringer Bedeutung. Sie können sich daher bei einer Haftungsfrage im Regelfall nicht darauf berufen, einer Aufgabe aus bestimmten Gründen nicht gewachsen gewesen zu sein. Von einem Geschäftsführer wird grundsätzlich die volle Verantwortlichkeit gefordert.

Der Pflichtenkatalog

Die Pflichten gemäß den Regelungen des § 43 GmbHG fordern zunächst die ordnungsgemäße Leitung des Unternehmens, die dem Ziel unterworfen ist, den Gesellschaftszweck bestmöglich zu fördern. Dabei müssen Gesetz, Satzung und gegebenenfalls besondere Richtlinien aus dem Geschäftsführerdienstvertrag sowie weitergehende Beschlüsse eingehalten werden.

Von Ihnen als Geschäftsführer wird insbesondere auch gefordert, die innergesellschaftliche Kompetenzordnung einzuhalten. Sie sind verpflichtet, die Zuständigkeitsvorbehalte zugunsten der Gesellschafter sowie das Weisungsrecht der Gesellschafter hinsichtlich der gesellschaftspolitischen Vorgaben zu berücksichtigen. Zudem müssen Sie mit weiteren Geschäftsführern sowie den Gesellschaftern beziehungsweise möglichen anderen Gesellschaftsorganen (wie etwa Aufsichtsrat und Beirat) loyal zusammenarbeiten.

Auch verlangt der Gesetzgeber von Ihnen als Geschäftsführer eine als »Treuepflicht« umschriebene Bindung zur Gesellschaft. So unterliegen Sie natürlich während der Dauer der Amtsstellung einem Wettbewerbsverbot und haben sämtliche Geschäftschancen im entsprechenden Geschäftszweig der Gesellschaft nur im Interesse der Gesellschaft wahrzunehmen. Vertrauliche Angaben und Geheimnisse der Gesellschaft, insbesondere Betriebs- und Geschäftsgeheimnisse, dürfen Sie Außenstehenden nicht offenbaren. Bei Verstößen oder Unregelmäßigkeiten im Hinblick auf die genannten Pflichten des Geschäftsführers kommt eine Haftung des Geschäftsführers für Schäden der Gesellschaft in Betracht. Dazu später mehr (S. 306–314).

Vertragliche Grundlagen der Stellung des Geschäftsführers

Der Geschäftsführer einer GmbH befindet sich quasi in einer Doppelstellung. Er ist zum einen Organ der Gesellschaft, zum anderen, soweit es sich um einen Fremdgeschäftsführer handelt, im weitesten Sinne Beschäftigter. »Fremdgeschäftsführer« bedeutet, dass der Geschäftsführer nicht gleichzeitig Gesellschafter ist. Im Folgenden zeigen wir, wie sich diese Doppelstellung auswirkt.

Bestellung und Abschluss des Geschäftsführerdienstvertrages

In diesem Abschnitt geht es um die Bestellung zum Geschäftsführer sowie um die Ausgestaltung und den Abschluss des Geschäftsführerdienstvertrages.

Bestellung zum Geschäftsführer

Die rechtliche Positionierung des Geschäftsführers als Organ der Gesellschaft erfolgt durch die so genannte Bestellung. Hierfür ist grundsätzlich ein Mehrheitsbeschluss der Gesellschafter gemäß § 46 Nr. 5 GmbHG notwendig.

§ 46 GmbHG – Aufgabenkreis der Gesellschafter

Der Bestimmung der Gesellschafter unterliegen

1. die Feststellung des Jahresabschlusses und die Verwendung des Ergebnisses;

1.a die Entscheidung über die Offenlegung eines Einzelabschlusses nach internationalen Rechnungslegungsstandards (§325 Abs. 2a des Handelsgesetzbuchs) und über die Billigung des von den Geschäftsführern aufgestellten Abschlusses;

1.b die Billigung eines von den Geschäftsführern aufgestellten Konzernabschlusses;

2. die Einforderung der Einlagen;
3. die Rückzahlung von Nachschüssen;
4. die Teilung, die Zusammenlegung sowie die Einziehung von Geschäftsanteilen;
5. die Bestellung und die Abberufung von Geschäftsführern sowie die Entlastung derselben;
6. die Maßregeln zur Prüfung und Überwachung der Geschäftsführung;
7. die Bestellung von Prokuristen und von Handlungsbevollmächtigten zum gesamten Geschäftsbetrieb;
8. die Geltendmachung von Ersatzansprüchen, welche der Gesellschaft aus der Gründung oder Geschäftsführung gegen Geschäftsführer oder Gesellschafter zustehen, sowie die Vertretung der Gesellschaft in Prozessen, welche sie gegen die Geschäftsführer zu führen hat.

Die Bestellung kann auch – wie oben bereits erwähnt – gemäß § 6 Abs. 3 Satz 2 GmbHG im Gesellschaftsvertrag im Rahmen der Gründung der Gesellschaft erfolgen.

Mit der Bestellung zum Geschäftsführer beziehungsweise mit der Nennung Ihres Namens im Gesellschaftervertrag sind Sie Geschäftsführer der GmbH, sofern Sie die Bestellung annehmen. Die Annahme der Bestellung ist für deren Wirksamkeit natürlich von großer Bedeutung, weil die Position des Geschäftsführers neben dem Recht der Vertretung auch erhebliche Pflichten beinhaltet. Wurden Sie durch einen Bestellungsbeschluss zum Geschäftsführer ernannt, so haben Sie die Freiheit, die Geschäftsführerstellung anzunehmen oder abzulehnen. Dies gilt allerdings nicht, wenn Sie sich bereits im Rahmen eines Geschäftsführerdienstvertrages zur Übernahme der Geschäftsführerstellung ab einem bestimmten Zeitpunkt verpflichtet haben oder wenn in anderer Art und Weise schuldrechtlich eine Vereinbarung getroffen wurde.

Ihre Annahmeerklärung bedarf keiner besonderen Form. Sofern Sie im Gesellschaftsvertrag bereits als Geschäftsführer benannt wurden, bedeutet die Unterzeichnung des Gesellschaftsvertrages durch Sie auch die Annahme des Geschäftsführeramtes. Werden Sie in einer bereits bestehenden Gesellschaft zum Geschäftsführer benannt, hat die Annahmeerklärung gegenüber »der Gesellschaft« zu erfolgen. Soweit diese bereits einen weiteren Geschäftsführer hat, reicht die Erklärung gegenüber dem Geschäftsführer aus;

ist hingegen kein Geschäftsführer für die Gesellschaft tätig, haben Sie die Erklärung gegenüber den Gesellschaftern abzugeben. Üblicherweise wird hierzu aus dem Kreise der Gesellschafter ein Gesellschafter als annahmeberechtigt erklärt.

Rechtliche und faktische Möglichkeit zur Geschäftsführung

Geschäftsführer einer GmbH kann gemäß § 6 GmbHG nur eine natürliche und unbeschränkt geschäftsfähige Person werden.

§ 6 GmbHG – Geschäftsführer

(1) Die Gesellschaft muss einen oder mehrere Geschäftsführer haben.

(2) Geschäftsführer kann nur eine natürliche, unbeschränkt geschäftsfähige Person sein. Geschäftsführer kann nicht sein, wer

1. als Betreuter bei der Besorgung seiner Vermögensangelegenheiten ganz oder teilweise einem Einwilligungsvorbehalt (§ 1903 des Bürgerlichen Gesetzbuchs) unterliegt,
2. aufgrund eines gerichtlichen Urteils oder einer vollziehbaren Entscheidung einer Verwaltungsbehörde einen Beruf, einen Berufszweig, ein Gewerbe oder einen Gewerbezweig nicht ausüben darf, sofern der Unternehmensgegenstand ganz oder teilweise mit dem Gegenstand des Verbots übereinstimmt,
3. wegen einer oder mehrerer vorsätzlich begangener Straftaten
   a) des Unterlassens der Stellung des Antrags auf Eröffnung des Insolvenzverfahrens (Insolvenzverschleppung),
   b) nach den §§ 283 bis 283d des Strafgesetzbuchs (Insolvenzstraftaten),
   c) der falschen Angaben nach § 82 dieses Gesetzes oder § 399 des Aktiengesetzes,
   d) der unrichtigen Darstellung nach § 400 des Aktiengesetzes, § 331 des Handelsgesetzbuchs, § 313 des Umwandlungsgesetzes oder § 17 des Publizitätsgesetzes

oder

   e) nach den §§ 263 bis 264a oder den §§ 265b bis 266a des Strafgesetzbuchs zu einer Freiheitsstrafe von mindestens einem Jahr verurteilt worden ist; dieser Ausschluss gilt für die Dauer von fünf Jahren seit der Rechtskraft des Urteils, wobei die Zeit nicht eingerechnet wird, in welcher der Täter auf behördliche Anordnung in einer Anstalt verwahrt worden ist. Satz 2 Nr. 3 gilt entsprechend bei einer Verurteilung im Ausland wegen einer Tat, die mit den in Satz 2 Nr. 3 genannten Taten vergleichbar ist.

(3) Zu Geschäftsführern können Gesellschafter oder andere Personen bestellt werden. Die Bestellung erfolgt entweder im Gesellschaftsvertrag oder nach Maßgabe der Bestimmungen des dritten Abschnitts.
(4) Ist im Gesellschaftsvertrag bestimmt, dass sämtliche Gesellschafter zur Geschäftsführung berechtigt sein sollen, so gelten nur die der Gesellschaft bei Festsetzung dieser Bestimmung angehörenden Personen als die bestellten Geschäftsführer.
(5) Gesellschafter, die vorsätzlich oder grob fahrlässig einer Person, die nicht Geschäftsführer sein kann, die Führung der Geschäfte überlassen, haften der Gesellschaft solidarisch für den Schaden, der dadurch entsteht, dass diese Person die ihr gegenüber der Gesellschaft bestehenden Obliegenheiten verletzt.

Die Einsetzung einer juristischen Person, einer Personengesellschaft oder einer Erben- oder sonstigen Rechtsgemeinschaft kommt, wie Sie dem Wortlaut des § 6 GmbHG entnehmen können, nicht in Betracht. Beschränkt Geschäftsfähige – beispielsweise Kinder und Jugendliche oder betreute Erwachsene, die in ihren Vermögensangelegenheiten einem Einwilligungsvorbehalt unterliegen – können das Amt des Geschäftsführers nicht übernehmen, da sie zur Amtsübernahme auch nicht durch ihre Betreuer oder Vertretungsberechtigten ermächtigt werden können. Sollte eine amtsunfähige Person durch einen Bestellungsbeschluss oder im Rahmen der Benennung in der Satzung zum Geschäftsführer bestellt werden, ist diese Bestellung von Anfang an unwirksam. Ergibt sich eine Geschäftsunfähigkeit eines bereits bestellten Geschäftsführers, verliert die zunächst wirksame Bestellung des Geschäftsführers automatisch ihre Wirkung.

Die Bestellung als Geschäftsführer ist nicht an die Staatsangehörigkeit gebunden. Ausländer können genauso wie Inländer Geschäftsführer werden. Auch verlangt der Gesetzgeber vom Geschäftsführer im Hinblick auf seinen Wohnsitz oder gewöhnlichen Aufenthaltsort keine räumliche Nähe zur Gesellschaft. Ebenso wenig sind deutsche Sprachkenntnisse im Gesetz vorgeschrieben. Es besteht daher grundsätzlich die Möglichkeit, eine in Deutschland gegründete GmbH durch einen ausländischen Geschäftsführer vom Ausland aus zu führen. Es muss jedoch gewährleistet sein, dass der ausländische Geschäftsführer tatsächlich und jederzeit in der Lage ist, seine gesetzlichen Mindestpflichten zu erfüllen, die sich aus den §§ 41, 43 Abs. 3 und 64 GmbHG ergeben.

§ 41 GmbHG – Buchführung

(1) Die Geschäftsführer sind verpflichtet, für die ordnungsgemäße Buchführung der Gesellschaft zu sorgen.
(2)–(4) (aufgehoben)

§ 43 Abs. 3 GmbHG – Haftung der Geschäftsführer
Insbesondere sind sie zum Ersatze verpflichtet, wenn den Bestimmungen des § 30 zuwider Zahlungen aus dem zur Erhaltung des Stammkapitals erforderlichen Vermögen der Gesellschaft gemacht oder den Bestimmungen des § 33 zuwider eigene Geschäftsanteile der Gesellschaft erworben worden sind. Auf den Ersatzanspruch finden die Bestimmungen in § 9b Abs. 1 entsprechende Anwendung. Soweit der Ersatz zur Befriedigung der Gläubiger der Gesellschaft erforderlich ist, wird die Verpflichtung der Geschäftsführer dadurch nicht aufgehoben, dass dieselben in Befolgung eines Beschlusses der Gesellschaft gehandelt haben.

§ 15a InsO Antragspflicht bei juristischen Personen und Gesellschaften ohne Rechtspersönlichkeit

(1) Wird eine juristische Person zahlungsunfähig oder überschuldet, haben die Mitglieder des Vertretungsorgans oder die Abwickler ohne schuldhaftes Zögern spätestens aber drei Wochen nach Eintritt der Zahlungsunfähigkeit oder Überschuldung, einen Insolvenzantrag zu stellen. Das Gleiche gilt für die organschaftlichen Vertreter der zur Vertretung der Gesellschaft ohne Rechtspersönlichkeit, bei der kein persönlich haftender Gesellschafter eine natürliche Person ist; dies gilt nicht, wenn zu den persönlich haftenden Gesellschaftern eine andere Gesellschaft gehört, bei der ein persönlich haftender Gesellschafter eine natürliche Person ist.

(2) Bei einer Gesellschaft im Sinne des Absatzes 1 Satz 2 gilt Absatz 1 sinngemäß, wenn die organschaftlichen Vertreter der zur Vertretung des Gesellschaft ermächtigten Gesellschafter ihrerseits Gesellschaften sind, bei denen kein Gesellschafter eine natürliche Person ist, oder sich die Verbindung von Gesellschaften in dieser Art fortsetzt.

(3) Im Fall der Führungslosigkeit einer Gesellschaft mit beschränkter Haftung ist auch jeder Gesellschafter, im Fall der Führungslosigkeit einer Aktiengesellschaft oder einer Genossenschaft ist auch jedes Mitglied des Aufsichtsrats zur Stellung des Antrags verpflichtet, es sei denn, diese Person hat von der Zahlungsunfähigkeit und der Überschuldung oder der Führungslosigkeit keine Kenntnis.

(4) Mit Freiheitsstrafe bis zu drei Jahren oder mit Geldstrafe wird bestraft, wer entgegen Absatz 1 Satz 1, auch in Verbindung mit Satz 2 oder Absatz 2 oder Absatz 3, einen Insolvenzantrag nicht, nicht richtig oder nicht rechtzeitig stellt.

(5) Handelt der Täter in den Fällen des Absatzes 4 fahrlässig, ist die Strafe Freiheitsstrafe bis zu einem Jahr oder Geldstrafe.

§ 64 GmbHG – Haftung für Zahlungen nach Zahlungsunfähigkeit 9 oder Überschuldung
Die Geschäftsführer sind der Gesellschaft zum Ersatz von Zahlungen verpflichtet, die nach Eintritt der Zahlungsunfähigkeit der Gesellschaft oder nach Feststellung ihrer Überschuldung geleistet werden. Dies gilt nicht von Zahlungen, die auch nach diesem Zeitpunkt mit der Sorgfalt eines ordentlichen Geschäftsmanns vereinbar sind. Die gleiche Verpflichtung trifft die Geschäftsführer für Zahlungen an Gesellschafter, soweit diese zur Zahlungsunfähigkeit der Gesellschaft führen mussten, es sei denn, dies war auch bei Beachtung der in Satz 2 bezeichneten Sorgfalt nicht erkennbar. Auf den Ersatzanspruch finden die Bestimmungen in §43 Abs. 3 und 4 entsprechende Anwendung.

Die sich aus den vorgestellten gesetzlichen Regelungen ergebenden Mindestpflichten bedingen natürlich, dass sich zumindest der verantwortliche Geschäftsführer im Inland frei und ohne größere Einreiseformalitäten bewegen können muss. Deshalb legt das Registergericht bei der Eintragung eines Geschäftsführers ins Handelsregister besonderen Wert darauf, dass dieser jederzeit die Möglichkeit zur Einreise nach Deutschland hat und dass entsprechende Aufenthalts- und Einreiseerlaubnisse vorliegen. Diese Bedingung ist im Fall von EU-Ausländern grundsätzlich gegeben, denn diese können ohne besondere Erlaubnis in jedem EU-Land tätig werden – es sei denn, sie sind Staatsbürger eines Landes mit noch eingeschränkter Mitgliedschaft.

Amtsunfähigkeit und andere Hindernisse

Eine Amtsunfähigkeit als Geschäftsführer kann auch vorliegen, wenn Sie aus weiteren persönlichen Gründen an der Übernahme einer Geschäftsführertätigkeit in einer GmbH gehindert sind.

Hier kommen zunächst einmal die Bestellungshindernisse für die Mitglieder der Bundes- sowie der Länderregierungen in Betracht. Auch die Tätigkeit als Aufsichtsratsmitglied einer GmbH schließt aus, dass Sie gleichzeitig Geschäftsführer der GmbH werden können.

Des Weiteren führt auch die rechtskräftige Verurteilung wegen einer so genannten Insolvenzstraftat nach den §§ 283 bis 283d des Strafgesetzbuches zur Amtsunfähigkeit, die gemäß § 6 Abs. 2 GmbHG auf fünf Jahre begrenzt ist. Eine entsprechende Verurteilung für ein gleiches oder ähnliches Delikt durch ein ausländisches Gericht hat dieselbe Konsequenz. Wurde ein bereits bestellter Geschäftsführer verurteilt, so verliert dieser unmittelbar mit Rechtskraft des Urteils seine Position.

Besondere Eignungsvoraussetzung nach Wunsch der Gesellschafter

Neben den bisher dargestellten gesetzlichen Vorgaben für die Eignung und Berechtigung zur Ausübung des Geschäftsführeramtes ergibt sich eine Reihe von Eignungsvoraussetzungen, die von den Gesellschaftern einer GmbH vorgegeben werden. So kann der Gesellschaftsvertrag für die Person des Geschäftsführers beliebige Voraussetzungen schaffen. Diese können sachliche, aber auch persönliche Gründe in den Vordergrund stellen, wie zum Beispiel die Zugehörigkeit zu einer Familie oder Gesellschaftergruppe, das Alter, die Staatsangehörigkeit, die Religion, die Vorbildung, gegebene Sprachkenntnisse oder frühere Tätigkeiten. Auch geschlechtsspezifische Vorgaben kommen grundsätzlich in Betracht.

Wird ein Geschäftsführer bestellt, obwohl er die in der Satzung vorgegebenen Eignungsvoraussetzungen nicht erfüllt, so ist zwar seine Bestellung grundsätzlich wirksam, er ist aber amtsunfähig. In diesem Fall kann der Bestellungsbeschluss wegen eines Satzungsverstoßes angefochten werden.

Abschluss des Geschäftsführerdienstvertrages

Kommen wir nun zur konkreten Ausgestaltung und zum Abschluss des Geschäftsführerdienstvertrages.

Rechtliche Stellung des Geschäftsführers Von der Bestellung zum Geschäftsführer als gesellschaftsrechtlichem Akt, der Ihre Organstellung als Geschäftsführer begründet, ist der Anstellungsvertrag zu unterscheiden, mit dem Sie die persönlichen Rechte und Pflichten zwischen Ihnen und der Gesellschaft regeln. Dieser Vertrag bedarf grundsätzlich keiner besonderen Form. Er kommt allerdings nicht schon mit der Bestellung und Ihrer Annahme des Geschäftsführeramtes zustande.

Sollten Sie die Geschäftsführerstellung bei einer GmbH unentgeltlich beziehungsweise ehrenamtlich übernehmen, so ist die vertragliche Beziehung zwischen Ihnen und der Gesellschaft rechtlich als Auftrag gemäß §§ 662 ff. BGB zu qualifizieren. Die Verpflichtung zu einer unentgeltlichen Tätigkeit muss besonders vereinbart werden und ist in der Praxis äußerst selten.

Der weitaus häufigere Fall eines Anstellungsvertrages mit einem Geschäftsführer mit Dienstbezügen unterliegt gemäß der herrschenden Auffassung in Rechtsprechung und Lehre den Regeln des freien Dienstvertrages, stellt also keinen Arbeitsvertrag dar. Diese sehr bedeutende Einschätzung führt dazu, dass Ihnen als Geschäftsführer einer GmbH die arbeitsrechtlichen und zum Teil auch die arbeitnehmerschutzrechtlichen Regelungen (wie etwa laut Kündigungsschutzgesetz, Betriebsverfassungsgesetz, Schwerbehindertengesetz) grundsätzlich nicht zustehen.

Die Qualifizierung der Tätigkeit des Geschäftsführers als freier Dienstnehmer ergibt sich insbesondere aus den gesetzlichen Mindestpflichten eines Geschäftsführers gemäß den §§ 41, 43 Abs. 3 und 64 GmbHG (siehe oben). Auch die typische Unternehmerfreiheit des Geschäftsführers und seine Aufgaben als Organ der Gesellschaft (Arbeitgeberfunktion, Weisungsberechtigung) prägen seine Stellung.

Diese Qualifizierung kann beispielsweise dazu führen, dass ein langjährig beschäftigter leitender Arbeitnehmer bei einem Wechsel auf einen Geschäftsführerposten seine Arbeitnehmerschutzrechte (zum Beispiel Kündigungsschutz nach Kündigungsschutzgesetz) verliert, wenn mit dem Abschluss des Geschäftsführerdienstvertrages ausdrücklich oder konkludent sein vorher bestehender Arbeitsvertrag beendet wird.

Für Sie bedeutet das: Waren Sie bis zu Ihrer Bestellung zum Geschäftsführer bei der Gesellschaft als Arbeitnehmer angestellt, so ist es für Sie sinnvoll, im Geschäftsführerdienstvertrag eine Regelung darüber zu treffen, ob Ihre Arbeitnehmerschutzrechte für Sie nach Ende Ihrer Geschäftsführertätigkeit wieder gelten sollen oder nicht. Lediglich die konkrete Formulierung, wonach die Vertragsparteien darüber Einigkeit erzielen, dass die Stellung des Arbeitnehmers für den Zeitraum der Wahrnehmung des Geschäftsführeramtes *ruht,* führt sicher dazu, dass nach einer etwaigen Abberufung als Geschäftsführer Ihr Arbeitnehmerstatus wieder auflebt, das heißt, dass Sie in einem arbeitsrechtlichen Verhältnis beim Unternehmen verbleiben und dass Ihre im Vorfeld erworbenen Arbeitnehmerschutzrechte weiter gelten. Aufgrund der besonderen Bedeutung einer klaren eindeutigen Regelung in Hinblick auf die Ausgestaltung Ihres Geschäftsführerdienstvertrages ist der Rat eines qualifizierten Juristen einzuholen.

Ausgestaltung und Inhalt des Geschäftsführerdienstvertrages Die Ausgestaltung und der Inhalt des Geschäftsführerdienstvertrages haben sich an den konkreten Bedürfnissen sowohl des Geschäftsführers als auch der Gesellschaft zu orientieren. In der Regel werden hier spezielle Vereinbarungen verhandelt und erarbeitet. Die folgenden grundsätzlichen Regelungen sollten aber in jedem Geschäftsführerdienstvertrag enthalten sein:

- Regelungen zur Tätigkeit und Zuständigkeit des Geschäftsführers;
- Vergütungsvereinbarung, inklusive Prämien, Bonuszahlungen etc.;
- Urlaubsanspruch;
- Vergütungsfortzahlung bei Krankheit, Unfall oder Tod;

- Spesenabrechnung, Vergütung von Aufwendungen, PKW-Nutzung (auch privat), Hotel-, Flugzeug- und Bahnkategorie;
- Vertragsbeendigung, insbesondere vereinbarte Kündigungsfristen, gegebenenfalls Unkündbarkeiten ab bestimmten Beschäftigungszeiten für das Unternehmen;
- Sonderregelungen für Betriebsräte, Direktversicherungen und Übernahme von Versicherungsprämien zur Absicherung der Geschäftsführertätigkeit.

Der Abschluss des Vertrages erfolgt in der Regel zwischen dem Geschäftsführer und der Gesellschaft, welche gemäß § 46 Abs. 5 GmbHG durch alle Gesellschafter vertreten wird.

Auswirkung der Geschäftsführerstellung auf steuerliche und sozialversicherungsrechtliche Fragen Neben den bereits dargestellten vertraglichen Ausgestaltungen sind im Hinblick auf die vertraglichen Beziehungen zwischen Ihnen als Geschäftsführer und der von Ihnen vertretenen Gesellschaft die Auswirkungen zu berücksichtigen, die sich in lohnsteuerrechtlicher beziehungsweise sozialversicherungsrechtlicher Hinsicht ergeben.

Da sie in den Organismus der Gesellschaft eingegliedert sind, sind die Geschäftsführer einer GmbH als gesetzliche Vertreter der GmbH in der Regel als Arbeitnehmer *im steuerrechtlichen Sinne* zu bewerten. Für die Bewertung einer steuerrechtlichen Arbeitnehmereigenschaft kommt es auf die Frage nach der Beteiligung an der Gesellschaft nicht an. Auch der Gesellschafter-Geschäftsführer kann von der Gesellschaft sowohl Einkünfte aus nicht selbstständiger Arbeit (Arbeitslohn als Geschäftsführer) als auch Einkünfte aus Kapitalvermögen beziehen. Da der Gesellschafter-Geschäftsführer steuerrechtlich das Wahlrecht hat, seine Dienste als Arbeitnehmer oder aber als Geschäftsführer leisten zu können, ist es notwendig, dass hier vertraglich eine entsprechende eindeutige Klarstellung erfolgt, woraus dann ein unterschiedlicher Steuersatz folgen würde.

Zu den Pflichten des GmbH-Geschäftsführers als gesetzlichem Vertreter der GmbH gehört im Hinblick auf die steuerliche Abwicklung seiner Vergütung die Verpflichtung, die entsprechenden Steuern abzuführen. Bei einem Gesellschafter-Geschäftsführer einer GmbH ist als Besonderheit zu berücksichtigen, dass über die Vergütungsansprüche in Form von Arbeitslohn für seine Geschäftsführertätigkeit alle Vermögensvorteile, die ihm als Gesellschafter seitens der Gesellschaft gewährt werden, als verdeckte Gewinnausschüttung gemäß § 8 Abs. 3 des Körperschaftsteuergesetzes angesehen werden können (zum Beispiel verbilligte Miete). Nicht jeder Vermögensvorteil, insbesondere bei einer Tätigkeit des Gesellschafters als Geschäftsführer, ist als verdeckte

Gewinnausschüttung aufzufassen. Deshalb ist zu überprüfen, ob beispielsweise die Überlassung eines Dienstwagens (zum privaten Gebrauch), einer Dienstwohnung oder eines Diensttelefons (zum privaten Gebrauch) als Sachbezug zu qualifizieren ist, wenn die entsprechende Zurverfügungstellung im Voraus im entsprechenden Dienstvertrag vereinbart wurde und unter Berücksichtigung vergleichbarer Vertragsverhältnisse mit Dritten die Grenze der Angemessenheit nicht überschritten ist. Der Bundesfinanzhof hat die Überschreitung der Grenze des Sachbezuges zum Beispiel bei grundsätzlich unüblichen Überstundenvergütungen an Gesellschafter-Geschäftsführer sowie bei der Zahlung von Sonn- und Feiertagszuschlägen gesehen.

Eine Steuerfreiheit für den Arbeitgeberanteil an den gesetzlichen Sozialversicherungsbeiträgen kommt nur in Betracht, wenn der Gesellschafter-Geschäftsführer sozialversicherungspflichtig ist.

Die Frage der Sozialversicherungspflicht richtet sich nach dem Arbeitnehmersozialversicherungsrecht. Ob der Geschäftsführer einer GmbH eine abhängige und damit versicherungspflichtige Beschäftigung ausübt, wird nach den allgemeinen, zum Begriff der sozialversicherungspflichtigen Beschäftigung entwickelten Grundsätzen beurteilt. Hieraus folgt, dass der Geschäftsführer einer GmbH *sozialversicherungsrechtlich* üblicherweise als nicht selbstständiger Beschäftigter anzusehen ist, sodass er einer Sozialversicherungspflicht unterliegt. Die für den Geschäftsführer gegebene Organstellung schließt diese Bewertung nach Auffassung des Bundessozialgerichtes nicht aus. Lediglich die konkrete Ausgestaltung des Dienstverhältnisses zur Gesellschaft ist hierbei entscheidend. Von besonderer Bedeutung sind hier die Regelungen des Geschäftsführervertrages über das Innenverhältnis, insbesondere der Weisungsberechtigung der Gesellschafterversammlung gegenüber dem Geschäftsführer sowie einer möglicherweise gegebenen Abbedingung des Selbstkontrahierungsverbotes (Verbot des Abschlusses von Geschäften als Geschäftsführer der Gesellschaft mit sich selbst).

In jedem Fall ist im Rahmen einer Einzelfallprüfung zu bewerten, ob der Geschäftsführer, insbesondere bei Vorliegen einer Gesellschafterstellung, maßgeblichen Einfluss auf die Gesellschaft nehmen kann. Ist der Geschäftsführer als Gesellschafter-Geschäftsführer am Kapital der Gesellschaft beteiligt, ist als entscheidendes Merkmal der Abhängigkeit das Ausmaß der Kapitalbeteiligung zu betrachten. Die einschlägige Rechtsprechung zur Bewertung der Arbeitnehmereigenschaft eines Gesellschafter-Geschäftsführers im sozialversicherungsrechtlichen Sinne verneint eine Arbeitnehmerstellung, wenn der Geschäftsführer über mindestens die Hälfte des Stammkapitals der Gesellschaft verfügt. Mit dieser Auffassung wird lediglich gebrochen, wenn der Geschäftsführer als Treuhänder eines Dritten das Stammkapital der GmbH hält und somit zwar Gesellschafter, aber nicht eigentlich Berechtigter ist. Soweit nur ein geringerer Kapitalanteil vorliegt, stellt das Bundessozialgericht im Rahmen seiner üblichen Rechtsprechung darauf ab, ob der geschäftsführende Gesellschafter zum Beispiel durch das Bestehen einer Sperrminorität in der Lage ist, ihn belastende Entscheidungen zu verhindern.

Auch kann der tatsächlich gegebene Einfluss eines Geschäftsführers auf die Gesellschaft für die Verneinung der Arbeitnehmereigenschaft im sozialversicherungsrechtlichen Sinne herangezogen werden. Die Begründung über den tatsächlichen Einfluss stellt aber in der Praxis eher die Ausnahme dar und wird üblicherweise an familiäre Verbindungen gekoppelt. Dies ist beispielsweise der Fall, wenn der Geschäftsführer einer GmbH in gerader Linie mit dem alleinigen Gesellschafter der GmbH verwandt ist. Auch ist in so genannten Familiengesellschaften – sämtliche Gesellschafter beziehungsweise die überwiegende Zahl der Gesellschafter einer GmbH gehört einer Familie an – die Eigenschaft des Geschäftsführers als Arbeitnehmer zu verneinen, wenn die Geschäftsführertätigkeit überwiegend durch familiäre Rücksichtnahme geprägt wird, eine Direktion der Gesellschafter gegenüber dem Geschäftsführer nahezu nicht gegeben ist und der Gesamteindruck vermittelt wird, der Geschäftsführer sei »Alleininhaber der Firma«. Um eine Bewertung hier vornehmen zu können, hat der Gesetzgeber mit Wirkung zum 1. Mai 2005 eine erweiterte Meldepflicht des Arbeitgebers gegenüber der Sozialversicherungseinzugsstelle eingeführt. Demnach ist bei der entsprechenden Meldung anzugeben, ob der Beschäftigte zum Arbeitgeber in einer Beziehung als Ehegatte, Lebenspartner, Verwandter oder Verschwägerter in gerader Linie bis zum zweiten Grad steht (§ 28 a Abs. 3 Nr. 10 Sozialgesetzbuch, Buch IV). Weiterhin ist anzugeben, ob der Beschäftigte als geschäftsführender Gesellschafter einer GmbH tätig ist (§ 28 a Abs. 3 Nr. 11 SGB IV). Wenn eine der beiden Fragen bejaht wurde, ist die Einzugsstelle verpflichtet, bei der Bundesversicherungsanstalt ein Statusfeststellungsverfahren nach § 7a SGB IV zu beantragen.

Wie wir sehen, bereitet die versicherungsrechtliche Beurteilung von Gesellschafter-Geschäftsführern, mitarbeitenden Gesellschaftern und Fremdgeschäftsführern einer GmbH einige Schwierigkeiten. Die Spitzenorganisationen der Sozialversicherungsträger haben daher eine gemeinsame Entscheidungshilfe erarbeitet, die die Einordnung von Gesellschafter-Geschäftsführern als abhängig oder selbstständig Beschäftigte erleichtert. Sie können diese Entscheidungshilfe bei den Sozialversicherungsträgern anfordern.

Abberufung und Beendigung des Geschäftsführerdienstvertrages

Nachdem wir uns in den vorangegangenen Abschnitten dieses Kapitels mit dem Inhalt und dem Zustandekommen des Geschäftsführerdienstvertrages beschäftigt haben, befassen wir uns in der Folge mit der Abberufung des Geschäftsführers und der Beendigung des Anstellungsvertrages.

Abberufung

Die Abberufung des Geschäftsführers von seiner Position ist gemäß § 38 GmbHG zu jeder Zeit möglich.

§ 38 GmbHG – Abberufung von Geschäftsführern

(1) Die Bestellung der Geschäftsführer ist zu jeder Zeit widerruflich, unbeschadet der Entschädigungsansprüche aus bestehenden Verträgen.

(2) Im Gesellschaftsvertrag kann die Zulässigkeit des Widerrufs auf den Fall beschränkt werden, dass wichtige Gründe denselben notwendig machen. Als solche Gründe sind insbesondere grobe Pflichtverletzung oder Unfähigkeit zur ordnungsgemäßen Geschäftsführung anzusehen.

Wie bei der Bestellung, liegt auch die Berechtigung zur Abberufung des Geschäftsführers bei den Gesellschaftern. Oftmals ist der gesetzliche Grundtatbestand der jederzeit möglichen Abberufung durch Regelungen im Gesellschaftsvertrag oder im Geschäftsführeranstellungsvertrag abgeändert worden. Hieraus können sich somit Abberufungseinschränkungen ergeben. Diese Einschränkungen sind unter bestimmten Bedingungen gesetzlich zulässig: Zum einen dürfen sie nicht das vom Gesetzgeber als unwiderruflich bestimmte Recht zur Abberufung aus wichtigem Grund ausschließen, zum andern dürfen sie die zu berücksichtigenden »wichtigen Gründe« nicht abschließend festlegen.

Amtsniederlegung durch den Geschäftsführer

Lange Zeit war umstritten, ob ein Geschäftsführer seine Organstellung jederzeit durch einseitige Erklärung aufgeben kann. Inzwischen sind die Zulässigkeit und die hierfür zu berücksichtigenden Voraussetzungen weitgehend geklärt.

Es besteht die Möglichkeit, dass Sie als Geschäftsführer ohne Einhaltung einer Frist Ihre Organstellung jederzeit aufgeben können, wenn ein wichtiger Grund vorliegt. Sie können also nicht zur Geschäftsführung gezwungen werden, um beispielsweise unter unzumutbaren Bedingungen ein erhebliches Haftungsrisiko Ihres Amtes weiter zu tragen.

Umstritten war aber bisher, ob ein Geschäftsführer in einem bestehenden Dienstverhältnis auch dann mit sofortiger Wirkung seine Organstellung aufgeben kann, wenn *kein* wichtiger Grund vorliegt. Die nunmehr nahezu einheitliche höchstrichterliche Rechtsprechung und die derzeit herrschende Lehre gehen davon aus, dass ein Geschäftsführer jederzeit – auch fristlos – sein Amt niederlegen kann, unabhängig davon, ob ein wichtiger Grund vorliegt und ohne Berücksichtigung von in einem Geschäftsführeranstellungsvertrag möglicherweise angegebenen Kündigungsfristen. Dieses Recht soll nach Auffassung der Rechtsprechung und Lehre sowohl für einen unter mehreren Geschäftsführern als auch für einen Alleingeschäftsführer als auch für einen Gesellschafter-Geschäftsführer gelten. Begründet wird die Zulässigkeit einer solchen Vorgehensweise mit dem sonst gegebenen Konflikt zwischen den organschaftlichen Pflichten, den Weisungen der Gesellschafter und den dem Geschäftsführer obliegenden öffentlich-rechtlichen Pflichten (zum Beispiel Stellung eines Insolvenzantrages für die GmbH).

Zu berücksichtigen ist aber, dass die Gesellschafter einer GmbH die Möglichkeit der jederzeitigen Amtsniederlegung beschränken können und dass dies in der Satzung festgehalten werden kann. Eine solche Regelung kann an eine Befristung oder an das Vorliegen eines wichtigen Grundes geknüpft werden. Für eine unbegründete Amtsniederlegung kann dann der Geschäftsführer, insbesondere wenn er Pflichten seines Anstellungsvertrages verletzt, zum Schadensersatz herangezogen werden.

Zusammenfassend lässt sich somit feststellen, dass eine Amtsniederlegung grundsätzlich möglich ist, soweit dies nicht besondere Regelungen in der Satzung oder im Geschäftsführerdienstvertrag untersagen. Ist die Amtsniederlegung trotzdem als zeitlich unpassend anzusehen oder ist sie aus sonstigen Gründen rechtsmissbräuchlich, so ist von ihrer Unwirksamkeit auszugehen. Eine solche Unwirksamkeit kommt in Betracht, wenn zum Beispiel der einzige Geschäftsführer sein Amt niederlegt, hierzu keinen wichtigen Grund hat und keinen Nachfolger vorschlägt. Eine solche Bewertung verbietet sich hingegen, wenn der sein Amt niederlegende Geschäftsführer den Gesellschaftern hinreichend Gelegenheit gegeben hat, einen neuen Geschäftsführer zu suchen.

Eine Amtsniederlegung können Sie durch eine formfreie, empfangsbedürftige Erklärung vornehmen. Mit Zugang der Erklärung gegenüber der Gesellschafterversammlung beziehungsweise des in der Satzung für die Bestellung zum Geschäftsführer benannten Gremiums ist sie wirksam. Die Eintragung der Niederlegung ins Handelsregister hat dagegen nur rechtserklärende (deklaratorische) Wirkung und ist damit nicht Voraussetzung für ihre Wirksamkeit.

Dienstenthebung

Teilweise wird auch im GmbH-Recht die Auffassung vertreten, ein Geschäftsführer könne suspendiert beziehungsweise zeitweilig von seinen Pflichten enthoben werden. Häufig wird eine solche Vorgehensweise in der Praxis gewählt, um Vorwürfe gegenüber dem Geschäftsführer zu klären.

Diese im Aktienrecht für Vorstandsmitglieder als vorläufiges Verbot der Amtsführung als angemessen und rechtlich tragfähig angesehene Maßnahme kommt bei einem GmbH-Geschäftsführer grundsätzlich nicht in Betracht. Diese Rechtsauffassung hindert die Gesellschafter aber nicht daran, mit dem Geschäftsführer zu vereinbaren, dass er im Rahmen seiner ordentlichen Kündigungsfrist des Geschäftsführerdienstvertrages von seinen Tätigkeiten als Geschäftsführer freigestellt werden kann. Auch kann die Gesellschafterversammlung jederzeit einem Geschäftsführer die Weisung erteilen, sich zeitweise, etwa bis zur Klärung bestimmter Vorgänge, jeder Tätigkeit für die Gesellschaft zu enthalten. Hier steht der Gesellschaft das allgemeine Weisungsrecht gegenüber dem Geschäftsführer zu.

Beendigung des Geschäftsführerdienstvertrages

Die Beendigung des Geschäftsführerdienstvertrages ist vom Widerruf der Bestellung zu unterscheiden. Die Vertragsparteien können den Geschäftsführerdienstvertrag durch eine entsprechende Bedingung an die Stellung des Geschäftsführers knüpfen, oder es kann vereinbart werden, dass mit dem Widerruf der Bestellung zugleich auch der Geschäftsführerdienstvertrag als ordentlich oder außerordentlich gekündigt gelten soll.

Soweit die Koppelung nicht gegeben ist, muss die Gesellschaft, will sie den Geschäftsführer aus seinem Dienstverhältnis entlassen, den Geschäftsführerdienstvertrag unter Berücksichtigung der gesetzlichen Grundlagen ordentlich oder fristlos kündigen. Die Kompetenz zur Kündigung kann durch einen einfachen Gesellschafterbeschluss auf eine andere Stelle, zum Beispiel einen anderen Geschäftsführer, übertragen werden.

Ordentliche Kündigung Die Grundvoraussetzungen einer ordentlichen Kündigung des Geschäftsführeranstellungsvertrages hängen grundsätzlich von der Art der Vergütung ab. Der Regelfall in der Praxis sind feste Bezüge, die nach Monaten bemessen sind. In diesem Fall ist es grundsätzlich streitig, ob die Regelung des § 621 Nr. 3 BGB, die eine Kündigungsfrist vom 15. eines Monats für den Schluss des Kalendermonats vorsieht, oder aber die Vorschrift des § 622 BGB, die Kündigungsregelungen für einen Arbeitsvertrag umfasst, anzuwenden ist.

Rechtsprechung und Lehre orientieren sich bei der Bewertung der Angemessenheit der Kündigungsfrist in erster Linie an der Frage der Beteiligung des Geschäftsführers an der Gesellschaft. Ist der Geschäftsführer nicht wesentlich an der Gesellschaft beteiligt, ist davon auszugehen, dass er im Rahmen seines Geschäftsführeranstellungsvertrages der Gesellschaft seine Arbeitskraft überlassen hat. Er ist mithin von der Gegenleistung der Gesellschaft mehr oder weniger abhängig. Daher ist in diesem Fall § 622 Abs. 1 BGB anzuwenden, der eine Grundkündigungsfrist von vier Wochen zum 15. des Monats oder von vier Wochen zum Monatsende vorsieht.

Kündigungsschutz Bei Ausspruch einer Kündigung durch die Gesellschaft steht dem Geschäftsführer ein Kündigungsschutz wie einem Arbeitnehmer nach den Regelungen des Kündigungsschutzgesetzes nicht zu. Gemäß § 14 Abs. 1 Nr. 1 Kündigungsschutzgesetz (KSchG) gilt das Kündigungsschutzgesetz nicht für Mitglieder der Vertretungsorgane von juristischen Personen. Diese Regelung gilt unabhängig von der Frage, ob der Geschäftsführer an der Gesellschaft beteiligt ist oder nicht.

Fristlose Kündigung Die fristlose Kündigung eines Geschäftsführerdienstvertrages ist nach den Regelungen des § 626 BGB zulässig, wenn erstens ein »wichtiger Grund« vorliegt und zweitens dem Kündigenden unter Berücksichtigung der konkreten Umstände und Abwägungen der Interessen sowohl des Geschäftsführers als auch der Gesellschaft die Fortsetzung des Dienstverhältnisses bis zu einem ordentlichen Ablauf nicht zugemutet werden kann.

Bei der Bewertung, ob ein »wichtiger Grund« vorliegt, kommt es nicht zwingend darauf an, dass ein Grund gegeben ist, der auch zur Abberufung nach § 38 Abs. 2 GmbHG berechtigen würde. So darf zum Beispiel ein zur Abberufung berechtigender Grund gemäß § 38 Abs. 2 GmbHG nicht zwingend gleichzeitig zur fristlosen Kündigung des Geschäftsführerdienstvertrages herangezogen werden. Vielmehr ist eine jeweils gesonderte Prüfung notwendig.

In erster Linie wird der »wichtige Grund« in der Person beziehungsweise im Verhalten des Geschäftsführers gesucht werden. Hierbei kann es sich um pflichtwidriges oder schuldhaftes Verhalten wie Unterschlagung oder Betrug oder um objektive Umstände wie eine erhebliche Erkrankung oder der Wegfall der Geschäftsfähigkeit handeln. In der Rechtsprechung sind im Wesentlichen folgende Kündigungstatbestände als Berechtigung zur fristlosen Kündigung angesehen worden:

- Subventionsbetrug;
- Ausnutzung von Erwerbschancen des Unternehmens zur Verfolgung privater Interessen;

- außerdienstliches, strafbares Verhalten;
- Handeln gegen die Interessen der Gesellschaft;
- Widersetzlichkeit gegen Weisungen der Gesellschafter;
- Annahme von Schmiergeldern;
- durchgängige Überschreitung von Geschäftsführerbefugnissen;
- Überschreiten einer Kreditlinie;
- Vermischung von Gesellschafts- und Privatgeldern bei gleichzeitiger Weigerung, den Sachverhalt aufzuklären;
- Gewalttätigkeiten gegenüber Gesellschaftern;
- Verletzung eines Wettbewerbsverbotes;
- ehrverletzende und verleumderische Äußerungen gegenüber einem Gesellschafter.

Diese Aufstellung gibt nur einen Überblick über in Betracht kommende Kündigungsgründe und ist keine abschließende Aufzählung. Sie soll Ihnen lediglich die Möglichkeit zur entsprechenden Einschätzung geben.

Bisher haben wir uns auf die Möglichkeiten der Kündigung durch die Gesellschaft konzentriert. Selbstverständlich kommt grundsätzlich auch eine fristlose Kündigung des Anstellungsvertrages durch den Geschäftsführer in Betracht. Diese Fälle sind insbesondere im Hinblick auf die Vergütungsverpflichtung der Gesellschaft eher selten. Dennoch ist zu berücksichtigen, dass ein Geschäftsführer seine Verpflichtung, für eine Gesellschaft tätig zu werden, durch fristlose Kündigung beenden kann, zum Beispiel wenn ihm systematisch Informationen über die Buchführung vorenthalten werden oder wenn er in grober Weise beleidigt wurde (Entscheidung des Bundesgerichtshofes).

Bei einer fristlosen Kündigung sowohl durch den Geschäftsführer als auch durch die Gesellschaft ist zu berücksichtigen, dass diese an bestimmte Fristen gebunden ist. Die Regelung des § 626 Abs. 2 BGB sieht vor, dass ein wichtiger Grund nur dann für eine fristlose Kündigung herangezogen werden darf, wenn dieser dem zur Kündigung Berechtigten nicht länger als zwei Wochen vor Ausspruch der Kündigung bekannt geworden ist. Im Klartext heißt das: Liegt ein wichtiger Grund für den Ausspruch einer fristlosen Kündigung vor und wartet der Kündigungsberechtigte mit dem Ausspruch der Kündigung länger als zwei Wochen, so darf dieser Grund nicht mehr für eine Kündigung herangezogen werden. Die zweiwöchige Frist beginnt, sobald die wesentlichen Umstände des Sachverhalts dem für die Kündigung zuständigen Organ bekannt sind.

Die Folgen der Beendigung Die Kündigung des Geschäftsführerdienstvertrages beendet das Vertragsverhältnis zwischen den Parteien, jedoch – wie oben bereits dargestellt – nicht notwendigerweise auch die Organstellung, wie umgekehrt auch die Abberufung von der Organstellung nicht automatisch die Beendigung des Geschäftsführerdienstvertrages mit sich führt.

Der Ausspruch der Kündigung ist grundsätzlich unwiderruflich, da es sich um eine einseitige empfangsbedürftige Willenserklärung handelt. Möchte die kündigende Partei die Kündigung »ungeschehen« machen, so muss sie einen neuen Geschäftsführerdienstvertrag schließen. Soll es bei der erfolgten Kündigung bleiben, steht Ihnen als Geschäftsführer für die Stellensuche eine Freizeitgewährung gemäß § 629 BGB zu.

Als Geschäftsführer haben Sie gegenüber der Gesellschaft Rechenschaft abzulegen, alle Geschäftsunterlagen herauszugeben sowie alle Ämter niederzulegen, die Sie nur aufgrund Ihrer Tätigkeit als Geschäftsführer innegehabt haben. Weiterhin hat die Gesellschaft Ihnen ein Zeugnis entsprechend den Regelungen des § 630 BGB auszustellen.

Gesetzliche Pflichten des Geschäftsführers

Befassen wir uns nun mit den gesetzlichen Pflichten des GmbH-Geschäftsführers, das heißt, mit seinen vom Gesetz vorgesehenen Aufgaben.

Innere Haftung der GmbH

Die Unternehmensleitung einer GmbH ist zwischen den Gesellschaftern und den Geschäftsführern aufgeteilt. Über die grundsätzliche Unternehmenspolitik bestimmen die Gesellschafter. Geschäftsführer haben die Pflicht, die von der Gesellschafterversammlung getroffenen grundsätzlichen Entscheidungen in die Praxis umzusetzen. Sie sind für den organisatorischen Rahmen und das Tagesgeschäft verantwortlich. In erster Linie sind von Geschäftsführern die folgenden Aufgaben wahrzunehmen:

- Gesetzliches und rechtmäßiges Außenverhalten der Gesellschaft,
- Planung und Umsetzung der Unternehmenspolitik,
- Beratung der Gesellschafter,
- Umsetzung der von den Gesellschaftern vorgeschriebenen Gesellschaftspolitik,
- Festlegung der unternehmerischen Entscheidungen unter Berücksichtigung der von der Gesellschaft festgelegten Grundsätze,
- Berücksichtigung von Gesetz und Satzung im Hinblick auf die Ausgestaltung der inneren Organisation der Gesellschaft.

Basisaufgaben der Geschäftsführung

Zusammenfassend lässt sich feststellen, dass Ihre Hauptpflicht als Geschäftsführer in der ordnungsgemäßen Unternehmensleitung besteht. Ziel muss es sein, den Gesellschaftszweck bestmöglich zu fördern, und zwar unter Einhaltung des Ihnen durch Gesetz, Satzung und möglicherweise Anschlussvertrag gesetzten Rahmens.

Dies schließt insbesondere die Bindung an die innerverbandliche Kompetenzordnung mit ein. Diese verpflichtet Sie als Geschäftsführer zur Beachtung von Zuständigkeitsvorbehalten zugunsten von Gesellschaftern sowie des Weisungsrechts der Gesellschafter.

Der Geschäftsführer hat, soweit mehrere Geschäftsführer bestellt sind, mit den anderen Geschäftsführern zusammenzuarbeiten.

Als Geschäftsführer, mithin als Verwalter fremder Vermögensinteressen unterliegen Sie einer besonderen Treuepflicht gegenüber der Gesellschaft. Bei allen Angelegenheiten, die das Interesse der Gesellschaft berühren, sind Sie verpflichtet, in erster Linie das Wohl der Gesellschaft und nicht Ihren eigenen Nutzen zu verfolgen.

Während der Dauer Ihrer Amtsstellung unterliegen Sie einem Wettbewerbsverbot und haben aufgrund dessen alle Geschäftschancen für die Gesellschaft wahrzunehmen. Hier sind insbesondere empfangene Provisionen oder Schmiergelder und Ähnliches an die Gesellschaft herauszugeben.

Verschwiegenheitsverpflichtung

Weiterhin unterliegen Sie als Geschäftsführer der Pflicht zum Stillschweigen hinsichtlich sämtlicher Betriebs- und Geschäftsgeheimnisse gegenüber Außenstehenden. Dies kann auch die Verpflichtung umfassen, Gesellschaftern, die ihren Anteil veräußern wollen, ausschließlich auf Grundlage eines Gesellschafterbeschlusses Einblick in die Gesellschaftsinterna zu gewähren.

Gesetzliche Vorgaben

Die zuvor dargestellten Pflichten des Geschäftsführers werden durch die gesetzlichen Verpflichtungen konkretisiert, die er als Vertreter der GmbH unter Beachtung der einschlägigen steuerrechtlichen Normen sowie der Gesetze des Handelsgesetzbuches und des GmbH-Gesetzes zu berücksichtigen hat.

Hierbei sind insbesondere vor dem Hintergrund der Größe und Ausgestaltung der Gesellschaft die Regelungen zur Rechnungslegung ebenso wie die

Regelungen zur Unterrichtung der Öffentlichkeit unter Beachtung der einschlägigen Normen des Publizitätsgesetzes zu befolgen. Speziell für die GmbH gelten die ergänzenden Vorschriften für Kapitalgesellschaften des Handelsgesetzbuches, die im zweiten Abschnitt des Dritten Buches des HGB festgelegt wurden. Der Geschäftsführer hat die dort geregelten besonderen Ansatz-, Bewertungs- und Gliederungsvorschriften zu berücksichtigen.

Soweit Sie hier nicht über ausreichende eigene Fähigkeiten verfügen, tun Sie gut daran, für die Umsetzung dieser Forderungen ebenso wie der Anforderungen aus dem Gesellschaftsrecht qualifizierte Berater hinzuzuziehen.

Haftung des Geschäftsführers

Nach den allgemeinen Aufgaben und Pflichten eines GmbH-Geschäftsführers befassen wir uns in diesem Abschnitt mit der Haftung des Geschäftsführers.

Innenhaftung

Neben dem in § 43 Abs. 3 GmbHG gesondert geregelten Sachverhalt der Schadensersatzhaftung wegen Verletzung der Kapitalerhaltungsregelungen haftet der Geschäftsführer gemäß § 43 Abs. 2 GmbH für jede Pflichtverletzung, die er bei der Ausführung seiner Tätigkeit als Mitglied des Organs der Geschäftsführung begangen hat. Diese Haftung führt in erster Linie zu einem Anspruch der Gesellschaft auf Ersatz des durch die Pflichtverletzung entstandenen Schadens.

Außenhaftung und Vertrag

Neben dem gerade angesprochenen Schadensersatzanspruch der Gesellschaft gegenüber dem Geschäftsführer ist die so genannte Außenhaftung des Geschäftsführers von besonderer Bedeutung. Diese kann auf einer vertraglichen Grundlage basieren oder aus deliktsrechtlichen Ansprüchen begründet werden.

Haftung aus vertraglichen Grundlagen

Eine Haftung aus vertraglichen Grundlagen gegenüber Dritten kann zum Beispiel durch ein gesondertes Haftungsversprechen des Geschäftsführers begründet sein.

Auch die Übernahme einer Bürgschaft beziehungsweise der gesondert erklärte Beitritt zur Schuld der Gesellschaft durch den Geschäftsführer ist möglich.

Neben der Haftung durch eine eigene schuldrechtliche Erklärung des Geschäftsführers kann der Geschäftsführer bei gesondert gelagerten Fällen zu einem Schadensersatz gegenüber Dritten verpflichtet sein, wenn ihn ein Verschulden zum Beispiel beim Abschluss eines Vertrages trifft. Hierbei kann das Verschulden in schuldhaften Verletzungen von vorvertraglichen Nebenpflichten (Aufklärungspflichten) liegen. Auch die Täuschung über die Zahlungsfähigkeit der Gesellschaft zum Zeitpunkt des Vertragsabschlusses kann eine entsprechende Haftung begründen, wenn bereits bei Vertragsabschluss die Undurchführbarkeit des Vertrages auf der Hand lag.

Auch wenn Ihnen als Geschäftsführer ein Fehlverhalten nicht persönlich angelastet werden kann, kann unter Umständen eine Außenhaftung in Betracht kommen, sofern Ihnen als Geschäftsführer ein Fehlverhalten, welches der Gesellschaft zuzuordnen ist, als Haftungsgrund zugerechnet werden kann. Eine solche Zurechnung kommt in Betracht, wenn Sie vom Geschäftspartner der Gesellschaft ein besonderes persönliches Vertrauen in die Vollständigkeit und Richtigkeit ihrer Erklärungen erwarten. Auch eine zusätzliche von Ihnen als Geschäftsführer ausgehende Gewähr für Bestand und Erfüllung des in Aussicht genommenen Geschäftes, die für den Willensentschluss des anderen Teils bedeutsam ist, kommt als Haftungsmaßstab grundsätzlich in Betracht.

An eine solche eigene und zusätzliche Gewähr sind aber erhebliche Anforderungen zu stellen, sodass nicht bei jedem üblichen Geschäftskontakt im Rahmen einer guten Geschäftsfreundschaft eine solche Haftung vorliegt. Insbesondere muss ein solches Vertrauen durch speziell geregelte Vereinbarungen im Vertragswerk zwischen den Parteien deutlich zum Ausdruck gebracht werden.

Deliktische Haftung

Weiterhin kommt die Außenhaftung eines Geschäftsführers aus deliktsrechtlichen Gründen in Betracht. Die Grundtatbestände des Deliktsrechts ergeben sich aus den Regelungen des § 823 BGB.

§ 823 BGB – Schadensersatzpflicht

(1) Wer vorsätzlich oder fahrlässig das Leben, den Körper, die Gesundheit, die Freiheit, das Eigentum oder ein sonstiges Recht eines anderen widerrechtlich verletzt, ist dem anderen zum Ersatz des daraus entstehenden Schadens verpflichtet.

(2) Die gleiche Verpflichtung trifft denjenigen, welcher gegen ein den Schutz eines anderen bezweckendes Gesetz verstößt. Ist nach dem Inhalt des Ge-

setzes ein Verstoß gegen dieses auch ohne Verschulden möglich, so tritt die Ersatzpflicht nur im Falle des Verschuldens ein.

Danach kann ein Geschäftsführer außenstehenden Dritten gegenüber für eigenhändig herbeigeführte Schäden haften, wenn er einen Tatbestand der Regelungen des § 823 BGB in eigener Person schuldhaft und pflichtwidrig erfüllt hat. So kommt zum Beispiel eine Haftung aus § 823 Abs. 1 BGB in Betracht, wenn der Geschäftsführer im Eigentum eines Dritten stehende Gegenstände veräußert oder eine solche Veräußerung veranlasst hat.

Auch ist dem Geschäftsführer die Außenhaftung zuzurechnen, wenn er im Rahmen seiner Tätigkeit ein Schutzgesetz des § 823 Abs. 2 BGB verletzt. Eine solche Schutzgesetzverletzung liegt unter anderem bei fahrlässigen Verstößen gegen das Gesetz über die Sicherung der Bauforderungen sowie bei Verletzungen von Gläubigerschutzvorschriften gemäß § 58 GmbHG vor.

Haftung für nicht abgeführte Arbeitnehmeranteile zur Sozialversicherung Eine besondere Bedeutung im Rahmen der Schutzgesetzhaftung ergibt sich für den Tatbestand nicht abgeführter Arbeitnehmeranteile zur Sozialversicherung. Nach der ständigen Rechtsprechung des Bundesgerichtshofes haftet der Geschäftsführer einer GmbH aus deliktsrechtlichen Gesichtspunkten gemäß § 823 Abs. 2 BGB i. V. mit den §§ 266 a Abs. 1, 14 Abs. 1 Nr. 1 StGB gegenüber dem Sozialversicherungsträger auf Schadensersatz, wenn er die Arbeitnehmeranteile zur Sozialversicherung nicht abgeführt hat.

§ 266 a StGB – Vorenthaltungen und Veruntreuen von Arbeitsentgelt

(1) Wer als Arbeitgeber der Einzugsstelle Beiträge des Arbeitnehmers zur Sozialversicherung einschließlich der Arbeitsförderung, unabhängig davon, ob Arbeitsentgelt gezahlt wird, vorenthält, wird mit Freiheitsstrafe bis zu fünf Jahren oder mit Geldstrafe bestraft.

(2) Ebenso wird bestraft, wer als Arbeitgeber
   1. der für den Einzug der Beiträge zuständigen Stelle über sozialversicherungsrechtlich erhebliche Tatsachen unrichtige oder unvollständige Angaben macht oder
   2. die für den Einzug der Beträge zuständige Stelle pflichtwidrig über sozialversicherungsrechtlich erhebliche Tatsachen in Unkenntnis lässt und dadurch dieser Stelle vom Arbeitgeber zu tragende Beiträge zur Sozialversicherung einschließlich der Arbeitsförderung, unabhängig davon, ob Arbeitsentgelt gezahlt wird, vorenthält.

(3) Wer als Arbeitgeber sonst Teile des Arbeitsentgelts, die er für den Arbeitnehmer an einen anderen zu zahlen hat, dem Arbeitnehmer einbehält, sie

jedoch an den anderen nicht zahlt und es unterlässt, den Arbeitnehmer spätestens im Zeitpunkt der Fälligkeit oder unverzüglich danach über das Unterlassen der Zahlung an den anderen zu unterrichten, wird mit Freiheitsstrafe bis zu fünf Jahren oder mit Geldstrafe bestraft. Satz 1 gilt nicht für Teile des Arbeitsentgeltes, die als Lohnsteuer einbehalten werden.

(4) In besonders schweren Fällen der Absätze 1 und 2 ist die Strafe Freiheitsstrafe von sechs Monaten bis zu zehn Jahren. Ein besonders schwerer Fall liegt in der Regel vor, wenn der Täter
1. aus grobem Eigennutz in großem Ausmaß Beträge vorenthält,
2. unter Verwendung nachgemachter oder verfälschter Belege fortgesetzt Beiträge vorenthält oder
3. die Mithilfe eines Amtsträgers ausnutzt, der seine Befugnisse oder seine Stellung missbraucht.

(5) Dem Arbeitgeber stehen der Auftraggeber eines Heimarbeiters, Hausgewerbetreibenden oder einer Person, die im Sinne des Heimarbeitergesetzes diesen gleichgestellt ist, sowie der Zwischenmeister gleich.

(6) In den Fällen der Absätze 1 und 2 kann das Gericht von einer Bestrafung nach dieser Vorschrift absehen, wenn der Arbeitgeber spätestens im Zeitpunkt der Fälligkeit oder unverzüglich danach der Einzugsstelle schriftlich
1. die Höhe der vorenthaltenen Beträge mitteilt und
2. darlegt, warum die fristgemäße Zahlung nicht möglich ist, obwohl er sich darum ernsthaft bemüht hat.

Liegen die Voraussetzungen des Satzes 1 vor und werden die Beiträge dann nachträglich innerhalb der von der Einzugsstelle bestimmten angemessenen Frist entrichtet, wird der Täter insoweit nicht bestraft. In den Fällen des Absatzes 3 gelten die Sätze 1 und 2 entsprechend.

Die Betrachtungsweise erstreckt sich hier nur auf die Arbeitnehmeranteile, da nur ihre Nichtabführung gemäß § 266 a Abs. 1 StGB strafbar ist. Das in § 266 a StGB geregelte Tatbestandsmerkmal des Vorenthaltens der Arbeitnehmeranteile ist vom Geschäftsführer auch dann erfüllt, wenn er für den betreffenden Zeitraum keinerlei Zahlungen an die Arbeitnehmer geleistet hat. Diese vom BGH bereits seit langem begründete Rechtsprechung wurde auch durch die Neufassung des § 266 a Abs. 1 StGB seitens des Gesetzgebers im Jahr 2002 berücksichtigt. Danach ist das vorsätzliche Vorenthalten der Arbeitnehmerbeiträge zur Sozialversicherung – unabhängig davon, ob Arbeitsentgelt gezahlt wurde oder nicht – strafbar. Der Straftatbestand des § 266 a Abs. 1 StGB kann nur verwirklicht werden, wenn dem Geschäftsführer und damit der Gesellschaft die Beitragsabführung zum Zeitpunkt der Fälligkeit (üblicherweise ist dies der 15. des dem abgerechneten Monat folgenden Monats) möglich war.

Die Möglichkeit zur Beitragsabführung ist der Gesellschaft beziehungsweise dem Geschäftsführer genommen, wenn die Fälligkeit der Zahlung nach Eröffnung des Insolvenzverfahrens oder nach Auferlegung eines allgemeinen Verfügungsverbotes vor Verfahrenseröffnung eintritt. Wenn die Gesellschaft zum Fälligkeitszeitpunkt nicht mehr zahlungsfähig ist, kann eine Beitragsabführung ebenfalls nicht erfolgen. Die mangelnde Zahlungsfähigkeit wird von der Rechtsprechung des Bundesgerichtshofes immer dann als »Entschuldigung« akzeptiert, wenn in keinerlei Weise (beispielsweise durch Inanspruchnahme eines bestehenden Kreditrahmens) eine Begleichung der fälligen Arbeitnehmeranteile möglich ist.

Diese Verpflichtung zur vorrangigen Abführung der Arbeitnehmeranteile führt dazu, dass Sie als Geschäftsführer trotz bestehender Zahlungsunfähigkeit der Gesellschaft dem Sozialversicherungsträger gegenüber haften können, weil Ihnen die vorsätzliche, pflichtwidrige Herbeiführung der Zahlungsunfähigkeit bei Fälligkeit zur Last gelegt wird. Hieraus folgt für Sie: Bilden Sie entsprechende Rücklagen – unter Zurückstellung jeglicher anderer Zahlungsverpflichtungen, auch unter Berücksichtigung von Lohnkürzungen –, sobald sich für Sie abzeichnet, dass am Fälligkeitstag keine ausreichenden Mittel zur Begleichung der Arbeitnehmeranteile vorhanden sein werden.

Haftung wegen sittenwidriger vorsätzlicher Schädigung Neben den bis hierher dargestellten Haftungstatbeständen gemäß § 823 BGB kommt darüber hinaus eine Haftung für ein Fehlverhalten des Geschäftsführers aus § 826 BGB in Betracht.

§ 826 BGB – Sittenwidrige vorsätzliche Schädigung
Wer in einer gegen die guten Sitten verstoßenden Weise einem anderen vorsätzlich Schaden zufügt, ist dem anderem zum Ersatz des Schadens verpflichtet.

Der zitierte Gesetzestext macht deutlich, dass ein Geschäftsführer Dritten gegenüber haftet, wenn er wider besseres Wissen unter Vorspiegelung einer Zahlungsfähigkeit der Gesellschaft den Dritten zu einem Vertragsabschluss mit der in Wahrheit zahlungsunfähigen Gesellschaft verleitet und dieser Vertragsabschluss zu einem Schaden führt.

Da der Geschäftsführer für die Gesellschaft insgesamt einzustehen hat, kommt eine Haftung auch in Betracht, wenn die Täuschung nicht durch ihn persönlich, sondern durch ihm untergeordnete Arbeitnehmer der Gesellschaft erfolgt und wenn er gegen die Behauptung nicht einschreitet, obwohl ihm bekannt ist, dass sie unzutreffend ist. Hierbei reicht nach der ständigen Rechtsprechung des Bundesgerichtshofes für eine Eigenhaftung des Geschäftsführers aus, dass er ohne weitere Überprüfung untergeordnete Mitarbeiter gewähren ließ.

Haftung bei Verstoß gegen Verkehrspflichten Umstritten ist, ob für einen Geschäftsführer eine Eigenhaftung aus der Verletzung von Verkehrspflichten gegeben ist. Unter Verkehrspflichten versteht man die allgemeine Rechtspflicht, im Umgang mit Dritten Rücksicht auf die Gefährdung anderer zu nehmen. Dieser Rechtsgedanke beruht darauf, dass jeder, der Gefahrenquellen schafft, alle notwendigen Vorkehrungen zu treffen hat, um Dritte entsprechend zu schützen. Im Geschäftsverkehr ist der Inhalt von Verkehrssicherungspflichten zum Beispiel konkretisiert durch das technische Regelwerk der DIN-Vorschriften sowie die zur Anwendung zu bringenden Unfallverhütungsvorschriften. Diese dienen auch außerhalb ihres speziellen Anwendungsbereiches als Maßstab zur Bewertung der gebotenen Verkehrspflichten. Grundsätzlich kommt eine solche Haftung in Betracht, wenn der Geschäftsführer eine ihn persönlich treffende Verkehrspflicht vorsätzlich verletzt. Schwierig wird die Beurteilung, wenn nicht eine direkte Pflichtverletzung des Geschäftsführers vorliegt, sondern eine Haftung lediglich aus der Organisation und der Leitung des Geschäftsbetriebes in Betracht kommt. Wenn sich hier Haftungsrisiken ergeben, ist eine konkrete Betrachtung des Einzelfalles notwendig. Allgemein ist unter Berücksichtigung der gegebenen Rechtsprechung festzustellen, dass eine Haftung des Geschäftsführers zunächst einmal eigene Verkehrspflichten des Geschäftsführers im Außenverhältnis zur Grundlage haben muss.

Für das GmbH-Recht ergibt sich hieraus, dass Gefahrenquellen im Tätigkeitsbereich der Gesellschaft grundsätzlich eine deliktische Haftung der Gesellschaft begründen können, deren Verletzung aber allein zur Haftung der Gesellschaft gegenüber dem geschädigten Dritten führt. Auch wenn sich aus solchen Verkehrspflichten Organisations- und Überwachungspflichten ergeben, führt dies nicht zu eigenen Verkehrspflichten des Geschäftsführers, die eine Haftung begründen können. Eine derartige Ausweitung der Haftung des Geschäftsführers würde für diesen zu einem nicht mehr berechenbaren Risiko führen.

Haftung bei Wettbewerbs- und Markenverstößen Neben den Haftungsmerkmalen aus den Regelungen des Bürgerlichen Gesetzbuches ergeben sich Haftungstatbestände für den Geschäftsführer auch durch den Verstoß gegen wettbewerbs- und markenrechtliche Grundnormen. Sie haften als Geschäftsführer, soweit Sie im Rahmen Ihrer Tätigkeit für die Gesellschaft fremde Rechtsgüter verletzen. Die Haftung besteht hier neben der Gesellschaft auch persönlich. Auch wenn ein Mitgeschäftsführer oder ein Mitarbeiter des Unternehmens für eine Rechtsgutverletzung eines Dritten verantwortlich ist und wenn Sie sowohl von der Verletzung Kenntnis als auch die Möglichkeit ihrer Verhinderung hatten, kommt Ihre Haftung in Betracht.

Haftung aufgrund steuerrechtlicher Aspekte Von besonderer Bedeutung ist die steuerrechtliche Haftung des Geschäftsführers. Die Regelungen der §§ 34, 69 Satz 1 Abgabenordnung sehen vor, dass den Geschäftsführer eine steuerrechtliche Eigenhaftung trifft, soweit er Ansprüche aus dem Steuerschuldverhältnis zwischen der Gesellschaft und der Finanzverwaltung vorsätzlich oder grob fahrlässig verletzt.

Eine solche Verletzung ist unter anderem gegeben, wenn Sie die Ihnen auferlegten Pflichten nicht oder nicht rechtzeitig (zum Beispiel wegen einer verspäteten Steuererklärung) erfüllen oder mangels fristgerechter Zahlung verspätet oder gar nicht erfüllen. Die Haftung des Geschäftsführers setzt voraus, dass die Verletzungshandlung ursächlich für den Schaden ist. Nicht jede Pflichtverletzung führt somit zu einer steuerrechtlichen Außenhaftung des Geschäftsführers.

Wie auch bei der Zahlung der Arbeitnehmeranteile zur Sozialversicherung, muss für den Geschäftsführer zumindest zum Zeitpunkt der Fälligkeit die Möglichkeit gegeben sein, die Steuerschuld durch ausreichende Mittel zu begleichen. Aber auch hier ist – wie bereits im Rahmen der Ausführungen zur Haftung für die Nichtabführung von Arbeitnehmeranteilen zur Sozialversicherung dargestellt – ein Verschulden des Geschäftsführers gegeben, wenn er nicht die notwendige Vorsorge für die fristgerechte Begleichung der Steuerschuld trifft. Der Geschäftsführer hat also auch in diesem Zusammenhang die finanziellen Mittel der von ihm geführten Gesellschaft so zu verwalten, dass sie in der Lage bleibt, später fällig werdende Steuerschulden zu tilgen. Gerät die Gesellschaft in Zahlungsschwierigkeiten, hat der Geschäftsführer den vom Bundesfinanzhof entwickelten Grundsatz der anteiligen Tilgung zu berücksichtigen. Demnach hat der Geschäftsführer bei der Begleichung der Steuerschulden das gleiche Verhältnis zu berücksichtigen, welches er auch bei der Begleichung sonstiger Gesellschaftsschulden ansetzt. Dieses Verhältnis gilt auch für festgesetzte Verspätungszuschläge sowie für angeforderte Säumniszuschläge.

§ 34 AO – Pflichten der gesetzlichen Vertreter und der Vermögensverwalter

(1) Die gesetzlichen Vertreter natürlicher und juristischer Personen und die Geschäftsführer von nicht rechtsfähigen Personenvereinigungen und Vermögensmassen haben deren steuerliche Pflichten zu erfüllen. Sie haben insbesondere dafür zu sorgen, dass die Steuern aus den Mitteln entrichtet werden, die sie verwalten.

(2) Soweit nicht rechtsfähige Personenvereinigungen ohne Geschäftsführer sind, haben die Mitglieder oder Gesellschafter die Pflichten im Sinne des Absatzes 1 zu erfüllen. Die Finanzbehörde kann sich an jedes Mitglied oder

jeden Gesellschafter halten. Für nicht rechtsfähige Vermögensmassen gelten die Sätze 1 und 2 mit der Maßgabe, dass diejenigen, denen das Vermögen zusteht, die steuerlichen Pflichten zu erfüllen haben.

(3) Steht eine Vermögensverwaltung anderen Personen als den Eigentümern des Vermögens oder deren gesetzlichen Vertretern zu, so haben die Vermögensverwalter die in Absatz 1 bezeichneten Pflichten, soweit ihre Verwaltung reicht.

§ 69 AO Haftung der Vertreter

Die in den §§ 34 und 35 bezeichneten Personen haften, soweit Ansprüche aus dem Steuerschuldverhältnis (§ 37) infolge vorsätzlicher oder grob fahrlässiger Verletzung der ihnen auferlegten Pflichten nicht oder nicht rechtzeitig festgesetzt oder erfüllt oder soweit infolgedessen Steuervergütungen oder Steuererstattungen ohne rechtlichen Grund gezahlt werden. Die Haftung umfasst auch die infolge der Pflichtverletzung zu zahlenden Säumniszuschläge.

Hinsichtlich der abzuführenden Lohnsteuer hat der Geschäftsführer die auszuzahlenden Bruttolöhne gegebenenfalls so weit zu kürzen, dass aus den verbleibenden Beträgen die sich sodann ergebende anteilige Lohnsteuer abgeführt werden kann. Eine sich neben den oben dargestellten Haftungstatbeständen ergebende strafrechtliche Verantwortlichkeit des Geschäftsführers kann grundsätzlich aus den hierfür spezifisch gebildeten Straftatbeständen der §§ 82, 84, 85 GmbHG folgen.

§ 82 GmbHG – Falsche Angaben

(1) Mit Freiheitsstrafe bis zu drei Jahren oder mit Geldstrafe wird bestraft, wer

1. als Gesellschafter oder als Geschäftsführer zum Zweck der Eintragung der Gesellschaft über die Übernahme der Geschäftsanteile, die Leistung der Einlagen, die Verwendung eingezahlter Beträge, über Sondervorteile, Gründungsaufwand und Sacheinlagen,
2. als Gesellschafter im Sachgründungsbericht,
3. als Geschäftsführer zum Zweck der Eintragung einer Erhöhung des Stammkapitals über die Zeichnung oder Einbringung des neues Kapitals oder über Sacheinlagen,
4. als Geschäftsführer in der in §57i Abs. 1 Satz 2 vorgeschriebenen Erklärung

oder

5. als Geschäftsführer einer Gesellschaft mit beschränkter Haftung oder als Geschäftsleiter einer ausländischen juristischen Person in der nach §8 Abs. 3 Satz 1 oder §39 Abs. 3 Satz 1 abzugebenden Versicherung

oder als Liquidator in der nach § 67 Abs. 3 Satz 1 abzugebenden Versicherung falschen Angaben macht.

(2) Ebenso bestraft wird, wer

1. als Geschäftsführer zum Zweck der Herabsetzung des Stammkapitals über die Befriedigung oder Sicherstellung der Gläubiger eine unwahre Versicherung abgibt

oder

2. als Geschäftsführer, Liquidator, Mitglied eines Aufsichtsrats oder ähnlichen Organs in einer öffentlichen Mitteilung die Vermögenslage der Gesellschaft unwahr darstellt oder verschleiert, wenn die Tat nicht in § 331 Nr. 1 oder Nr. 1a des Handelsgesetzbuchs mit Strafe bedroht ist.

§ 84 GmbHG – Verletzung der Verlustanzeigepflicht

(1) Mit Freiheitsstrafe bis zu drei Jahren oder mit Geldstrafe wird bestraft, wer es als Geschäftsführer unterlässt, den Gesellschaftern einen Verlust in Höhe der Hälfte des Stammkapitals anzuzeigen.

(2) Handelt der Täter fahrlässig, so ist die Strafe Freiheitsstrafe bis zu einem Jahr oder Geldstrafe.

§ 85 GmbHG – Verletzung der Geheimhaltungspflicht

(1) Mit Freiheitsstrafe bis zu einem Jahr oder mit Geldstrafe wird bestraft, wer ein Geheimnis der Gesellschaft, namentlich ein Betriebs- oder Geschäftsgeheimnis, das ihm in seiner Eigenschaft als Geschäftsführer, Mitglied des Aufsichtsrats oder Liquidator bekannt geworden ist, unbefugt offenbart.

(2) Handelt der Täter gegen Entgelt oder in der Absicht, sich oder einen anderen zu bereichern oder einen anderen zu schädigen, so ist die Strafe Freiheitsstrafe bis zu zwei Jahren oder Geldstrafe. Ebenso wird bestraft, wer ein Geheimnis der in Absatz 1 bezeichneten Art, namentlich ein Betriebs- oder Geschäftsgeheimnis, das ihm unter den Voraussetzungen des Absatzes 1 bekannt geworden ist, unbefugt verwertet.

(3) Die Tat wird nur auf Antrag der Gesellschaft verfolgt. Hat ein Geschäftsführer oder ein Liquidator die Tat begangen, so sind der Aufsichtsrat und, wenn kein Aufsichtsrat vorhanden ist, von den Gesellschaftern bestellte besondere Vertreter antragsberechtigt. Hat ein Mitglied des Aufsichtsrats die Tat begangen, so sind die Geschäftsführer oder die Liquidatoren antragsberechtigt.

Auch Verstöße gegen die im Handelsgesetzbuch festgelegten Buchführungs- und Bilanzierungspflichten sind Ordnungswidrigkeiten, gegebenenfalls sogar Straftaten, gemäß der Regelungen des § 331 beziehungsweise 334 HGB.

Haftungsbeschränkung und -freistellung

Unter Berücksichtigung der dargestellten Haftungstatbestände, die einen Geschäftsführer im Rahmen seiner üblichen Tätigkeit für die Gesellschaft treffen können, haben sich immer wieder Fragen zur Beschränkung der Haftung beziehungsweise zu einer Freistellung von der Haftung durch die Gesellschaft gestellt.

Hierbei ist zunächst darauf abzustellen, aus welcher Richtung eine Inanspruchnahme des Geschäftsführers droht. Handelt es sich um die Gesellschaft selbst, ist sicherlich ein anderer, auch vertraglich begrenzbarer Maßstab zu berücksichtigen, als wenn ein mit der Gesellschaft nur im Rahmen eines Außenkontakts zusammentreffender Dritter Ansprüche gegenüber dem Geschäftsführer geltend macht.

Einschränkung der Geschäftsführerhaftung

Die Geschäftsführerhaftung im Verhältnis zwischen Geschäftsführer und Gesellschaft kann grundsätzlich durch vertragliche Regelungen eingeschränkt werden. Hierzu besteht zum einen die Möglichkeit, den Pflichten- und Sorgfaltsmaßstab des Geschäftsführers herabzusetzen, zum anderen die Option, einen in Betracht kommenden Anspruch durch Verzicht, Vergleich oder Verjährungsfristverkürzung einzuschränken.

Ausnahmen bestehen aber, soweit sich Haftungsbeschränkungen auf die in § 43 Abs. 3, Satz 1 GmbHG benannten Verstöße gegen die zwingenden Pflichten aus den §§ 30, 33 GmbH beziehen sollen. Eine Beschränkung der Haftung ist hier nur innerhalb sehr enger Grenzen möglich. Soweit eine solche Beschränkung beabsichtigt ist, sollten Sie juristischen Rat einholen.

Haftungsbeschränkung bei gemeinschaftlichen Geschäftsführern

Weiterhin ist die Frage der Haftung eines einzelnen Geschäftsführers von Interesse, wenn in einem Unternehmen mehrere Geschäftsführer bestellt sind.

Gemäß § 43 GmbH gilt grundsätzlich die Gesamtverantwortung. Dies bedeutet, dass unabhängig von der Ausgestaltung der Vertretungs- und Geschäftsbefugnis der Grundsatz der Gesamtverantwortung gilt, wenn eine Gesellschaft mehrere Geschäftsführer hat. Jeder Geschäftsführer hat somit für die Gesetzmäßigkeit der Unternehmensleitung und für die Einhaltung der gesetzlichen Bestimmungen und Grundregeln für eine ordnungsgemäße Unternehmensführung einzustehen.

Der Bundesgerichtshof hat in ständiger Rechtsprechung festgelegt, dass sich bei Beschlüssen aller Mitgeschäftsführer jeder einzelne Geschäftsführer nicht blind auf den anderen verlassen darf, sondern selbst kritisch den Sachverhalt zu würdigen hat. Die gesetzlich festgelegte Gesamtverantwortung beinhaltet aber nicht die Verpflichtung, dass jeder Geschäftsführer jede einzelne Maßnahme im Unternehmen selbst vorzunehmen oder zu überwachen hat. Der Grundsatz der Gesamtverantwortung lässt zu, dass bestimmte Aufgabenbereiche durch die Satzung, den Gesellschafterbeschluss oder durch einen ausdrücklichen Beschluss der Geschäftsführer gesondert hierfür benannten Mitgeschäftsführern zugeordnet werden. Soweit eine solche Zuordnung erfolgt, erlangen die konkret benannten Geschäftsführer die Führungsverantwortung. Der nicht zuständige Geschäftsführer hat sich sodann aus dem Geschäftsbereich des anderen Geschäftsführers herauszuhalten. Da durch eine solche Verteilung der Inhalt der Leitungspflichten des Geschäftsführers bestimmt wird, kommt bei *zulässiger* interner Geschäftsverteilung die Inanspruchnahme eines nicht zuständigen Geschäftsführers grundsätzlich nicht in Betracht, da ihm aufgrund fehlender Überwachungspflichten weder ein Verschulden noch eine Pflichtverletzung für den ihm nicht zugeordneten Bereich angelastet werden kann.

Geschäftsverteilung

Da ihre Auswirkungen erheblich sind, werden Geschäftsverteilungen unter Berücksichtigung der einschlägigen Rechtsprechung und Kommentierung rechtlich nur anerkannt, wenn sie den folgenden Grundsätzen entsprechen:

- Der aufgeteilte Entscheidungsbereich muss einer Geschäftsverteilung grundsätzlich zugänglich sein.
- Basisfragen wie etwa die Ausgestaltung der Geschäftspolitik verbleiben grundsätzlich in der Zuständigkeit des Gesamtgremiums der Geschäftsführer, auch wenn einzelne Geschäftsführer Einzelgeschäftsführungsbefugnis erhalten.
- Die Geschäftsverteilung erfolgt durch eine eindeutige schriftliche Klarstellung. Hierbei wird für jeden Geschäftsführer ausdrücklich der von ihm zu verantwortende Bereich benannt. Insbesondere im Hinblick auf steuerliche Pflichten verlangt der Bundesfinanzhof zur Anerkennung einer Geschäftsverteilung ausdrücklich die Schriftform.

- Der für einen Bereich vorgesehene und schriftlich benannte Geschäftsführer bringt die hierfür notwendigen persönlichen und fachlichen Qualifikationen mit und kann somit die ihm zugewiesenen Aufgaben ordnungsgemäß erfüllen.

Liegen die Kriterien einer rechtlich anzuerkennenden Geschäftsverteilung vor, hat der zuständige Geschäftsführer die Handlungsverantwortung gemäß § 43 GmbHG für den ihm zugewiesenen Bereich. Für die Mitgeschäftsführer ist die Verantwortung hingegen begrenzt. Fehlerhafte Maßnahmen in den ihnen nicht zugewiesenen Gebieten haben sie grundsätzlich nicht zu vertreten.

Die Grenzen des Vertretenmüssens ergeben sich aber für jeden Geschäftsführer, auch wenn er für ein bestimmtes Gebiet nicht zuständig ist, aus seiner ihm immer auferlegten Informations- und Überwachungsverantwortung für die Belange der Gesellschaft. So hat sich jeder Geschäftsführer in regelmäßigen Abständen über die grundlegenden, mit der Leitung des Unternehmens verbundenen Aufgaben zu informieren. Hierzu zählt auch die grundsätzliche Bewertung, ob die mit ihm verantwortlichen Mitgeschäftsführer den entsprechenden Anforderungen für ihr Aufgabengebiet (weiterhin) gewachsen sind. Der Gesetzgeber verlangt deshalb eine stichprobenartige Kontrolle, ob die den anderen Geschäftsführern zugewiesenen Aufgaben ordnungsgemäß wahrgenommen werden. Wenn dem Geschäftsführer Zweifel an der Zuverlässigkeit seiner Mitgeschäftsführer kommen, hat er dafür zu sorgen, dass die Geschäftsverteilung unverzüglich aufgehoben wird. Wenn erhebliche Risiken und Schäden für die Gesellschaft drohen, geht diese Verantwortung so weit, dass der Mitgeschäftsführer bestimmten Entscheidungen aus anderen Abteilungen widersprechen und bei fehlender Abhilfe die Gesellschafter in Kenntnis setzen muss. Bedenken hinsichtlich möglicher beruflicher Nachteile oder der Verweis auf die überragende Stellung des Mitgeschäftsführers entlasten ihn hinsichtlich seiner Verpflichtung nicht.

Eine solche Bewertung der Situation kann ergeben, dass sämtliche Mitgeschäftsführer trotz Zuordnung eines bestimmten Aufgabenbereiches auf einen Geschäftsführer haften, da ihnen entweder eine mangelhafte Überwachung oder ein fehlender Widerspruch gegen eine Entscheidung vorgeworfen werden kann. Der Umfang der von den Mitgeschäftsführern einzufordernden Überwachungspflicht hat sich bei einer rechtlich zulässigen Geschäftsverteilung an der Bedeutung des Geschäftsfelds, den bestehenden Chancen und Risiken sowie der grundsätzlich gegebenen Kompetenz des Mitgeschäftsführers und seinem persönlichen Leistungsvermögen zu orientieren.

Auswirkung der zulässigen Geschäftsverteilung

Eine besondere Bedeutung erhält die Geschäftsverteilung im Falle der Inanspruchnahme eines Geschäftsführers bei behaupteter Verletzung sowohl der steuerlichen Pflichten als auch der Pflicht zur Abführung der Sozialversicherungsbeiträge der Arbeitnehmer.

Geschäftsverteilung und Einhaltung steuerrechtlicher Regelungen – Hinsichtlich der Inanspruchnahme für rückständige Steuern hat der Bundesfinanzhof die Geschäftsverteilung als angemessenes Ausschlusskriterium anerkannt, wenn sie – wie oben bereits dargelegt – schriftlich vorgenommen wurde und die Zuständigkeiten genau festgelegt sind. Darüber hinaus ist nach der ständigen Rechtsprechung des Bundesfinanzhofs ein Geschäftsführer nur dann nicht in Haftung zu nehmen, wenn

- der gemäß der Geschäftsordnung zuständige Mitgeschäftsführer vertrauenswürdig ist;
- jederzeit gewährleistet ist, dass die Grenzen der laufenden Geschäftsführung nicht überschritten werden und
- bei einer auch nur entfernt zu befürchtenden Gefährdung der Liquidität oder des Vermögens der Gesellschaft alle Geschäftsführer unverzüglich unterrichtet werden.

Für den so genannten Krisenfall verpflichtet die Rechtsprechung darüber hinaus die Geschäftsführer, sich persönlich um die Erfüllung der steuerlichen Pflichten der Gesellschaft zu kümmern.

Geschäftsverteilung und Abführung von Sozialversicherungsbeiträgen Die Rechtsprechung zur Inanspruchnahme eines Geschäftsführers bei nicht ordnungsgemäßer Abführung der Arbeitnehmerbeiträge zu den Sozialkassen lässt erkennen, dass zwar grundsätzlich die Bestimmung eines bestimmten Geschäftsführers zur Wahrnehmung der Abführungspflichten im Rahmen der Geschäftsverteilung möglich ist, jedoch besonders hohe Anforderungen an die Überwachung gestellt werden. So hat der Bundesgerichtshof in einschlägigen Urteilen bereits festgelegt, dass die Anforderung an die Überwachung in der Krise der Gesellschaft so weit gehen kann, dass der Geschäftsführer die Abführung persönlich vornimmt beziehungsweise persönlich überwacht.

Konsequenzen des Haftungsrisikos

Die gerade in der Praxis besonders bedeutenden Fälle der Inanspruchnahme für Steuerrückstände und Rückstände gegenüber den Sozialversicherungsträgern zeigen, dass eine Geschäftsverteilung und Delegation von Aufgaben auf bestimmte Geschäftsführer keinen »Freifahrtschein« darstellt. Vielmehr sind Sie – insbesondere in wirtschaftlich schwierigen Zeiten – gehalten, über ihren Geschäftsbereich hinaus Verantwortung zu übernehmen.

Hieraus folgt auch, dass Sie unter Umständen gezwungen sein könnten, in Krisenzeiten die Geschäftsführung als Mitgeschäftsführer aufzugeben, indem Sie Ihr Amt niederlegen, wenn Sie feststellen, dass Sie aufgrund Ihrer Qualifikationen und Ausrichtung nicht in der Lage sind, den Gesamtüberblick zu wahren. Nur so ist gewährleistet, dass Sie die Haftung für zukünftige Schritte nicht mittragen müssen.

Wie in der Rechtsprechung sehr eindeutig zum Ausdruck gebracht wird, begründet beispielsweise die Erklärung eines technischen Geschäftsführers, für die kaufmännischen Belange des Unternehmens nicht verantwortlich zu sein, keine Begrenzung und keinen Ausschluss von der Haftung.

Auch Beteuerungen Ihrer Geschäftsführerkollegen oder der Gesellschafter, für entsprechende Risiken später einstehen zu wollen, führen nicht zu einer entsprechenden Sicherheit für Sie – selbst dann nicht, wenn sie ihm Rahmen einer schriftlichen Freistellungserklärung erfolgen. Freistellungserklärungen können nur dann eine Sicherheit bedeuten, wenn sie zum einen rechtlich zulässig sind und zum anderen der Freistellungserklärende über sichere Mittel verfügt, um Sie von einer Inanspruchnahme auf Dauer freizuhalten. In der Praxis hat sich hier gezeigt, dass Vereinbarungen zwar oftmals dazu geeignet waren, den zweifelnden oder kritischen Geschäftsführer vordergründig zu beruhigen, eine Absicherung bei einer späteren Inanspruchnahme aber meist aus wirtschaftlichen Gründen nicht erfolgen konnte.

Versicherbarkeit der Haftungsrisiken einer Geschäftsführerstellung

Lange Zeit wurde in der Bundesrepublik Deutschland für das Vermögensschadenshaftpflichtrisiko im Rahmen der Stellung als Geschäftsführer einer GmbH ein Versicherungsschutz überhaupt nicht angeboten. Insbesondere die zunächst ablehnende Haltung des Bundesaufsichtsamts für das Versicherungswesen gegenüber der Absicherung von unternehmerischen Risiken war hier ein entscheidender Faktor. Aber auch die Versicherungswirtschaft vertrat zunächst die Auffassung, dass das typische Unternehmensrisiko vom Versicherer fern zu halten sei. Gerade die Versicherbarkeit sowie ein bestehender Versicherungsschutz würden angeblich die Geltendmachung von Ansprüchen gegenüber den Geschäftsführern provozieren.

Diese Auffassung hatte zur Folge, dass bei deutschen Versicherern erst seit ungefähr 1995 eine so genannte D&O-Versicherung abgeschlossen werden kann. Der Begriff der D&O-Versicherung wurde aus der Bezeichnung »directors and officers liability insurance« abgeleitet. In den USA hat die Absicherung der Vorstände bereits eine längere Tradition.

Seit 1997 sind in Deutschland von der Versicherungswirtschaft Musterbedingungen für D&O-Versicherungen aufgestellt worden (Allgemeine Versicherungsbedingungen für die Vermögensschadenshaftpflichtversicherung von Aufsichtsräten, Vorständen und Geschäftsführern). Zwar sind die Bedingungen der im Markt angebotenen Versicherungen nicht einheitlich, doch sehen sie alle einen Ausschluss des Versicherungsschutzes bei vorsätzlichen Pflichtverletzungen sowie überwiegend einen Selbstbehalt der Geschäftsführer vor. Zudem ist bei der Beteiligung eines Gesellschafters an der Geschäftsführung oftmals eine bestimmte Beteiligungsquote am Schaden vorgesehen.

In der Regel wird der Versicherungsvertrag für eine D&O-Versicherung zwischen der Gesellschaft und der Versicherung zugunsten der Geschäftsführer abgeschlossen. Die Beitragspflicht übernimmt die Gesellschaft. Abgesichert sind mit einem entsprechenden Versicherungsvertrag in der Regel zivilrechtliche Ansprüche Dritter gegenüber dem oder den Geschäftsführer/n. Auch kann im Rahmen von Sonderkonditionen ein Versicherungsschutz für öffentlichrechtliche Ansprüche in Betracht kommen.

Um bereits bei der Inanspruchnahme einen umfassenden Schutz zu gewährleisten, sind gewöhnlich die gerichtlichen und außergerichtlichen Kosten für die Abwehr der Ansprüche im Versicherungsschutz enthalten. Wird der Versicherungsvertrag nicht mit der Gesellschaft, sondern mit dem Geschäftsführer abgeschlossen und erstattet die Gesellschaft dem Geschäftsführer den Versicherungsbeitrag, so ist diese Erstattung als Bestandteil der Vergütung des Geschäftsführers zu berücksichtigen. Für die Erstattung gegenüber dem Geschäftsführer bedarf es des Beschlusses der Gesellschafterversammlung.

Wenn – was üblich ist – der Versicherungsvertrag zwischen der Versicherungsgesellschaft und der GmbH geschlossen wird, ist davon auszugehen, dass der Abschluss des Versicherungsvertrages im Interesse der Gesellschaft liegt, da sie sich gegen die möglicherweise gegebene wirtschaftliche Leistungsunfähigkeit des Geschäftsführers bei in Betracht kommenden zukünftigen Schadensersatzansprüchen absichern will. In diesem Fall sind die Versicherungsprämien nicht als Bestandteil der Vergütung des Geschäftsführers aufzufassen. Da der Abschluss einer solchen Versicherung jedoch auch im Interesse des Geschäftsführers liegt, sollte er auch bei dieser Konstruktion durch einen Gesellschafterbeschluss hinterlegt werden. Die Frage der Einkommensteuerpflichtigkeit des Versicherungsbeitrags für den Geschäftsführer lässt sich aufgrund einer konkreten Betrachtung im Einzelfall klären. Es empfiehlt sich also, den Rat eines Steuerexperten einzuholen.

Verhaltensregeln und Absicherungsmaßnahmen zur Einschränkung der Haftungsrisiken

Die bisherigen Ausführungen haben, so hoffen wir, einen ersten Einblick in die rechtlichen Grundsätze Ihrer Stellung als Geschäftsführer einer GmbH vermittelt.

Zusammenfassend ist festzustellen, dass sowohl der Gesetzgeber als auch die Rechtsprechung im Rahmen der konkreten Auslegung der rechtlichen Vorschriften die Anforderungen an die Geschäftsführung auf ein nicht unerhebliches Maß angehoben haben. Wir schließen uns der allgemeinen Auffassung nicht an, wonach mit Gründung einer GmbH sowohl für die dahinter stehenden Gesellschafter (Problem der Durchgriffshaftung) als auch für die Geschäftsführer ein nur unerhebliches Risiko einer eigenen Inanspruchnahme oder Haftung besteht. Gerade die Stellung als Fremdgeschäftsführer birgt die große Gefahr in sich, zwischen verschiedenen Gesellschafterinteressen »aufgerieben« zu werden und auf der anderen Seite zum »Spielball« der Kapitalgeber zu werden. Für Sie geht es also nicht nur darum, die gesetzlichen Vorschriften einzuhalten. Darüber hinaus sollten Sie darauf achten, dass auch die satzungsmäßigen Vorgaben und die Gesellschafterbeschlüsse sehr genau beachtet werden.

In der Praxis ist oft festzustellen, dass Geschäftsführer, die bereits längere Zeit in einem Unternehmen tätig sind, ihre Befugnisse, die ihnen aufgrund des Gesellschaftervertrages oder ihres Geschäftsführerdienstvertrages eingeräumt wurden, im Rahmen ihrer täglichen Geschäfte schleichend überschreiten oder aber dass die Gesellschafter ein solches Verhalten entweder dulden oder auch mündlich genehmigen. Hierin liegt eine nicht zu unterschätzende Brisanz. Zum einen ist die Überschreitung der Kompetenzen unter Umständen ein haftungsbegründender Verstoß. Zum anderen ist die Duldung oder die mündlich erfolgte Genehmigung im Streitfall nicht mehr nachzuweisen.

Sorgen Sie deshalb dafür, dass Erweiterungen Ihrer Kompetenz oder konkret veranlasste Maßnahmen, die außerhalb Ihres bisherigen Kompetenzbereichs liegen, in Form einer schriftlichen Anweisung dokumentiert werden. Oder aber Sie greifen solche Punkte – insbesondere um die Stimmung nicht zu gefährden – im Rahmen einer schriftlichen Bestätigung auf. Eine gute Aktenlage hat sich im Rahmen von haftungsrechtlichen Streitigkeiten bislang immer als Absicherung der Geschäftsführertätigkeit erwiesen. Dieses »Schriftlichkeitsgebot« ist auch im Hinblick auf einen späteren Nachweis bei bedeutenden Entscheidungen im Geschäftsführergremium zu beachten. Nur so können bereits im Vorfeld geäußerte Bedenken oder aber die klare Darlegung abweichender Auffassungen auch im Nachhinein noch nachgewiesen werden.

Sollte sich das von Ihnen als Geschäftsführer vertretene Unternehmen in einer Krise befinden oder sollte eine Krise drohen, ist es in jedem Fall sinnvoll, zur Bewertung Ihres eigenen Haftungsrisikos einen unabhängigen, mit der Gesellschaft sonst nicht in Verbindung stehenden Experten zurate zu ziehen. Gerade die gravierenden Haftungsrechtsstreitigkeiten in der Praxis zeigen, dass Geschäftsführer neben den Aussagen ihrer Gesellschafter auch den Bewertungen der rechtlichen und steuerrechtlichen Berater der Gesellschaft vertraut haben, ohne dabei zu berücksichtigen, dass die Interessenlage der Gesellschaft, insbesondere der Gesellschafter, nicht zwangsläufig stets mit den eigenen Interessen des Geschäftsführers übereinstimmt. Haben Gesellschafter, gegebenenfalls aufgrund persönlicher Verpflichtungen, zum Teil ein erhebliches Eigeninteresse daran, in der Hoffnung auf bessere Zeiten einen möglicherweise notwendigen Insolvenzantrag einer GmbH »hinauszuzögern«, so sind Sie zu Ihrem eigenen Schutz dazu verpflichtet, unmittelbar die erforderlichen Schritte einzuleiten oder aber durch eine entsprechende Ankündigung dieser Schritte die Abberufung von der Position des Geschäftsführers zu provozieren. Auf eine einfache Amtsniederlegung sollten Sie sich hier nur nach einer juristischen Beratung beschränken, um das Risiko der Haftung aufgrund der Amtsniederlegung auszuräumen.

Hinsichtlich der Risiken der Geschäftsführerhandlungen – auch bei einer nicht in der Krise befindlichen GmbH – ist zu beachten, dass in der Praxis häufig die Gesellschafter – gerade im Fall von Gesellschaften mit einem überschaubaren Gesellschafterkreis – die Geschäftsführung im Sinne ihrer eigenen Interessen vereinnahmen. Gerade bei Vertriebsgesellschaften, die von verschiedenen Unternehmen gegründet wurden, ist eine solche Einflussnahme der Gesellschafter häufig festzustellen. Da Sie als Geschäftsführer unabhängig von persönlichen Beziehungen oder Freundschaften die Belange der Gesellschaft und die Interessenlage aller Gesellschafter gleichmäßig zu berücksichtigen haben, bedeuten eine solche Vereinnahmung und die sich daraus ergebende Nähe für Ihre Geschäftsführerstellung ein erhebliches Risiko. Auch wenn hier nicht in erster Linie haftungsrechtliche Gesichtspunkte eine Rolle spielen, kann doch bei einer ungleichmäßigen Berücksichtigung der Gesellschafterinteressen ein Verstoß gegen Ihre Geschäftsführerpflichten vorliegen, der unter Umständen dazu führen kann, dass Ihr Geschäftsführervertrag gekündigt wird. Lassen Sie es nicht so weit kommen.

Anhang

Checklisten und Arbeitsblätter

Kapitel 2

CL: Fragenkatalog für ein erstes klärendes Gespräch mit dem Aufsichtsrat, Beirat oder Gesellschafter
CL: Fragenkatalog für ein erstes klärendes Gespräch mit einem zentralen Mitarbeiter
AB: Wie ist mein erster Eindruck vom Unternehmen?
AB: Stärken und Schwächen Ihres Unternehmens
AB: Erwartungen der Stakeholder
AB: Anforderungsanalyse
AB: Ihre persönlichen Ziele
CL: Überprüfen Sie Ihre Motivation und Ihr Handeln hinsichtlich wesentlicher Aspekte des Führungswollens

Kapitel 4

AB: Wie gut ist Ihr Unternehmen auf Wachstum eingestellt?
CL: Voraussetzungen für ein erfolgreiches Informationsmanagement
CL: Erfolgreiches Change Management
AB: Krisenprävention
CL: Wie gut sind Sie gegen eine Krise gewappnet?

Kapitel 6

CL: Ist Ihr Mitarbeiter leistungsmotiviert?
CL: Ist Ihr Mitarbeiter machtmotiviert?
CL: Ist Ihr Mitarbeiter anschlussmotiviert?
AB: Ordnen Sie Ihren Mitarbeitern Motive zu!
CL: Wie Sie leistungsmotivierte Mitarbeiter optimal einbinden können
CL: Wie Sie machtmotivierte Mitarbeiter optimal einbinden können

Abbildungen und Tabellen

Abbildungen

Tabellen

42: Bereinigter Jahresgewinn des Lern-Unternehmens
43: Umsatzrentabilität des Lern-Unternehmens
44: Eigenkapitalrentabilität des Lern-Unternehmens
45: Gesamtkapitalrentabilität des Lern-Unternehmens
46: Anforderungsanalyse

Gesetzestexte

§ 43 GmbHG – Haftung der Geschäftsführer
§ 30 GmbHG – Kapitalerhaltung
§ 33 GmbHG – Erwerb eigener Geschäftsanteile
§ 9b GmbHG – Verzicht auf Ersatzansprüche
§ 46 GmbHG – Aufgabenkreis der Gesellschafter
§ 6 – Geschäftsführer
§ 41 GmbHG – Buchführung
§ 43 Abs. 3 GmbHG – Haftung der Geschäftsführer
§ 15a InsO – Antragspflicht bei juristischen Personen und Gesellschaften ohne Rechtspersönlichkeit
§ 64 GmbHG – Haftung für Zahlungen nach Zahlungsunfähigkeit oder Überschuldung
§ 38 GmbHG – Abberufung von Geschäftsführern
§ 823 BGB – Schadensersatzpflicht
§ 266a StGB – Vorenthaltungen und Veruntreuen von Arbeitsentgelt
§ 826 BGB – Sittenwidrige vorsätzliche Schädigung
§ 34 AO – Pflichten der gesetzlichen Vertreter und der Vermögensverwalter
§ 69 AO – Haftung der Vertreter
§ 82 GmbHG – Falsche Angaben
§ 84 GmbHG – Verletzung der Verlustanzeigepflicht
§ 85 GmbHG – Verletzung der Geheimhaltungspflicht

Literatur

Brand, H./Löhr, J. (2008): *Projekt Gold. Wege zur Höchstleistung – Spitzensport als Erfolgsmodell*, Wiesbaden Gabal.
Chandler, A. D. (1969): *Strategy and Structure*, Cambridge

Downes, Larry/Mui, Chunka (2000): *Unleashing the Killer App. Digital Strategies for Market Dominance*, Harvard Business School Press

F.A.Z.-Institut (2003): *Futurepanel 2003*, Studie in Zusammenarbeit mit Siemens Financial Services AG

Franz, K.-P. (2004): *Unternehmensrechnung*, Skript im Hauptstudium ABWL der Heinrich-Heine-Universität Düsseldorf, http://www.upc.uni-duesseldorf.de/Download/Hauptstudium/AllgemeineBetriebswirtschaftslehre/Unternehmensrechnung/SS08/Dokumente/Skript%20Unternehmensrechnung

Kaplan, R. S./Norton, D. P. (1996): *Balanced Scorecard*, Harvard Business School Press

Kaplan, R. S./Norton, D. P. (1997): *Balanced Scorecard* (deutsche Übersetzung von P. Horvath), Stuttgart, Schäffer-Poeschel

Katzenbach, J. R. (1998): »Muss auf der Chefetage ein Team agieren?«, in: *Harvard Business Manager.* Führung & Organisation, Band 8, S. 49–57

Kotler, P./Keller, K./Bliemel, F. (2007): *Marketing-Management. Strategien für wertschaffendes Handeln*, Addison Wesley in Pearson Education Deutschland

Kotter, J. P. (1995): »Acht Kardinalfehler bei der Transformation«, in: *Harvard Business Manager.* Führung & Organisation, Band 6, S. 34–41

LBBW (2004): *Ratingverfahren der Landesbank Baden-Württemberg*, Informationsmappe der Landesbank Baden-Württemberg

Meyer, J. U. (2008): *Das Edison-Prinzip. Der genial einfache Weg zu erfolgreichen Ideen*, Frankfurt/Main, Campus

Mobilcom AG (2002): *Geschäftsbericht 2002*, Jahresabschluss der Mobilcom AG

Müller-Stewens, G./Lechner, C. (2005): *Strategisches Management. Wie strategische Initiativen zum Wandel führen*, 3. Aufl., Stuttgart, Schäffer-Poeschel

N. N. (2004): *IT-Trends 2004.* »Zwischen Kostendruck und Offensivgeist«, in: *Innovation News*, 02/2004, S. 4 f.

Nohria, N./Joyce, W./Robertson, B. (2003): »Was wirklich funktioniert«, in: *Harvard Business Manager*, Oktober 2003, S. 26–43

Porter, M. (2004): *Competitive Advantage*, New York/London, Simon & Schuster

Rappaport, A. (1998): *Creating Shareholder Value. A Guide for Managers and Investors*, New York, Simon & Schuster

Rensmann, F.-J. (2002): »Konzentration auf den Kunden«, in: Dallmer (Hrsg.), *Das Handbuch Directmarketing*, Wiesbaden, Gabler

Schmolke, S./Deitermann, M. (2006): *Industrielles Rechnungswesen IKR*, 34. Aufl., Darmstadt, Winklers

Sebald, H./Langner, U./Harbring, C. (2004): *Reconnecting with Employees. Gewinnen, Binden und Motivieren von Mitarbeitern als Beitrag zum Unternehmenserfolg*, Deutschland-Bericht des europäischen Towers Perrin Talent Reports 2004, Frankfurt/Main

Weber, J./Weißenberger, B. (2006): *Einführung in das Rechnungswesen*, 7. Aufl., Stuttgart, Schäffer-Poeschel

Anmerkungen

Kapitel 3

1. Müller-Stewens, G./Lechner, C. (2003): *Strategisches Management. Wie strategische Initiativen zum Wandel führen*, 2. Aufl., Schäffer-Poeschel. Das Buch ist besonders empfehlenswert als umfassendes Nachschlagewerk für alle Strategieschulen und Strategie-Tools.
2. Vgl. das Konzept des General Management Navigators, in: Müller-Stewens/ Lechner (2003): *Strategisches Management.*
3. Aktuelle Ergebnisse der jährlichen Umfragen zum Methodeneinsatz werden jeweils auf der Homepage von Bain & Company publiziert (www.bain.com/management_tools). Dort findet man auch Links zu Kurzbeschreibungen und zu Quellen der einzelnen Methoden.
4. Chandler, A. D. (1969): *Strategy and Structure.* Cambridge.
5. Vgl. Müller-Stewens/Lechner (2005): *Strategisches Management,* S. 320–323.
6. Porter, M. (2004): *Competitive Advantage.* New York/London.
7. Downes, L./Mui, C. (2000): Unleashing the Killer App: Digital Strategies for Market Dominance, Harvard Business School Press.
8. Kotler, P./Keller, K./Bliemel, F. (2007): *Marketing-Management. Strategien für wertschaffendes Handeln*, 12. Aufl.
9. Müller-Stewens/Lechner (2003): Strategisches Management, S. 263.
10. http://www.all-in-one-spirit.de/geschichten/geschichten1.htm.

Kapitel 4

11. Nohria, N./Joyce, W./Robertson, B. (2003): »Was wirklich funktioniert«, in: *Harvard Business Manager*, Oktober 2003, S. 26–43.
12. Kotter, J. P. (1995): »Acht Kardinalfehler bei der Transformation«, in: *Harvard Business Manager*, Führung & Organisation, Band 6, S. 34–41.

Kapitel 5

13. Lesenswerte Erkenntnisse aus der Beratungspraxis von Bain & Company in Zook, C./Allen, J. (2001): *Erfolgsfaktor Kerngeschäft. Zeitlose Strategien für Wachstum und Innovation*, München, Econ.
14. Vgl. Schmolke, S./Deitermann, M. (2003): *Industrielles Rechnungswesen IKR*, 18. Aufl., Darmstadt, Winklers.
15. Kaplan, R. S./Norton, D. P. (1996): *Balanced Scorecard*, Harvard Business School Press (Deutsch: Kaplan, R. S./Norton, D. P. [1997]: *Balanced Scorecard*, Stuttgart, Schäffer-Poeschel).
16. Deutsche Übersetzung von www.balancedscorecard.org/basics/bsc1.html.
17. www.balanced-scorecard.de/konzept.htm.

18. Unterschiedliche Bezeichnungen setzen hier unterschiedliche Schwerpunkte: im Original »Learning and Growth Perspective«, in Übersetzungen »Lern- und Wachstumsperspektive«, aber auch »Lern- und Innovationsperspektive«, »Potenzialperspektive« oder »Mitarbeiterperspektive«.
19. Vgl. Deutscher Sparkassen- und Giroverband (2009): *Diagnose Mittelstand 2009*, Berlin und Friedrich-Ebert-Stiftung (2005): *Thesenpapier. Neue Wege der Mittelstandsfinanzierung*, Bonn.
20. Informationsmappe *Ratingverfahren der Landesbank Baden-Württemberg* (2004).
21. Zum Beispiel: Schmolke/Deitermann (2003): *Industrielles Rechnungswesen IKR*, Küting, K./Weber C. (1999): *Die Bilanzanalyse*, Stuttgart, Schäffer-Poeschel, Kerth A./Wolf J. (1993): *Bilanzanalyse und Bilanzpolitik*, München/Wien, Hanser sowie Weber, J./Weißenberger, B. (2006): *Einführung in das Rechnungswesen* 7. Aufl., Stuttgart, Schäffer-Poeschel.
22. Vgl. aus dem vorhergehenden Abschnitt, GF-Typ 4: Futurepanel 2003 des F.A.Z.-Instituts und der Siemens Financial Services AG.
23. Schmolke/Deitermann (2003): *Industrielles Rechnungswesen IKR*, S. 244.
24. KfW-Mittelstandsbank, im Internet vertreten unter der Adresse www.kfw-mittelstandsbank.de.
33. Schmolke/Deitermann (2003): *Industrielles Rechnungswesen IKR*, S. 247 f.
25. *Geschäftsbericht 2002* der Mobilcom AG, S. 79.
26. Rappaport, A. (1998): *Creating Shareholder Value. A Guide for Managers and Investors*, New York, Simon & Schuster
27. Zu Deutsch: Markenkapital. Die Agentur Interbrand Zintzmeyer & Lux hat ein Ranking der 100 wertvollsten Marken erstellt. Vergleiche www.interbrand.de.
28. Zu Deutsch: Privatkapital.
29. Auf Residualgewinn-Konzepte wird nicht näher eingegangen; am meisten verbreitet ist der »economic value added« (EVA; zu Deutsch: ökonomischer Mehrwert).
30. Franz, K.-P.: *Skript Unternehmensrechnung*, Heinrich-Heine Universität Düsseldorf, www.upc.uni-duesseldorf.de/Download/Hauptstudium/AllgemeineBetriebswirtschaftslehre/Unternehmensrechnung/SS08/Dokumente/Skript%20Unternehmensrechnung, S. 50.
31. Negt, O./Kluge, A. (1992): *Maßverhältnisse des Politischen – 15 Vorschläge zum Unterscheidungsvermögen*, Frankfurt/Main, S. Fischer, S. 50–53.
32. Weitere Informationen zu Fördermitteln unter www.wollschlaeger.ws.
33. Beim Ratingverfahren der LBBW erfolgt die Analyse der Wertschöpfungskette bei Unternehmen mit einem Umsatz von mehr als 20 Mio. Euro.
34. Informationsmappe *Ratingverfahren der Landesbank Baden-Württemberg* (2004), S. 14.
35. Ebenda.
36. Ebenda, S. 15.
37. Ebenda.
38. Ebenda.
39. Ebenda, S. 16 f.
40. Ebenda.

41. Porter, M. (1985): *Competitive Advantage*, New York/London.
42. Informationsmappe *Ratingverfahren der Landesbank Baden-Württemberg* (2004), S. 16 f.
43. Ebenda.
44. Ebenda, S. 18 f.
45. Ebenda.

Kapitel 6

46. Katzenbach, J. R. (1998): »Muss auf der Chefetage ein Team agieren?«, in: *Harvard Business Manager*, Führung & Organisation, Band 8, S. 49–57.

Register